创新推动绿色发展

湖南省林业科学院 60 周年科技成果汇编

吴振明　主编

中国林业出版社

图书在版编目(CIP)数据

创新推动绿色发展：湖南省林业科学院60周年科技
成果汇编/吴振明主编. — 北京：中国林业出版社，
2018.11

ISBN 978-7-5038-9806-8

Ⅰ.①创… Ⅱ.①吴… Ⅲ.①林业-科技成果-汇编
-湖南 Ⅳ.①S7-126.4

中国版本图书馆 CIP 数据核字(2018)第 239662 号

中国林业出版社·环境园林分社

责任编辑：何增明　袁　理
电　　话：83143568

出版发行　中国林业出版社(100009　北京市西城区德内大街刘海胡同 7 号)
　　　　　　http://lycb.forestry.gov.cn
印　　刷　固安县京平诚乾印刷有限公司
版　　次　2018 年 11 月第 1 版
印　　次　2018 年 11 月第 1 次印刷
开　　本　889mm×1194mm　1/16
印　　张　14.5
字　　数　400 千字
定　　价　80.00 元

编 委 会

一、选入本书的成果资料主要包括 1978 年的湖南省科学大会奖，1980~1982 年的部省级推广奖，1980~2018 年 9 月的国家级科学技术奖、部省级科学技术奖等各级奖励 231 项；尚未获奖的鉴(认)定、评价成果 63 项；专利 105 项；新品种 17 个；良种 254 个；标准 45 项。

二、成果文字说明以《湖南省林业科学院 50 周年科技成果汇编》以及课题完成人员提供的文字为基础，根据编辑形式与格式进行了部分删改。

三、编入的成果，按奖励类别、奖励等级、获奖年限排序，鉴(认)定、评价成果按鉴(认)定、评价时间排序。

四、1978~2008 年成果完成单位与完成人员，以湖南省林业科学院为主，涉及外单位的完成人员均未编入，请谅解。

五、本书的编辑得到了院领导和课题组人员的大力支持，在此表示感谢。

六、由于编辑水平有限，有不足和疏漏之处，望谅解。

2018 年，湖南省林业科学院迎来 60 周年华诞。从 1958 年建制至今的 60 年里，全院秉持"求真、务实、创新、奉献"核心价值观，扎实开展林业科技创新创业工作，一路栉风沐雨，一路砥砺前行，在用材林、经济林、木本油料、森林生态、森林保护、林产化工、生物质能、林下经济等 20 多个专业领域开展了科学研究并取得丰硕成果，为湖南林业发展书写出流光溢彩的华美篇章。

1978 年全国科学技术大会召开，开启了我国科技工作崭新的春天。自 1978 年至今，沐浴着科学的春风，湖南省林业科学院共取得科研成果 326 项，其中获国家级科学技术奖 18 项、部省级科学技术奖 202 项。主持完成的"油茶雄性不育杂交新品种选育及高效栽培技术和示范"和"非耕地工业油料植物高产新品种选育及高值化利用技术" 2 项成果荣获国家科技进步二等奖。这些科技成果的广泛应用，不仅为湖南生态建设和林业产业发展提供了强有力的科技支撑，也为国家林业科技事业的发展作出了重要贡献。

在这累累成果的背后，是全院科技工作者专注林业事业的赤子情怀，为林业发展贡献一己之力的拳拳之心。这本成果汇编主要收集和编录了湖南省林业科学院 1978 年~ 2018 年鉴（认）定与获奖的科研成果，集中展示了全院几十年来在科技攻关、技术创新、产品研发等方面取得的成就。它的编辑出版寄寓了我们对全院科技工作者的敬意，也承载着传播科技成果推动林业发展的使命。

创新是一个民族进步的灵魂，是一个国家兴旺发达的不竭动力。科学的本质在于创新。展望未来，湖南省林业科学院将深入贯彻"生态优先 绿色发展"新理念，聚焦生态保护、生态修复和生态惠民的重大科技需求，不断提高林业科技自主创新能力，不断增强科技创新工作的责任感、使命感和紧迫感，矢志不移的以创新推动绿色发展，为建设美丽中国作出新的贡献！

2018 年 10 月 23 日

C 目录
ONTENTS

国家科学技术奖

部、省科学技术奖

湖南省科学大会奖

部、省推广奖

厅级科技进步奖

其他奖励

鉴(认)定、评价成果

国家科学技术奖

一 等 奖

1. 全国杉木变异规律与种源区划分 (协作)

> 获 奖 时 间：1989 年
> 主要完成单位：湖南省林业科学院 (排序第十)
> 主要完成人员：程政红 (7)
> 奖励类别及等级：国家科学技术进步奖 一等奖

该项研究属国家"六五""七五"期间科技攻关项目。第一次试验的种子来自 12 个省 (区) 21 个种源，1978 年造林；第二次试验的种子来自 14 个省 (区) 207 个种源，1981 年造林；第三次有限分布区 (中间) 试验，每个省一般 4~10 个种源，多的 15~27 个种源，1985 年造林。造林设计采用平衡格子设计和随机区组设计。通过对杉木种源的丰产性、生长稳定性和抗性的测定和综合评定，选出了一批与全国杉木各造林区与立地类型相适应的优良种源，并应用于生产。该项研究达到国际同类研究的先进水平。

一、主要研究成果

种源的变异规律：经多点试验，杉木种源的变异规律是：①苗期、幼林期各项指标差异显著，其变异与纬度呈负相关。低纬度的南方种源生物量高，初期生长快。②结实量、针叶色泽类型呈南北"U"型纬向渐变，即纬度偏南或偏北的种源中青枝杉、黄枝杉类型增多，灰枝杉类型少，结实早；中带中心产区结实晚，灰枝杉类型增多，年生长期长。③高纬度种源封顶早，生长期短，但抗寒性强。④产地纬度愈低，受冻害愈重，南带种源抗寒性比北带差，北带选择中带种源造林受冻害少。⑤种源高生长节律出现两次高峰期，第一次 5 月，第二次 10~11 月。⑥产地温度和相对湿度对种源生长影响显著，杉木地理变异具明显的气候生态特征。⑦杉木种源生长、物候、结实、冻害与经度、海拔相关性弱。⑧杉木种源生长节律及生产力以中带中心产区为中心呈"U"型变异，中带中心产区、特别是南岭山地一带生产力最高。

优良种源的筛选：以树高、胸径和材积的遗传增益和实际增益为生产性测度，用主成分遗传指数得分值为多性状综合指标，分别评选出适应于各省 (区) 各造林区 3 种主要立地条件的高产杉木种源。以广西融水种源为最高产，实际增益达 34.42%；贵州锦屏、湖南会同、江西铜鼓、福建大田和南平、广西贺县、四川洪雅、云南西畴为高产种源，实际增益为 13.24%。

采用相关系数、变异系数、回归系数、生态价和回归离差 5 个稳定性参数为测度，将参试种源划分为高产稳产、高产中稳、高产不稳、平产平稳、低产不稳 5 种类型，其中高产稳产的杉木种源是广西融水、福建建瓯；高产中稳的有湖南会同、四川洪雅等种源；高产不稳的有云南西畴等。

杉木种源的抗旱性、抗寒性、抗病性。①杉木种源抗旱力有明显差异，对水分的调节能力各不相同，种源抗旱力呈现由中心产区向南北两端逐渐增强的趋势。②杉木种源的抗寒性。冻害与种源的纬度呈显著的负相关，受害程度依次为南带、中带、北带。③杉木种源的抗病性。炭疽病与种源纬度和经度相关密切，纬度偏南、经度偏东种源有病害加重的趋势；中带产区种源炭疽病较轻，南北两端较重。

杉木分布区的种源划分：根据不同杉木种源的生长、生物量、物候、年树高生长节律、种子发芽速率、开花结实、寒害的相关指标，以及杉木分布区地理环境因子线性相关明显的性状，采用主分量和聚类分析方法，参考气候、地貌、土壤和植被区划，将杉木分布区的种源（暂缺台湾）划成秦巴山地、大别山桐柏山区、四川盆地周围山地、黄山天目山地、雅砻江-安宁河流域山原、贵州山原、湘鄂赣浙山地丘陵、南岭山地、闽粤桂滇山地丘陵 9 个种源区。肯定了南岭山地种源区为我国杉木最适宜的生态区，也是杉木最优良的种源区。

二、推广应用情况

1986 年以来，在全国杉木造林区推广面积 56.67 万 hm²，其中基地造林 52.53 万 hm²，其他形式推广 4.14 万 hm²。并建立种源种子园 90.8hm²，种源林选优 120 株，区划母树林和采种林分 4 万 hm²，转化为无性系的优株和种源超级苗 400 多株，均已应用于生产。

二 等 奖

1. 马尾松种源变异及种源区划分（协作）

獲 奖 时 间：1990 年
主 要 完 成 单 位：湖南省林业科学院（排序第二）
主 要 完 成 人 员：伍家荣（2）
奖励类别及等级：国家科学技术进步奖 二等奖

"六五"期间，国家组织了全国马尾松种源协作攻关。参加研究的有全国 14 个省（区）的 28 个单位。采集了种源种子 142 份，布置试验点 28 处，建立试验林超过 200hm²，营建马尾松种源基因库 7 处。

协作组采用统一的实施方案。苗期试验采用随机区组设计，5 次重复；试验林采用平衡不完全区组设计，对形态特征、生理特性、物候期、适应性及生长量等 20 多个性状进行观测。在多点试验分析的基础上，将马尾松种源划分南、中、北亚热带 3 个种源带 6 个种源区。

一、马尾松群体及变异规律

（1）马尾松群体的变化及变异随经纬度变化，尤以纬度影响更为强烈，体现了气候等外界环境条件在遗传变异过程中的作用，表明了马尾松由北到南或由东北到西南的种群渐变形式。

（2）马尾松针叶形态结构，各产地间具有明显的差异。针叶形态结构也可以作为区别和划分种源的依据。

（3）经多年多点试验，产地间的变异有相对的稳定性。产地选择能取得明显的增产效益，幼林树高能提高 5%～24%，胸径能提高 7%～60%，材积生长可提高 25% 以上。

（4）从马尾松针叶形态结构特征中发现，四川盆地的针叶树脂道个数最少，广西十万大山的针叶树脂道个数最多。树脂道由少到多，在地域上呈明显的轨道状分布。

（5）马尾松是我国东南季风区典型的建群树种，它喜高温湿润气候。广西、广东产地的马尾松生长最快，每束针叶数最多，针叶树脂道个数最多，发育性状较迟缓。

（6）在马尾松种子调拨中，集约经营用材林，一般是南种北调为宜；在立地条件较差，粗放经营，应选择抗逆性强一些的产地调种。

二、马尾松地理种源区划

用主成分分析法将全部种源划分为 5 个大类及 2 个亚类，同时考虑到各种源所在地理、气候等环境条件的相似性，对类别进行个别调整。

Ⅰ类：北亚热带西南部和中亚热带中部、西北部类型。包括四川东部、湖南西部、中部及北部，湖北南部及江西西部。此类 5 年生年平均树高 1.74m，年平均胸径 1.9cm，一般年平均分枝轮数 1 轮，少 2～3 轮，性状发育较早，具有造林成活率高，抗逆性强的特点。其分布范围内年均温 11.5～18.2℃，≥10℃ 的积温 3152.3～5922.6℃，年降雨量 929.3～2153.4mm，无霜期 238～322d。

Ⅱ类：北亚热带东南部和中亚热带东北部类型。Ⅱ_A 亚类包括江西东北部，浙江全部及安徽南部；Ⅱ_B 亚类包括陕西汉中盆地。此类 5 年生年平均树高仅 1.65m，年平均胸径 1.7cm，每年分枝多为 1 轮，少 2～3 轮，性状发育早。但具有抗逆性强，造林成活率高的特点。其分布范围内年均温 14.4～

17.7℃，年降雨量 905.9~2078.1mm，≥10℃的积温 4431~5860℃，无霜期 201~326d。

Ⅲ类：北亚热带中部类型。长江、汉水以北，包括河南南部，安徽西部及湖北北部地区。此类 5 年生年平均树高仅为 1.58m，年平均胸径 1.6cm，每年分枝多为 1 轮，极少 2 轮。开花早，生殖生长旺盛，但具有抗逆性强、造林成活率高的特点。其分布范围内年均温 15~16.3℃，≥10℃的积温 4390~5188.5℃，年降雨量 1055.8~1418.7mm，无霜期 210~239d。

Ⅳ类：中亚热带南部和南亚热带东北部类型。Ⅳ$_A$ 亚类包括贵州大部，湖南南部，江西南部及福建大部；Ⅳ$_B$ 亚类包括川中盆地。此类 5 年生年平均树高 1.8m，年平均胸径 2cm，年平均抽梢 1~2 次，少 3 次。性状发育较迟，抗逆性较强且造林成活率高，是优良种源的主要选择对象。其分布范围内年均温 15.3~22℃，≥10℃的积温 4573~6664℃，年降雨量 1097.8~1888.6mm，无霜期 225~327d。

Ⅴ类：南亚热带类型。包括广东西部及广西中部和南部地区。此类 5 年生年平均树高 2.02m，年平均胸径 2.4cm，一般每年分枝 2~3 轮，少 1 轮。无明显高生长休止期。具有明显的高、粗生长优势。其分布范围内年均温 20.5~22.6℃，≥10℃的积温 6806.1~7910.8℃，年降雨量 1304.8~1777.3mm，无霜期 285~364d。此类型的缺点是幼林抗逆性差，平均风雪危害率达 23.2%，且造林成活率低，平均仅为 58.1%，引种时要慎重。

2. 金花茶基因库建立与繁殖技术研究（协作）

获 奖 时 间：1998 年
主要完成单位：湖南省林业科学院实验林场（排序第七）
主要完成人员：李亦阜（15）
奖励类别及等级：国家科学技术进步奖 二等奖

一、概述

金花茶是我国特产的珍稀花木，属国家一级保护植物，主产广西壮族自治区西南部。研究工作早于 1973 年在昆明及 1980 年在广西邕宁即已开始，林业部 1982 年成立"金花茶育种与繁殖研究"重点科研项目后，试验研究大规模、有步骤地开展。先后建立了两座金花茶基因库，试验成功一整套金花茶（及其杂种）无性繁殖和组织培养技术，在金花茶高接换头和芽苗嫁接等方面均有新的突破，为金花茶育种与繁殖研究打下了坚实的基础。金花茶基因库的丰富和繁殖技术的研究居国际领先地位，组培方面的研究达到国内外先进水平。

二、主要研究成果

1. 种质资源基因库的营建

项目组在广西南宁市园林局新竹苗圃和南宁树木园建立两个金花茶基因库，搜集了金花茶组种质资源 21 个种及变种，小黄花茶组 1 种，约占世界全部黄色茶花种类的 95% 以上。已有 500 余株开花，生长发育良好，栽培管理都很成功。其种类和数量之多，堪称世界之最。它不但起到保存金花茶种质资源的作用，也是今后金花茶育种，进一步开发利用、提高金花茶经济效益和环境效益等系统研究的重要基地。

2. 无性繁殖技术

利用高接换头技术把所需繁殖的各种金花茶枝条嫁接在成年油茶的砧木上，以增强其对异地条件的适应力，并加速成型，提早开花，为建立基因库和开展杂交育种打下基础。在利用高压条、拉皮腹接和芽苗砧嫁接等传统方法开展金花茶繁殖研究方面，都有新的突破。

3. 组织培养

在培养基的筛选方面取得一定进展，解决了芽点分化关键时期培养基的转换，并筛选出生根培养基，克服了目前国内外山茶属植物组培组织易褐变、不易生根等困难。改良的 MS 培养基使用效果良好，不仅芽苗生长好，而且能生出良好的根系，将过去先长发芽后诱导生根的二步程序并为一步完成。另外，在选用改良 ER 固体培养基在培养幼胚以及试管苗移栽方面，也取得良好的成果。还开展了细胞学微观研究，提高了研究成果的完整性。

三、推广应用情况

金花茶基因库的建立和繁殖技术研究，不仅在保存基因资源、科学研究、教学方面具有重要价值，而且为今后的开发利用和出口创汇提供了有利条件。国家科学技术委员会已批准同意人工繁殖的少量金花茶品种出口。随着组培繁殖金花茶的成功，将培育出大量苗木投放市场，产生良好的经济效益。

3. 长江中下游滩地和低丘综合治理与开发技术模式研究（协作）

获 奖 时 间：1999 年
主要完成单位：湖南省林业科学院（排序第五）
主要完成人员：程政红（6）
奖励类别及等级：国家科学技术进步奖　二等奖

一、概述

长江中下游地区，包括湖南、湖北、江西、安徽、江苏、上海（简称"五省一市"）。这个地区海拔 500m 以下的低丘面积达 2280 万 hm^2，占该区域总面积 29.1%。区域有滩地面积 50 万 hm^2 以上，植被以水生的荻、芦苇、柳树和耐水湿的莎草、蘆草为主，成为血吸虫的中间寄主——钉螺的孳生环境，制约了该区域的经济发展。1990 年国家计划委员会下达了"长沙中下游低丘滩地综合治理与开发的研究"项目。项目实施过程中，始终遵循治理与开发并重的宗旨，坚持项目实施与当地经济建设相结合，经济、生态、社会效益相结合，长期效益与短期效益相结合，科研与生产相结合，多部门多学科相结合，种植业、养殖业与加工业相结合。坚持以林为主，因地制宜，宜林则林，宜农则农，宜渔则渔，宜副则副，建立了 32 个各具特色的试验示范点，为长江中下游的低丘滩地找到了有效的综合治理与开发途径，获得了良好的效果。该研究居国际先进水平。

二、主要研究成果

1. 综合治理与开发模式

在 32 个试验点建立了 120 个治理与开发模式。在江西吉水县建立的矮化樟混交柰李、桃、杏和杉木与香樟的针阔混交，在湖南、湖北等地建立的经济林、茶与农作物间作的农林复合系统，在上海崇明县建立的河豚人工繁育基地，以及在湖南、江苏等地建立的各种庭园经济经营模式等，取得了成果和经验，并大面积推广，产生了显著的经济、社会和生态效益。

通过低产林改造，退化生态系统逐步得到恢复，生物多样性得到保护。安徽省蚌埠市郊在衰退的黑松林内栽植麻栎，为江滩丘陵大面积的低产林改造提供了有益的借鉴；湖南省板栗低产林的改造，湖北省低产柑橘园、衰败毛竹园的改造，江西省低产杉木林的改造等，均提高了低丘的水土保持能力和生产力水平。低丘试验区采取沟状整地、顺坡挖沟、沟沟相通、分段截流等工程措施，降低了地表径流强度。采取植被保护带、农林间作、乔林与矮林混交、立体种植等生物措施，提高地表植被覆盖率，使土壤肥力及林业生产力水平普遍得到提高，水土流失得到有效遏制。

2. 低丘、滩地造林树种选择

为低丘、滩地造林选择了一批优质、高产、高抗、高效的造林树种，特别是为滩地选择了耐水湿杨树新品系。通过对31个用材树种木材物理力学性质的研究，筛选出一批适于低丘、滩地栽培的树种，为这些树种的加工和合理利用提供了重要依据。

3. 兴林抑螺机理

建立以栽植杨、柳、池杉、水杉等耐水湿树种，间作小麦、油菜、大麦、马铃薯等农作物的农林复合系统，改变了钉螺生存环境。在有螺滩地栽植枫杨、乌桕等树种，对钉螺孳生有一定的抑制作用；这些树种的落叶中的某些毒性成分，如没食子酸、异槲皮素等，对钉螺有一定的杀灭效果。抑螺林实行开沟设防、专人护林、阻止牲畜入林散布野粪，切断其传染源，加之冬季间种、翻耕和埋压等措施，使钉螺密度降低，活螺率下降，阳性钉螺减少，人群血吸虫病感染率也随之下降。

该研究运用 AHP 法、动态货币系统分析法、实物法、净现值法等对经济、生态、社会效益进行了综合分析和科学评价。

三、推广应用情况

项目完善了低丘、滩地综合治理与开发的理论和技术体系，边研究边推广。1992 年至 1996 年，推广面积达 6.67 万 hm²。湖南在岳阳建立水果试验示范基地 180hm²，引进果树新品种、新品系 20 个，从中选育出黄花梨芽变新品种 1 个，评选胡柚新品系 4 个，并组织扩大栽培。其中黄花梨获 1998 年湖南省优质水果金奖，并列入国家 2002 年星火计划推广；在沅江等地建立滩地造林试验示范基地，引进欧美黑杨品系 100 余个，通过试验选出了速生、耐水湿的杨树无性系，提出了滩地综合治理与开发优化模式 4 个，即：挖沟抬垄模式、宽行窄株模式、异林龄栽培模式、林下冬季间种模式等。在洞庭湖区滩地营造"兴林抑螺"林 1.91 万 hm²，已陆续进入主伐期，效益显著。

项目组编辑出版专著 4 部，即《长江中下游低丘滩地综合治理与开发研究》《中国新林种兴林抑螺林研究》《长江中下游滩地杨树栽培与利用》和《兴林灭螺论文选集》；湖南出版了《十年播绿兴林抑螺》一书。上述图书的出版发行，对该项成果的进一步推广应用具有重要指导作用。

4. 马尾松材性遗传变异与制浆造纸材优良种源选择（协作）

> 获 奖 时 间：1999 年
> 主 要 完 成 单 位：湖南省林业科学院（排序第七）
> 主 要 完 成 人 员：李午平（13）
> 奖励类别及等级：国家科学技术进步奖　二等奖

一、概述

"马尾松材性遗传变异与制浆造纸材优良种源选择"系国家"八五"科技攻关项目"马尾松短周期工业用材林良种培育"的子专题。该研究以 9 省（区）种源代表林分的马尾松天然林和"六五"期间建立的全国马尾松种源试验林以及部分马尾松优树自由授粉子代测定林为主要对象，调查观测其生长性状、形质指标，同时进行木芯样品取样与木材性状的室内测定分析。并对天然林与人工林的材性差异、株内材性变异，以及不同种源间与不同伐龄木材制浆造纸性能进行了试验和测定。通过试验研究，掌握了马尾松种内不同层次中生长性状与木材性状的表型变异与遗传变异规律及主要性状遗传参数；摸清了木材性状与生长性状的相关性，即材性的过渡年龄与幼成龄的相关性；评选出一批制浆造纸工业用材的优良种源。该研究达到同类研究的国际先进水平。

二、主要研究成果

1. 马尾松种内不同层次中生长性状与木材性状的遗传变异规律

马尾松主要性状的变异存在于种源与个体两个层次中。对于材积生长来说，种源这一层次占的分量最大，其次是林分内个体间的差异；对于木材性状来说，个体间是最主要的，种源间是其次的，还有相当变异分量存在于株内。木材比重与生长量在种源遗传上呈负相关，在个体水平上一般相关不明显，管胞长度与生长量无论种源或个体都是显著的正相关。木材比重等性状由幼龄材向成龄材过渡具幼成相关性，即木材比重和木材管胞长度的幼成过渡年龄约 10 年生左右。利用 10 年生左右的测定值，即可较准确地预估 30 年生时的测定值。

2. 马尾松生长性状与木材性状的地理变异模式

无论是天然林还是种源试验林，材积生长量随着产地纬度增加而下降。天然林的表型变异不能用来指导引种，只是表明栽培区选在亚热带南部地区为宜。北带的种源试验点，多半以中纬度的种源生长量较高；南带和中带试验点，一般以低纬度种源生长量最大。其木材比重，天然林随着纬度增加而下降，而种源试验林则随着种源原产地纬度增加而递增。管胞长度其变异模式相似于材积生长量的地理变异模式。

3. 马尾松主要性状的遗传参数的初步估算

根据 9 年生和 5 年生马尾松自由授粉子代测定结果，树高的家系遗传力为 0.34，单株遗传力为 0.19；胸径的家系遗传力为 0.63，单株遗传力为 0.59；木材比重的家系遗传力为 0.33~0.81，单株遗传力为 0.19~0.56；管胞长度的家系遗传力为 0.21~0.23，单株遗传力为 0.23~0.24。这说明材性在一定程度上受遗传控制，通过改良能取得一定的效果。

4. 马尾松造纸材主伐年龄的确定

通过对马尾松不同种源、不同年龄与木材制浆造纸性能差异的研究，首次把马尾松制浆造纸与遗传改良联系起来。研究表明，11 年生马尾松种源木材制浆造纸性能优良，采用短伐龄马尾松材制浆造纸是可行的。从不同伐龄材制浆造纸性能比较看，初步确定以 15~20 年生采伐材为好。

5. 制浆造纸用材优良种源的评选

亚热带南带栽培区推广的优良种源为：广西的宁明、容县、岑溪、忻城、贵县、恭城；广东的信宜、高州、英德、罗定、广宁、博罗等。中带栽培区推广的优良种源为：广西的岑溪、宁明、忻城、恭城、贵县；广东的信宜、高州、英德、浮源、罗定；贵州的黄平；福建的永定；江西的崇义；湖南的资兴等。北带栽培区推广的优良种源为：广东的高州；四川的南江；福建古田、邵武；贵州的龙里、贵阳、黄平；湖南的常宁、资兴；浙江的遂昌等。以上优良种源在各栽培区推广后，制浆材干物质产量比对照平均提高 30% 以上。在种源试验林与优树子代测定林中，通过生长、材性测定选择出一批制浆造纸材优树，为开展材性育种奠定了物质基础。

6. 马尾松制浆造纸材育种策略

充分利用种源与个体两个层次的变异，采用逐步选择遗传改良的策略：第一步，利用种源间差异选择最优种源，再在最优种源内利用个体差异选择速生性优良个体；第二步，开展生长性状与材性性状兼优的遗传改良；第三步，开展家系间与家系内生长性状与木材性状均匀性选择。并与无性繁殖相配套，以实现短伐期速生优质制浆造纸原料林良种化栽培。

三、推广应用情况

世界银行贷款造林项目第一期(1991~1995 年)已采用马尾松优良种源造林 13 万 hm^2，普遍生长良好，为促进马尾松造林和利用开辟了新的途径。

5. 杉木建筑材优化栽培模式研究（协作）

> 获 奖 时 间：2000 年
> 主要完成单位：湖南省林业科学院（排序第三）
> 主要完成人员：贺果山（6）
> 奖励类别及等级：国家科学技术进步奖　二等奖

一、概述

"杉木建筑材优化栽培模式研究"系"八五"期间国家科技攻关"短周期工业用材林优化栽培模式的研究"的一个专题。项目遵循立地控制、遗传控制、密度控制、维护地力的技术路线，以杉木中心产区的雪峰山地、南岭山地、武夷山地和一般产区的浙赣山地为基点，围绕杉木优化模式及编制经营模型需要开展试验。

二、主要研究成果

1. 不同产区主要立地类型杉木林分生产与结构模型

通过样地观测和优势木解析，分别不同产区、不同立地、不同年龄以及不同间伐强度下杉木人工林的生长与收获的资料整理，分别建立了杉木优势高生长、林分的自然稀疏、直径与断面积预估、疏伐及林分直径结构、标准高曲线、林分蓄积量和材种出材量预估7个模型。

2. 杉木林密度管理

（1）不同密度对林分生长和木材质量的影响。①密度对优势高的影响9年生时其差值达显著水平。②密度对平均高的影响6年生时达显著水平。③密度对平均胸径的影响4~6年生时差值达到显著水平。④密度对径级株数分布的影响，径级株数百分数的高峰值，随密度的增加向径级小的方向偏移；密度对单位面积蓄积量的影响5年生时其差异达极显著水平。⑤密度对干形有一定的影响。当密度相同时，径高比随年龄增长而增加。⑥密度影响到木材质量，也影响木材力学性质。

（2）间伐对林分生长的影响。试验对18、16、14立地指数杉木林分，分别按弱度、中度、强度进行间伐，间伐后第10年进行调查，其结果是：平均胸径生长量，弱度、中度及强度分别比对照提高18.3%、23%与52.7%。

3. 整地抚育对杉木生长进程的影响

（1）在立地条件较好时，不同整地间林木生长均无明显差别；在立地条件较差时，分别采用撩壕、全垦、水平带状及穴垦整地方式，其林木生长量依序提高，整地规格越高，林木生长越好。

（2）高标准整地与一般整地比较，林木生长差别主要发生在幼林阶段，随着年龄的增长，这种差别逐渐缩小，以至消失。

（3）试验采用全面刀抚、局部松土除草、全面松土除草3种抚育方法，经4年定位观测的结果表明：植物种类以刀抚方法最多，达118种，且植被覆盖度最高，达100%；不同抚育方法对幼林生长无明显影响。

4. 杉木实生与萌芽更新生长与经济效果评价

（1）休眠芽的数量随地位级增高而减少，边缘产区的杉木休眠芽数量明显多于中心产区；萌芽更新林的采伐季节，以初春为最佳，夏季不适宜采伐；采伐时应尽量降低伐桩高度。

（2）杉木实生与萌芽林生长比较。①相同立地萌芽林比实生林低一个指数级。②差的立地平均胸径差异极显著，中等及好的立地差异不显著。③用优势高作比较，萌芽林初期高生长优势十分明显，立地差的萌芽林生长衰退早。

5. 合理轮伐期

工艺成熟龄按 3 种方法确定：①按材种平均生长量最大的年龄；②按材种的出材率占林分总出材率的 65% 以上时的年龄；③林分平均胸径达到林种规格要求时的年龄。经济成熟龄采用贴现法，按净现值最大时的林龄确定。

6. 栽培经济分析

（1）栽培密度优化分析。结果表明，初植密度为每公顷 1111 株和 1667 株时，间伐次数为 1~2 次，经营成本较低，经济效益最好；初植密度为每公顷 3000 株、间伐 3 次，技术和经济指标都能达到较高。

（2）最优轮伐期的确定。①最大净现值的轮伐期。贴现率为 8% 时，最优轮伐期为 25 年，贴现率升为 14%~16% 时，最优轮伐期提前到 19 年。②最大土地期望价、效益成本比和内部收益率的轮伐期。以最大内部收益率确定的轮伐期最短。

7. 集约经营杉木人工林的营建和幼中龄林的生长及管理

（1）示范林的营建。①立地控制：以低丘、高丘、低山、中山的差别划分立地类型区，以坡位的差别划分立地类型组，以土壤的差别划分立地类型。②遗传控制：充分利用杉木遗传改良成果，选用优良种源、种子园种子、优良家系、优良无性系等种植材料造林。③密度控制：初植密度为 14、16、18 立地指数，每公顷 3600、3000、2500 株，8~10 年实行间伐，间伐强度为总株数的 20%~30%。④维护地力：造林整地采用穴垦，规格为：40cm×40cm×40cm。

（2）幼中龄林生长及管理。改变过去千篇一律高标准的整地方法，按立地条件确定整地方式，一般采用刀抚；通过及时强度较大的间伐，促进林下植被的发展和生物多样性的提高，以防止地力退化。

8. 杉木工业用材林林分经营模型系统

该研究主要对模型系统的主体结构、林分生长模拟、林分直径分布的拟合、林分的林产品估计方法、林分经营方案动态经济评价的原理及结构等方面进行深入研究，在此基础上研制杉木人工林经营模型系统。

9. 杉木建筑材优化栽培模式

该项研究运用杉木林分经营模型，分别 4 个产区（赣浙山地，武夷山区，南岭山地及雪峰山区），4 种立地指数（14，16，18，20），以小径材、中径材及大径材为目标，提出了 31 个优化栽培模式，每个模式中包含造林密度、整地方式、幼林护育、间伐次数、间伐保留密度、主伐年龄 6 项主要技术措施的优化组合。

三、推广应用情况

该成果于 1990~2000 年在湖南、江西、福建、贵州等地杉木速生丰产林建设和世界银行贷款造林项目大面积推广，面积达 15 万 hm²。采用优化栽培模式经营，可避免杉木林基地建设中的盲目性和片面性，对于促进杉木的科学经营和改善生态环境均具有重要意义。

6. 卵寄生蜂传递病毒防治害虫新技术（协作）

获 奖 时 间：2005 年
主 要 完 成 单 位：湖南省林业科学院（排序第二）
主 要 完 成 人 员：姜 芸（3）
奖励类别及等级：国家技术发明奖　二等奖

一、技术要点

该项目是以昆虫病毒流行病学理论为基础，利用卵寄生蜂所特有的寄生方式将病毒带入目标害虫卵表面，致使初孵幼虫罹病死亡，并诱发靶昆虫形成种群病毒流行病，使害虫的危害得到有效遏制。该项目集中体现了卵寄生蜂和病毒的双重优点，扬长避短，充分发挥了卵寄生蜂传递病毒和病毒在靶标害虫中形成病毒病的作用，变革了传统的治虫方法。

二、推广应用前景

推广应用前景广阔、使用安全，对人畜和环境无毒无害；防治费用低于化学农药，不伤害天敌、操作简单、劳动强度低、工作效率高，一次使用多年受益，具有可持续控制害虫的作用；能广泛用于林、果、蔬、茶主要害虫的防治，害虫不会产生抗性，没有污染问题，是创制绿色有机食品的重要组成部分。对松毛虫、棉铃虫和玉米螟等农林害虫防治效果良好，全国 18 万亩（1 亩 = 666.667m²，下同）应用面积调查，防治效果 80%以上。尤其对减少污染，保护环境贡献重大。具有显著经济、社会和生态效益。

7. 杉木遗传改良定向培育技术研究（协作）

获 奖 时 间：2006 年

主要完成单位：湖南省林业科学院（排序第二）

主要完成人员：许忠坤（2） 徐清乾（9）

奖励类别及等级：国家科学技术进步奖 二等奖

一、概述

该成果关键技术创新明显，系统集成性强，构建了完整的杉木栽培技术新体系，在杉木遗传育种与定向培育研究领域取得了重大进展，提升了我国工业用材林遗传改良及栽培技术水平，提高了杉木产量与质量，缩短了轮伐期，拓展了利用途径。杉木高世代种子园营建技术和无性系选育技术为我国林木育种奠定了坚实基础，已达国际先进水平，形成了完整的大径材栽培技术新体系。在林木培育技术方面加强了技术原始创新，极大地推动了杉木产业的发展，为我国杉木产业持续、稳定与健康发展提供了强有力的技术支撑。

二、技术要点

杉木为我国特有优良速生用材林树种，分布广、生长快、材质好、产量高。我国早期研究取得的重要成果主要体现在杉木立地评价、优良种源选择等方面，而对如何在遗传控制上，从高世代种子园建设、优良无性系选择等水平上选育出优质高产新品种，把良种选育和栽培技术有机结合，构建新的栽培技术体系等重大科学技术问题方面缺乏全面、系统性的深入研究，从而限制了我国杉木生产力水平的提高。

由中国林科院，湖南、江西、贵州、广东省林科院及福建农林大学共同完成，中国林科院首席专家、研究员张建国等主持完成的"杉木遗传改良及定向培育技术研究"是在国家"七五"攻关基础上，经过近 20 年而取得的重要成果，是中国林科院"杉木建筑材树种遗传改良及大中径材培育技术研究""杉木良种选育和培育技术研究"等，以及"九五""十五"攻关专题的系统总结，它涉及森林培育、林木遗传育种、森林测树及森林土壤等多个学科和研究领域，全面系统地研究和解答了杉木栽培、生产与经营中急需解决的关键问题。

该研究首次揭示了杉木大中径材成材机理，提出了杉木大中径材林立地控制和密度控制技术，构建了杉木大中径材培育技术体系和低密度目标树培育技术；建立了杉木营养平衡理论，提出了杉木近熟林施肥技术和植被管理技术；首次对理论方程的解析特性与林分结构的匹配性进行了数学分析，解决了生长方程模拟精度的理论问题，拓展了林分结构模拟方法，实现了林分直径和断面积结构的高精度模拟；首次建立了杉木人工林广义干曲线模型，为干形的培育、材积和出材量的精确计算提供了新的理论依据。

系统提出了杉木高世代种子园材料选择和营建技术，特别是双系种子园材料选择及建立技术，使得子代材积增益达到45.2%~66.5%；提出了第一代和第二代杉木种子园稳产高产环割、捆扎、修枝、稀土、施肥、激素等11项关键技术，种子产量提高13%~143%；提出了采用同工酶分析等方法进行杉木早期测定技术，使得杉木育种周期缩短一半。选出优良家系143个，材积增益15%~72.1%；建筑材优良无性系387个，材积增益15%~217.2%；纸浆材优良无性系20个，材积增益50%~145%；耐瘠薄高效营养型无性系3个，材积增益20%以上。

三、推广应用情况

截止到2005年，研究成果已在湖南、江西、贵州、广东等省大面积推广应用，使得整个杉木主产区的产量在原有基础上平均提高了20%以上，其中优良无性系造林近30万公顷，高世代种子园良种造林近60万公顷，大径材培育技术近10万公顷，增加纯利37.51亿元，产生了巨大的经济效益和社会效益。

8. 油茶雄性不育杂交新品种选育及高效栽培技术和示范

获 奖 时 间：2009年
主要完成单位：湖南省林业科学院　浏阳市林业局
　　　　　　　浏阳市沙市镇林业管理服务站
主要完成人员：陈永忠　杨小胡　彭邵锋　柏方敏　粟粒果
　　　　　　　王湘南　王　瑞　欧日明　李党训　喻科武
奖励类别与等级：国家科学技术进步奖　二等奖

一、概述

"油茶'雄性不育'新品种选育与高效栽培技术研究与示范"是湖南省林业科学院主持的国家林业和草原局攻关项目和湖南省杰出青年基金等多个重点项目的研究成果。成果针对油茶产业发展过程中普遍存在的单位面积产量低，系统科学的栽培技术缺乏，生产上使用的无性系苗木繁育技术难度大、出圃时间长，优良无性系长期连续扩繁品种退化等产业发展的技术瓶颈进行了系统研究，该成果的应用，促进油茶新品种的推广，有效地提高了油茶单位面积产量，大幅提升林业产值。培训了一批林业科技人员，为提供大量就业机会，提高了林农的经济收入，大大推动了全国油茶良种化、科学化、标准化和产业化进程，为构建和谐社会和新农村做出了贡献。成果曾获2008年湖南省科技进步一等奖。

二、主要研究成果

(1)在油茶授粉生物学特性研究中发现并选育出1株"雄性不育"优良无性系，对油茶雄性不育特性进行深入系统的研究，通过常规方法和生物技术方法确定了雄性不育系的稳定性。

(2)在优良无性系的基础上，以"雄性不育系"为母本开展杂交育种研究，通过杂交制种和子代测定等连续16年的试验研究，选育出5个优良杂交组合；深入研究油茶果实生长特性和含油率的变化规律；探索油茶果形果色与经济性状之间的相关性，提出了油茶果形果色的分级方法。

（3）建立了油茶雄性不育"两系"杂交种子园的应用技术体系，为油茶育种研究和生产开拓了新领域；杂交种子园的建设提高了杂交F1代的制种效率和质量，极大地推动油茶生产的良种化。

（4）提出了油茶采穗圃综合复壮技术；提出芽苗砧嫁接育苗、播种育苗和容器育苗相结合的复合式育苗方法，建立了油茶优良新品种规模化繁育技术体系，筛选出了适合油茶优良新品种的育苗基质和适宜的育苗容器。

（5）通过油茶高效栽培技术研究，筛选出了油茶幼林和成林的施肥方案；提出了油茶树体的修剪模式；探索了地表覆盖对土壤的改良作用，植物生长调节剂对油茶果实含油量和后熟期出油率的促进作用。

三、推广应用情况

根据油茶栽培区划，结合油茶产业的发展，通过举办培训班等方式将油茶优良新品种及高效栽培技术推广到省内外各油茶主产区，先后举办技术培训班60余期，培训技术骨干10000多人次，发放油茶技术资料与光盘10多万份；制定并颁布《油茶良种选育及苗木质量分级》行业标准1个，出版专著3部，发表论文70多篇；每年可利用杂交新品种繁育苗木2690万株；在湖南省40多个县（市）及湖北、江西、福建、广西等油茶主产区共营造推广示范林13568hm²，并作为鸦片替代作物引种到泰国金三角地区种植；近3年新增产值15.86亿元，新增税收1.90亿元，出口创汇2.4万美元。经济、社会效益巨大。

9. 非耕地工业油料植物高产新品种选育及高值化利用技术

获 奖 时 间：2014年

主要完成单位：湖南省林业科学院　中国林业科学研究院林产化学工业研究所

　　　　　　　天津科技大学　天津南开大学蓖麻工程科技有限公司

　　　　　　　中南林业科技大学　淄博市农业科学研究院

　　　　　　　广西壮族自治区林业科学研究院

主要完成人员：李昌珠　夏建陵　王光明　叶　锋　蒋丽娟

　　　　　　　王昌禄　肖志红　马锦林　聂小安　张良波

　　　　　　　高毓嵩　李培旺　刘汝宽　张爱华　张新生

奖励类别及等级：国家科学技术进步奖　二等奖

一、概述

针对我国非耕地发展工业油料产业存在高产品种缺乏、加工技术和装备落后、产业效益较低等难题，在国家"863"和其他科技支撑和计划的支持下，历时15年提出利用非耕地资源发展生物质能源新型产业的理念，完善工业油料植物定向培育技术理论和油脂产品清洁转化理论，填补工业油料良种、加工装备、能源和材料产品与技术多项空白，在蓖麻、光皮树和油桐的高产新品种选育、非耕地矮化密植栽培和油料高值化利用方面取得突破性成果，技术总体达到国际先进水平，部分关键技术达国际领先水平，产品技术经济指标达到和超过国内外同类产品。成果对促进工业油料植物利用技术和装备支撑体系进步，提高工业油料植物整体经济效益和竞争力具有重要意义。

二、主要研究成果

（1）首创了蓖麻纯雌系三系杂交育种新技术，选育出淄蓖麻8号等高产高含油新品种8个，运用无性系矮化育种技术选育出高产高含油的光皮树矮化新品种10个和油桐新品种4个。

（2）创立了蓖麻纯雌系工程化高产制种新技术，系统研究出新品种区域应用组合控制、株型调控和立地指数密度控制的"三控制"高产栽培技术，新集成品种矮化和砧木矮化栽培的"双重矮化"技术，实现了光皮树矮密化栽培，3 年开始结果，5 年达到盛果期，株高小于 3.0m。

（3）发明了高含油、多双键和羟基活性官能团的工业植物油料清洁、高效制备技术，创建了蓖麻、光皮树和油桐油料理化性质的快速检测方法，发明了连续式低温压榨耦合多级逆流萃取制油技术与装备，实现了油料直接入料压榨以及油脂和磷脂等高附加值产品的同步提取，制油过程温度低于 80℃，残油率小于 1.0%，蛋白变性率低于 5.2%，较传统技术节能 10.3% 以上。

（4）发明了集气-液-固三相酯化、粗甲酯无水脱皂功效于一体的甘油沉降耦合连续酯交换技术制备生物柴油工艺，开发了耐低温柴油添加剂和生物柴油混配产品 B5 和 B10，油脂单程转化率提高 14.7%，能耗降低 18.6%；创新集成油脂选择性加成定向聚合酰胺化等关键技术和制备工艺用于环氧结构胶和环氧沥青材料的耐高温低黏度聚酰胺固化剂产品；运用定向重组、催化转化及调和混配技术，开发出大跨度温度范围发动机等特用的 SM 级油脂基生物滑润油系列新产品。形成整体技术和产品链，实现工业油料植物的高值化利用。

三、推广应用情况

蓖麻、光皮树、油桐新品种在湖南、新疆、内蒙古、吉林等 20 个地区以及印度尼西亚、马来西亚等 12 个国家的山地、盐碱地等非耕地推广，累积推广 610 多万亩；油料加工技术及产品先后在湖南金德意能源油脂集团、北大未名集团、南京天力信有限公司等大型企业应用。各类产品近 3 年累计实现产值 49.38 亿元，新增税收 1.43 亿元，产生了显著的社会、经济和生态效益。

三等奖

1. 洞庭湖区"三杉"引种与推广

> 获 奖 时 间：1985 年
> 主要完成单位：湖南省林业科学院
> 主要完成人员：李福生　李辉炫
> 奖励类别及等级：国家科学技术进步奖　三等奖

一、概述

湖南洞庭湖区，范围包括 16 个县（市、区）、13 个国营农场。总面积 152 万 hm^2，其中耕地面积超过 57.87 万 hm^2。这里土壤肥沃、气候温和、雨水充沛、农产丰富，素称"鱼米之乡"，在全省农业生产上具有举足轻重的地位。但在历史上，八百里洞庭"鸟无落脚树、人无遮阴处、用材靠调入、烧柴草代替"，林业是个空白。

为了发展湖区的林业生产，1959 年湖南省林业科学研究所在沅江县建立防护林试验站，开展引种育苗、引苗造林和苗木耐水性能测定等试验研究工作。水杉、池杉、落羽杉（俗称"三杉"），就是该站通过对 125 个树种引种试验筛选出来的 3 个优良树种。水杉是中国独有的古生树种，1941 年在湖北省利川县发现后，世界植物学界为之震惊，人们称之为"活化石"；落羽杉和池杉原产于美国东南部，先后于 1917 年和 1930 年引入我国，但只在南京和河南省鸡公山等地有零星种植。课题组通过边引种、边示范，不断扩展试验，使"三杉"逐步成为了洞庭湖区的主栽树种，有力地推动了湖区林业的迅猛发展。

二、技术要点

洞庭湖区土壤、气候条件和造林目的要求均与山区、丘陵区完全不同。发展湖区林业生产，主要是通过营造防护林，在确保防护效益的同时解决农民的用材和烧柴困难。

1. 选择造林树种

通过对 125 个树种的引种研究，筛选出香椿、喜树、檫木、鹅掌楸、小叶杨、棕榈、梧桐、中国槐和水杉、池杉、落羽杉等 10 多个树种均适宜于湖区生长。其中最适宜的是水杉、池杉、落羽杉。"三杉"均为落叶乔木，其特点是：生长快、寿命长、树冠窄、枝下高低、枝叶浓密、树干高大通直，且病虫害少，材质优良，耐水湿水淹，耐中碱性土壤，是湖区营造防护林的最佳树种。

2. 解决种子奇缺的难题

选择好了造林树种，没有充裕的种源，发展湖区造林仍是一句空话。"三杉"种源奇缺。水杉开始引种时，每年到湖北省利川县只能调集到 100～150g 种子，且发芽率低，成苗数少；落羽杉和池杉种子要从国外购进，价格昂贵。从 1963 年起，通过切枝繁苗、以苗繁苗、旱插水插育苗、一年四季扦插育苗等多种途径的研究，使"三杉"育苗的成活率由初期的 8%～10% 提高到 20%～30%，进而提高到 90% 以上，有效地解决了种子的问题。

3. 营造试验示范样板林

过去湖区基本上没有林业，群众也无育苗造林习惯。防护林试验站先后在湖区 4 个县、2 个国营农场建立了 12 个试验点。1961 年在沅江县草尾林场栽植水杉 51 株，落羽杉 20 株；1966 年在南县同利大队栽植水杉 1778 株，在千山红农场栽植水杉 1000 株；1970 年防护林试验站从沅江迁至岳阳君山农场，栽植"三杉"605 株。这些试验均获成功，深受群众欢迎。同时，由省、地召开专门会议和举办技术培训，促进"三杉"由点到面、由零星栽植到成片造林，使其在湖区广为推广。

4. 生长测定

"三杉"在湖区造林，生长快、成材早、效益好，一般 4~5 年成林，8~10 年成材，15 年左右可采伐利用。据 1985 年调查：1961 年栽植的水杉，平均树高 21.09m，胸径 22.07cm，单株立木蓄积 0.324m³；1970 年栽植的水杉，平均树高 16m，胸径 17.97cm，单株立木蓄积 0.163m³。1970 年栽植的池杉，平均树高 15.5m，胸径 22.48cm，单株立木蓄积 0.247m³。1970 年栽植的落羽杉，平均树高 13.7m，胸径 20.61cm，单株立木蓄积 0.183m³。"三杉"在湖区的生长量比山区、丘陵区的主要造林树种的生长量要高得多。

三、推广应用情况

"三杉"的引种研究与推广工作，从 1961 年至 1978 年，共进行了 17 年。据 1978 年调查统计，湖区各地共造林超过 4 万 hm²。先后建立的 12 个试验点，营造示范林 419hm²。接待省内外参观人员 1 万多人。销往外省苗木 3756 万株。

"三杉"的引种和推广成功，不仅大大促进了湖区林业生产的发展，加速了湖区防护林体系的建立，而且有效地改善了湖区的生态环境和生产条件。"三杉"已成为洞庭湖区人人爱、户户造、处处有的当家造林树种。同时还影响到四川、湖北、江西、安徽、江苏、浙江等省河湖水网地区，带动了这些地区造林事业的发展。

2. 改变林分结构、提高松林对松毛虫灾自控能力的研究

获 奖 时 间：1989 年
主要完成单位：湖南省林业科学院
主要完成人员：彭建文　周石娟　童新旺　李伯谦　姜　芸
奖励类别及等级：国家科学技术进步奖　三等奖

一、概述

马尾松毛虫是我国主要森林害虫之一。为了有效地控制马尾松毛虫的发生，减低其对森林的危害，从 1972 年起，在浏阳县丘陵地区沙市、社港、龙伏 3 个公社开展了改变林分结构，提高松林对松毛虫灾自控能力的研究。通过将 9333hm² 松林划分为 3 个不同生态类型，采用封（全封、半封、轮封）、改（改造疏残林）、护（保护蜜源植物、保护自然天敌种群）等措施，从杂灌木丛中选留一定数量的阔叶树种和蜜源植物，有意识地定向培育多树种组成的复层混交林，逐步改变林分结构类型。并依据森林生态系统中生物群落间的相互调节的理论，构建生物间相互依存、相互制约的生态平衡关系，提高森林对虫灾的自然控制能力；改善林间小气候，改良土壤理化性质，提高土壤肥力，创造有利于林木生长、天敌种群栖息繁衍而不利于松毛虫猖獗的环境条件，增强林木的抗虫能力；解决开山采樵对生物种群稳定性的影响，提高林木生长速率和生物产量，达到长期控制松毛虫灾害的发生。该项技术居国内领先水平。

二、主要研究成果

1. 促进多层次植物群落结构的形成，改善林地生态环境

试验地划分的 3 个生态类型是：未封山育林区；林相好，植被密集的纯林区；林相较整齐，已逐步形成针阔多层混交林区。

结果是：一类，年年恶性砍伐打枝，地被物被砍光扒尽，水土流失严重，环境较恶劣。二、三类采用不同形式的封山育林，一般4~5年轮换开山采樵1次，适当疏伐，合理蓄留阔叶树种和蜜源植物，提高林地郁闭度，增加植被覆盖率，实现植物群落结构的多样性，使一个纯马尾松林区逐步改造成多层次、多树种组成的森林植物群落结构。经过封山育林，促进林地生物产量增加，凋落物、生物残骸增多，林地腐殖层增厚，吸水、保水能力增强，改善了土壤条件，增加了土壤肥力。这不仅促进了林木健康生长，而且提高了松林对松毛虫灾的自控能力。

2. 不用或少用化学农药，保护自然天敌种群

保护蜜源植物，人工填充寄主卵，保护和招引益鸟，增加林间天敌种群密度，促进生物间食物网络中营养循环功能作用。丰富林间昆虫(动物)群落结构，创造有利于天敌繁衍的条件。封山育林后，调整了林分组成树种，森林生态环境改善，使林地内昆虫种类更加丰富。松毛虫的寄生性天敌、捕食性天敌增加，增强了生态平衡中生物与生物、生物与非生物之间的相互制约的功能。

3. 改变林间小气候，创造不利于松毛虫发育繁殖的环境

封山育林地与未封林地比较，夏季最高气温要低，气温日较差变化小；林地内地表温度和土壤温度夏季升温和冬季降温都较慢；林地内风速较小，气流较弱，湿度较大。封山育林后形成的小气候，既有利于植物的生长和微生物的繁殖，也有利于天敌的栖息定居和繁衍。

4. 采取有效的采樵、疏伐控制方法，维护生物种群和生态平衡

按封禁要求轮换开山采樵，既可解决农民烧柴困难，又不使林地生态环境受到太大影响，森林昆虫的种群数量能在短期内迅速恢复。封山育林采取轮封，开山面积控制在封山面积的20%~25%；有目的地蓄留一定数量的阔叶树种；注意适量修枝、疏伐，留壮去病，留优去劣，松树留足5~7盘枝。通过人工调控，建立多层混交林相，形成生物相互依存、相互制约的生态平衡关系。

三、推广应用情况

该成果1986年在长沙、浏阳、邵阳、邵东、新邵、新宁等市(县)进行推广，面积39.47万hm²；1987年又在宁乡、郴县、衡东等县进行推广，面积6.47万hm²；江西上饶、广西桂林等地区也引进该技术，均获得了良好的效果。

3. 马尾松造林区优良种源选育(协作)

| 获 奖 时 间：1995年
| 主要完成单位：湖南省林业科学院等
| 主要完成人员：伍家荣(7)
| 奖励类别及等级：国家科学技术进步奖 三等奖

一、概述

"马尾松造林区优良种源选择"系国家"六五"期间科技攻关项目结转的三级专题，在"七五"期间进一步开展了种源、林分、单株("三水平")不同层次的遗传变异、种源与环境互作、种源稳定性和适应性等方面的试验研究。由中国林业科学研究院亚热带林业研究所主持，全国马尾松分布区的14省(区)林业科学研究所作为协作单位参加。研究时间长达13年。试验采用统一实施方案，进行了1977年、1978年、1979年三次局部试验，1981年、1984年两次全分布区试验，1986年中间试验和1988年"三水平"试验。田间观测性状指标共35个，包括种子品质、苗期和幼林期高、径、材积，根系、生物量、形态解剖、干形分枝特性、物候、结实、病虫害、适应性等各个方面。该研究接近国际先进水平。

二、主要研究成果

1. 种源选择

依据 7 批种源试验林、多年度 25 个试验点、8 项主要性状观测资料，采用指数法，对多年多点材料作方差、协方差的相关分析，为不同造林区综合评选出优良种源 15 个，9 年生材积平均增益 50.1%。通过分析种源、林分和单株（家系）不同层次遗传变异，发现遗传变异种源＞家系＞林分。

2. 优良种源区的划分

首次为我国确定了马尾松优良种源区。种源区集中于以广东的高州、信宜和广西的岑溪为代表的云开大山，广西的忻城、恭城和湖南的资兴、江西的崇义为代表的南岭山地，四川的涪陵、德江为代表的大娄山，以及福建的邵武、江西的资溪为代表的武夷山地。这些优良种源的材积生长在南带超过本地对照 4.9%～104.3%，在中带的东、中西部和中带四川区超过对照 18.7%～160%，在北带超过当地对照 21.5%～141.8%。

3. 材性、产脂量及抗性的遗传变异规律

（1）材性选择：分析了 9 年生马尾松单点、多点种源间和个体的木材构造、物理、化学性状的遗传变异程度，估算遗传力与高径生长的相关性。初步查明管胞长度及长宽比、壁腔比、晚材率和纤维素含量等材性主要经济性状在种源、个体水平上的遗传变异规律，并根据造纸材要求评选出高州等 4 个优良种源。

（2）产脂选择：分析 9 年生马尾松 13 种松脂组分含量、产脂力差异及与高径、冠幅、树皮厚度相关性，选择高雄等 4 个优良种源。

（3）抗虫选择：根据日本松干蚧的雌虫产卵量、寄生若虫密度、种源树体生长量和生长势等，综合初选出远安等 5 个抗虫种源，发现虫口密度与种源树体枝干皮厚、全氮、全磷、咖啡酸等酚酸类物质及反石竹烯等萜烯类物质含量有关。

（4）抗寒选择：根据分布区北缘 3 省苗期表型冻害及电导率测定，种源抗寒力与纬度有关。

（5）发现晚材率、纤维长度及壁腔比等木材构造、物理和化学性状种源间差异显著，遗传力大于 0.8，且与高、径生长呈正相关。香叶烯、长叶烯等 9 种松脂组分的种源差异规律明显；对日本松干蚧的抗性与枝干皮厚、内含化学物质含量相关；种源材积生长、立地条件存在明显交互作用。这些均丰富了马尾松的群体、生态遗传学理论。

三、推广应用情况

"七五"期间采用中试 15 个种源和"三水平"试验 13 个种源（含 39 个林分、936 个单株），建立中试林 21.27hm²，"三水平"试验 29.67hm²，营造"三水平"基因库 1.67hm²。至 1989 年，所提供的优良种子推广造林面积 99.05 万 hm²。

4. 杉木无性系选育和繁殖技术研究（协作）

> 获 奖 时 间：1996 年
> 主要完成单位：湖南省林业科学院（排序第二）
> 主要完成人员：陈佛寿（2） 许忠坤（4）
> 奖励类别及等级：国家科学技术进步奖 三等奖

一、概述

1978 年以来，中南林学院在林木遗传改良的基础上，选出各种育种材料 739 个，营建采穗圃

8.27hm²，对比试验林 90.7hm²，对杉木无性系选育的基本规律、技术和效果、无性繁殖技术和大树复壮、优良家系无性化造林效果进行了研究。从 82 块 3~10 年生试验林中，按树高、胸径显著大于对照并大于各自试验林平均值 10% 以上的标准选出优良无性系 89 个，其中树龄大于 1/3 伐龄以上的 36 个。入选无性系的树高、胸径、材积分别大于对照 31.1%、39.8% 和 153.7%。并为推广这些无性系提供了配套生产技术。这项研究首创的采穗圃营建和无性系繁殖技术，丰富了杉木无性系选育的理论和实践，开拓了杉木无性系利用的途径，居国内同类研究领先水平；其中在无性系繁殖技术上有重大突破，达到国际先进水平。

二、主要研究成果

1. 无性系选育

选择杉木育种材料应以最大限度地利用各种群体中遗传方差为准则。种源间方差大于种源内，家系内方差大于家系间，在优良种源的优良家系内选择效果最佳。树龄选择强度与选择效果呈正相关。试验结果表明，自由授粉子代苗期选优，优良无性系中选率为 11.7%，幼林期（3~8 年生）选优，优良无性系中选率为 19.6%，而在采伐迹地上选择大伐根萌芽条却无效果。因此，在苗期和幼林期选择育种材料是有效的；而在幼林期选择效果更佳，3~4 年生进行初选，正确选择率可达 82.9%。杉木的基因型与环境的交互作用普遍存在，不同无性系在生态稳定性上表现有明确差异，既有与环境互作明显的无性系，也有生态适应能力较强的无性系。在未取得无性系与环境互作的相关资料时，尽可能选用好的造林地，用多个无性系混合造林，可以减少或抵消推广中的风险。

2. 采穗圃营建和扦插育苗技术

1978 年，采取弯干、换干、埋干等作业形式，首次建立杉木根蘖采穗圃。经过 10 多年的研究和改进，在技术和适用程度上不断发展。①利用根际萌蘖条作无性繁殖材料，不仅是保幼的有效措施，更是成龄树复壮的一条捷径。在距离根际 10cm 以上采集干上萌条繁殖，不论盛期或幼林期，其成活率和生长量均明显降低。②采用弯干、截顶、修剪以及不断轮换主干等做法，以产生明显促萌效果；萌条的及时采收，采条后的追肥，树干的修剪和有计划地更新侧枝，以改善母树营养、通风、透光、温湿条件等措施，是使穗条产量不断提高的有力保证。③母株产条量的时间变化规律及繁殖系数。母株适当密植能提高采穗圃单位面积产量，初植密度应为 15000~39000 株/hm²，3 年后逐步疏伐至 7500~9000 株/hm²。杉木在生长季节内均有萌发穗条的能力，1 年内有两个高峰期，即夏季和秋季。随着母株年龄的增长，年均繁殖系数逐年提高。以弯干式为例，前 3 年繁殖系数约为 1:100，采穗圃、扦插圃与造林面积之比约为 1:2:400；4~6 年的年繁殖系数为 1:560，采穗圃、扦插圃与造林面积之比为 1:5:1000；7 年后繁殖系数为 1:1000 以上，采穗圃、扦插圃与造林面积之比为 1:10:2000。

3. 大树复壮技术

为了扩大育种材料来源，使无性系选育体系更加完善，该研究直接利用大树营养体进行复壮效果研究。复壮方法有常规无性繁殖和组织培养两种。常规法是利用大树侧枝主梢，嫁接一个实生苗根系，并将接株主干埋于土中，以获得优质萌条；组织培养是通过连续继代繁殖和选择嫩梢再生能力强的组织片段，以获得复壮效果。

三、推广应用情况

中南林学院、湖南省林业科学研究所、华中农业大学 3 个单位在湖南、湖北两省应用推广此技术，营建采穗圃 50.6hm²，培育扦插苗 1740 万株，且逐年增多。营建无性系林 2361.33hm²。木材增益一般可达 30%，经济效益和社会效益显著。

以无性繁殖为手段，用于遗传改良，不但可以创造新品种，更可以汇集有性、无性改良成果于一体，提高选育成效，缩短育种周期，并迅速转化为生产力。由于杉木无性系特点表现较充分，易被更多人所认识和接受，因而带动了落叶松类、南方松类、马尾松等无性繁殖和选育的研究。随着时间的推移，各种新的优良无性系的出现和投入生产，必将引起旧生产体系的变革，促进林业生产的进一步发展。

5. 中国油桐种质资源研究（协作）

获 奖 时 间：1996 年
主要完成单位：湖南省林业科学院（排序第七）
主要完成人员：李福生（8）
奖励类别及等级：国家科学技术进步奖 三等奖

一、概述

油桐是我国南方重要经济林树种，主产品桐油的化学性能独特、用途广泛，是国家的重要出口商品。"中国油桐种质资源研究"列入"六五""七五"期间国家科技攻关项目，有 13 个省（区）218 个单位参加，历时 30 年。全面系统地调查了 15 个省（区）66 个地区 233 个县近 70 万 hm^2 的油桐林，对油桐种质资源进行了系统分类、收集保存。共评选出适于不同栽培区域、不同经营目标的优良品种 39 个，优良无性系 30 个。编著出版《中国油桐品种图志》和《中国油桐主要栽培品种志》2 部专著，发表学术论文 53 篇。该研究总体上居国内同类研究领先地位，达到国际先进水平。

二、主要研究成果

1. 中国油桐的种质资源

通过调查，搜集光桐和皱桐两系品种 184 个（后鉴定为 151 个），各类型、优树、初选优树共 5649 基因型号，还新发现座桐类和窄冠桐类两大类群共 10 个品种，查清了我国油桐的种质资源。在广西、湖南、浙江、贵州、陕西等地建立了 24 座基因库（种质资源收集圃）兼采穗圃，异地移栽保存 2325 个基因型号。

2. 中国油桐品种分类系统

该研究在全面系统研究油桐各性状相关性的基础上，通过多变量分析，用数量分类法划分品种类群，取得了良好的效果。1986 年在搜集的 136 个光桐品种中，选择了 107 个品种，对各品种之间差异较显著又较直观的生物学特性、生态习性、经济性状等方面的始果龄、结果寿命、树高、分枝轮数、分枝角度、冠幅乘积、每花序花数、雌雄花比率、丛生果比率、果枝率、平均每序果数、果形指数、每果含籽数等 13 个数量指标，通过数据转换、聚类分析画出聚类谱系图，然后将新的未分类品种的指标值代入判别函数进行分类。按其分类方法将 107 个品种分成为大米桐、小米桐、对年桐、柴桐、窄冠桐、座桐、柿饼桐 7 个类群。并对各类群、各品种的生物学特性、生态习性、经济性状等进行了全面描述。同时，采用上述分类方法，将收集的 15 个皱桐品种区分为总状聚伞花序类群、圆锥状聚伞花序类群和伞房状聚伞花序类群。并编制出中国油桐品种分类检索表。

3. 用生态学的数量分类法做出了中国油桐栽培区划

中国油桐的栽培区总面积达 210 万 hm^2，东西、南北跨距大，生态地理条件各异。该项研究选取不同地理位置，不同生态条件的 96 个县（市），开展了 11 个生态因子的系统调查，通过主分量分析和二维排序，结合实地考察，参考《中国综合自然区划》《植被区划》《气象区划》，将中国油桐栽培区划为 3 带 8 区，并为各栽培区提出了适生油桐品种，为划分油桐种子调拨区提供了科学依据。

三、推广应用情况

在全国油桐主产区建立的24座基因库和30处试验基地，以及评选出的增产30%～125%的优良品种和30个高产优良无性系，为油桐的遗传改良和发展打下了坚实基础，加快了全国油桐良种化进程。1986～1991年，采用良种在15个省（区）推广造林12万多hm²，使全国油桐林的良种覆盖率达11.5%，6年共增产桐油17.6万t。《中国油桐品种图志》的出版，在教学、科研等方面具有重要的参考价值。

6. 以林木为主、灭螺防病、开发滩地、综合治理研究（协作）

> 获 奖 时 间：1997年
> 主要完成单位：湖南省林业科学院（排序第四）
> 主要完成人员：吴立勋（7） 程政红（14）
> 奖励类别及等级：国家科学技术进步奖 三等奖

一、概述

1990年3月，林业部、卫生部联合下达了"以林为主、灭螺防病，开发滩地和综合治理研究"项目，由安徽农业大学主持，组织湖南、湖北、江西、江苏、安徽5省的林业科研单位进行协作攻关。该项研究首次在有钉螺的滩地上开展以植树造林为主的综合治理与开发研究。通过林、农、牧、渔的生物工程措施，改变生态环境、抑制钉螺活动及繁衍，开辟了防治血吸虫病的新途径。先后建立抑螺试验示范区16个、面积超过600hm²。通过综合治理，活螺框出现率平均下降88%，人畜感染血吸虫病率减少44.8%，获得了显著的经济、生态和社会效益。该研究在探索滩地与抑螺防病林地、枯水期与丰水期血吸虫病疫情的消长规律，兴林抑螺工程的抑螺机理和建立林、农、渔复合经营模式等方面具有创造性，居国际先进水平。

二、主要研究成果

1. 抑螺防病林的营造

（1）规划设计。总的指导思想是以抑螺防病为中心，坚持宜林则林，宜农则农，宜渔则渔的原则，充分利用滩地资源，繁荣地方经济。抑螺林的营造，坚持综合治理，抓住机耕毁芦、开沟修路、选择适宜树种、林农间种等重要环节，既改善了生态环境，又获得一定的经济效益。

（2）整地。机耕毁芦。开沟沥水。治套工程。

（3）造林。①造林地选择的条件是：螺情较严重，代表性较强的芦苇或杂草滩地；冬陆夏水，与常年最高水位之差不超过3m，水淹时间不超过4个月的滩地；集中成片，交通方便；造林后对行洪泄洪不会产生不利影响。②树种选择。应选择耐水湿性强、速生丰产的优良品系及相关速生树种。③实行林农间种，以耕代抚。④宽行窄株配置。有利林农间种，防洪泄洪。⑤大苗定植。

2. 抑螺防病的生物防治

该研究提出滩地植物群落的形成、演替与钉螺的孳生传播有着密切的关联，不同的草本植物对滩地生态环境和螺情有一定的指示作用。益母草、问荆、酸模叶蓼、打碗花、紫云英等，都有药用成分，不利于钉螺的孳生蔓延，并有灭螺作用。

试验证明，栽植如枫杨、乌桕等树种，对钉螺具有明显的抑制作用。该研究对可以抑制钉螺孳生和防治血吸虫病的43种木本、草本植物的功能作用和理化性质作了简介。

3. 山丘型血吸虫病的防治

（1）分布概况。长江流域及其以南12个省（区、市）都有山丘型血吸虫病流行，有螺面积约占全国钉螺总面积的 12% 左右。其中，四川、云南、福建、广西 4 省(区)是以山丘型血吸虫病为主的流行区。

(2)流行因素及特点。钉螺的生长发育与当地的雨量及气温分布有密切关系，干、湿季钉螺密度相差很大。阳性钉螺的分布与高程有密切关系，钉螺的感染率随高程下降而升高。

(3)防治策略与措施。因地制宜、分类指导、开展防治工作。水系源头、村庄周围及人、畜常到地区作为重点先行治理。有条件的地区，改变钉螺孳生环境，进行土埋灭螺和环境改造法灭螺。该研究还分别对沟渠、农田的综合治理以及抑螺防病林的营造技术等提出了相应的措施。

4. 抑螺防病林的抑制机理

(1)钉螺生长发育所需要的生态条件：以散射光为主；温度在 15~25℃ 之间，昼夜温差小；土壤湿度较大，含水率约在 28%~38% 之间；地下水位深约 30cm 左右；还需要一些腐败物。

(2)自然滩地与抑螺防病林地钉螺的消长规律。①枯水期钉螺的动态。自然滩地由于芦苇滩内光照弱，光谱成分中红外光部分的比例大，其他各波段的比例小、土壤湿润、地下水位适中，加上腐败的枯落物、苔藓、藻类较多，使其成为钉螺生长繁殖的理想场所。抑螺防病林地，林内光照、温度等生态因子发生了变化，加上林地开沟、筑坝、建闸，控制了地下水位，从而抑制了钉螺的孳生。林农间作、翻耕、除草、施肥等活动，起到了直接灭螺的作用。②丰水期钉螺的动态。抑螺防病林建立后，林农间种降低丰水期滩地钉螺密度。抑螺防病林地，林农生态系统代替芦苇滩地，使滩面的水流速度加快，滞留的机率减少，也不利于钉螺滞留与生存。

(3)抑螺防病林营造后生态因子的变化。①土壤湿度。当土壤含水率降至 12.25% 时，钉螺活动率仅为 0.28%。抑螺防病林地土壤含水率明显低于芦苇滩地。②温度。抑螺防病林地的间种作物生长期，温度日变化较大，不利于钉螺活动、繁殖。③太阳辐射。抑螺防病林地的太阳辐射量不是偏低就是偏高，也不利于钉螺的孳生。该研究课题还对钉螺生理生化和结构变化进行了研究。

5. 抑螺防病林主要造林树种的病虫害防治和材性及其利用(略)。

三、推广应用情况

项目在 5 省实施以来，共营造抑螺防病试验林 6955.6hm²，辐射推广面积 3.7 万 hm²。抑螺防病林的营造，使疫区钉螺密度大大降低，活螺框出现率降至 1.2%~0%，感染螺框出现率降至 0.4%~0%。项目的实施，促进了这些地区产业结构的优化和经济发展。

7. 油茶 19 个高产新品种的选育研究 (协作)

获 奖 时 间：1998 年
主要完成单位：湖南省林业科学院(排序第二)
主要完成人员：王德斌(2)　陈永忠(6)
奖励类别及等级：国家科学技术进步奖　三等奖

一、概述

油茶高产新品种的选育是"六五"和"七五"期间国家科研攻关专题，历时 16 年。由中国林业科学研究院亚热带林业研究所、湖南省林业科学研究所、江西省林业科学研究所和广西壮族自治区林业科学研究所等单位协作完成。该项研究针对油茶生产上的大面积产量低、良种严重不足等问题，确定以早实、丰产、优质及抗逆性强为主要育种目标，在全国油茶产区 100 多万株实生油茶树中选出 1600 多株优树，在浙江、湖南、广西、江西建立了 4 个基因库；同时设试验点 12 处、面积 80hm²，进行无性系测定。经多级选择，筛选出一批具有一定代表性、前期表现较好的优良无性系，按照统一的试验方案，采用大树嫁接和相同的培管措施。经过选优，优树无性系测定和优良无性系全国多点测定，获得了50余万个数据。最后从参试的40个优良无性系和中试林中，经4年连续测产和经济性状等测定，选育出19个高产新品种。这是我国首批经多级选择测定后选育出的油茶高产新品种，平均每公顷产油488～860.1kg，比当地品种增产300～450kg。据湖南省攸县大面积测产，平均每公顷产油608.1kg，表现了新品种及优良无性系的丰产性。油茶高产新品种的选育成功，为我国油茶良种栽培提供了物质基础。该项研究居国内同类研究领先水平。

二、主要研究成果

1. 早实丰产性

19个新品种大树嫁接林，第三年平均每平方米冠幅产油60～122.8g，超过专题提出的每平方米60g的指标，折合平均每公顷产油450kg以上，超过国家颁布的丰产林标准9年生每公顷产油225kg产量的水平。其中有14个品种每公顷产油达600kg以上。

2. 果实品质

19个品种鲜出籽率在40%以上，干籽仁率在53%以上，种仁含油率在42%以上，果油率6%，综合评定均为优或极优。这些指标都达到或超过国家规定的指标。

3. 抗逆性及抗病性

19个新品种在各试验区不同环境条件下均有较强的适应性，对干旱、霜冻及油茶炭疽病表现了较强的抗性，树体生长健壮，保持了高产和优良品质的遗传稳定性。

4. 自然坐果率与可配性

通过对区试林和无性系测定林不同无性系数量试验比较测定，以及花期观察和授粉生物学特性的研究，证实了优良无性系都具有较高的自然坐果率，无性系之间有很强的可配性，无性系之间、正反杂交都有较高的成果率等特性。这为油茶无性系造林关于无性系数量、无性系搭配、可配性大小等技术的研究提供了依据，具有重要的科学价值。

三、推广应用情况

选育出的19个高产新品种，在"七五"期间已在湖南、浙江、广西、江西等省（区）采用大树嫁接建立采穗圃及示范林159hm²，至1993年，已增产茶油193.4t。用新品种和优良无性系造林2667hm²，增产茶油810t。每年采用新品种穗条繁殖苗木1000万株，在湖南已建立采穗圃133.3hm²，每年提供穗条可造林3.33万hm²。

8. 湘中丘陵洞庭湖水系生态经济型防护林体系建设技术研究

> 获 奖 时 间：1999年
> 主要完成单位：湖南省林业科学院
> 　　　　　　　湖南省营林局　湖南省农业气象中心
> 　　　　　　　衡南县林业局　石门县林业局
> 　　　　　　　安化县林业局　衡阳市林业局
> 主要完成人员：袁正科　冯菊玲　夏合新　张灿明　李锡泉
> 　　　　　　　吴建平　袁穗波
> 奖励类别及等级：国家科学技术进步奖　三等奖

一、概述

该专题以洞庭湖水系为对象、湘中丘陵为重点研究生态经济型防护林体系建设技术。共营造试验示范林 175.65hm²，建立定位观测设施 61 处，研究现有防护林类型 33 个，设置标准地 3905 个，以及土壤剖面、解析木、林木根系、土样、水样等工作。通过研究，形成了防护林空间配置、林种布局与营造、防护林类型优化结构模式选择以及次生林成林规律与经营技术等方面的技术体系。该研究经国家验收，达到同类研究的国际先进水平。

二、主要研究成果

1. 防护林功能经营区的划分及经营重点

专题采用"星座图分类法"，将洞庭湖水系划分为 8 个防护林功能经营区。并以涟水流域为典型，以乡为单元，根据生态条件、社会经济发展水平和防护林现状等划分了功能经营类型，明确了防护林体系建设的具体目标。在经营类型中根据林地地形、部位、立地质量和防护功能配置了防护林林种。

2. 防护林树种防护特性及防护林树种的选择技术

对 35 个主要造林树种的生长特性、持水特性、根系特性及固土防蚀能力等进行深入探讨，为防护林树种选择提供科学依据。

3. 防护林体系生态经济树种草种的合理配置

探索了不同树种、草种的水平、垂直分布极限因子、地貌因子，划分了 5 个树种草种栽培类型区。依据 26 个树种对生态因子极限值的适应程度，确定了树种草种的最适宜、适宜、较适宜 3 个栽培类型区。按 5 个栽培类型区分出不同树种草种适应幅度广、较广、中等和较窄 4 个适应类型；对各栽培类型区配置了主栽和辅栽的 35 个树种草种及优先发展的树种草种。

研究了 20 个树种耐水淹、耐阴蔽、耐干旱的临界值和生态适应性，提出了严重侵蚀地类适应土层厚度的极限值。

4. 防护林防护功能结构类型的优化

防护林体系的基本单元是防护林类型。通过 24 个防护类型的防护功能及生产力之间的相关分析，筛选出 2 个高产类型组合，5 个抗蚀、7 个抗冲、4 个蓄水和 6 个有效贮水能力强的类型组合。这 24 个防护林类型中，防护能力与生产力均强的有 2 个类型组合。

5. 生态经济型优良林分结构模式

研究设计了 35 种结构模式，并以封山育成的天然小竹和未治理地作对照，其中 6 种(林分林龄 4 年)结构类型的生物量大小排序为：乔灌草 3 层、乔灌双层、乔草双层、灌木单层、乔木单层和对照。就生态效果而言，以天然小竹林分最好，其土壤侵蚀量和地表径流量分别为 6 个林分平均值的 43.45% 和 83.34%。

6. 亚流域防护林体系森林水文效益计量与评价

对乔、灌、草、苔藓和枯落物进行分层测定，提出了树冠(包括乔、灌、草)截留量、枯落物持水量的计量模型，并求算了各模型使用参数。分层计量评价了防护林的持水效益，对洞庭湖水系各县标准蒸发散进行了推算。确定了蒸腾、蒸发散的计算方法，推导不同蒸发器计量的换算公式。

7. 次生林的经营措施

运用生态对策和生态经济原理，提出了两条原则：留针栽阔，在以马尾松、杉木为主的树种单一、层次简单的地方、可栽植一些耐阴性常绿阔叶树种。②留阔栽针，在一些生产力较低的次生阔叶林中，再补栽杉木、松类等针叶树。③栽针引阔，在大面积营造的人工针叶纯林中，改造为针阔混交林。④伐前更新。一般在伐前 5~8 年进行更新。⑤超短期轮伐。次生林可采取超短期轮伐，即成熟一批采伐一批的择伐方式。⑥伐后抚育。采伐后对目的树种的幼林进行抚育，清理采伐剩余物，除去损伤林木和非目的树种。

三、推广应用情况

该项成果已在湖南 31 个长江防护林工程建设中得到应用，推广面积达 33.1 万 hm²。至 1995 年，每年增加有效贮水量 1.905 亿 t，保持土壤 38.02 万 t，增加生物量 10 万 t 左右。研究所提出的建设生态经济型防护林体系的 14 项关键技术在类似地区有重要的价值。随着林业生态工程造林规模的不断扩大，其应用价值将更加广泛。

部、省科学技术奖

一 等 奖

1. 马尾松用材林速生丰产适用技术体系的研究(协作)

> 获 奖 时 间：1992 年
> 主要完成单位：湖南省林业科学院等
> 主要完成人员：伍家荣
> 奖励类别及等级：林业部科学技术进步奖 一等奖

一、主要内容

根据南、中、北三个亚带 400 余县(市)4039 块标准地，3400 余株解析木调查分析，完成了以生产力为指标的各省(区)及全国马尾松产区区划以及生产基地布局；解决了集约栽培中的主要关键技术，即优良种源选用，适宜的立地类型，幼林抚育时间，密度调控，并制订出全国马尾松速生丰产专业标准；采用当前国内外最先进的编表理论和技术，编制了数种马尾松经营数表和经营模型；对马尾松速生丰产林经济指标进行了分析；对马尾松培育的应用基础理论和机制，生物、生态学特性，个体及林分生长特点等进行了研究分析。关键技术在于正确掌握马尾松分布区条件的地域性分布规律，以及马尾松生物生态学特性、产量、生产潜力的地域分异规律，从作物到产区区划和商品材基地布局的科学性、先进性和实用性；正确总结了历史经验，应用基础研究和经营数表的编制为马尾松速生丰产适用技术体系的科学性、实用性奠定了基础，并通过试验示范样板林的研究来完善马尾松速生丰产适用技术体系。应用基础研究与实用技术研究相结合，以及多学科配合，从而突破了单纯造林技术的传统研究。

二、推广情况

应用成果于规划设计马尾松速生丰产林基地面积 12 万 hm^2，在 7 个省(区)10 个县营造的 669.13hm^2 示范样板林，已在闽、湘、赣、桂、黔等省(区)自然辐射推广应用面积达 8000hm^2 以上；选用马尾松优良种源桐棉松在广西、福建各造林 2605.53hm^2 和 3333.33hm^2。1991 年受林业部科技司及湖南省世界银行贷款造林项目办公室委托，先后举办两期马尾松用材林速生丰产适用技术研讨培训班，为湘、闽、浙、赣、桂等省(区)培训人员 175 名。

三、社会效益

马尾松为我国松树分布最广的南方主要造林树种，但生长量低，仅每年 3~6m^3/hm^2，该项成果全面应用可保证马尾松生产潜力的发挥，以 20 年计算，可提高到其生长量为每年 10.5m^3/hm^2，对推动林业部 2000 年前计划建设马尾松 233.33 万 hm^2 用材林基地和已启动的世界银行贷款营造 20 万 hm^2 马尾松速生丰产林的科学技术提高和宏观管理决策起到重要作用；同时马尾松是我国南方 12 省(区)荒山造林先锋树种，该成果的应用对恢复我国南方山区森林生态系统及其防护功能也有显著的社会效益。

2. 杉木造林优良种源选择与推广(协作)

| 获 奖 时 间：1995 年
| 主要完成单位：湖南省林业科学院(排序第六)
| 主要完成人员：程政红(7)
| 奖励类别及等级：林业部科学技术进步奖 一等奖

一、概述

经全国杉木种源两次全分布区试验和一次中间试验,通过对 50 个试验点的不同种源丰产性能的综合评价,选出优良种源 18 个,即广西壮族自治区融水、那坡;湖南省会同、江华;四川省洪雅、彭县、荥经、永川、犍为;江西省全南、铜鼓;广东省乐昌;福建省大田、建瓯;云南省西畴、屏边;贵州省锦屏;湖北省恩施等。1985 年,林业部下达了"杉木造林优良种源选择与推广"计划,在全国杉木产区推广杉木优良种源造林 1 万 hm²。1987 年,林业部又对历年采种量大,有采种习惯和经验的湖南会同、广西融水、贵州锦屏等县拨出专款,将其定为杉木优良种源供种基地。在项目实施过程中,各省(区)林业主管部门、生产与科研单位相互协调,将该项推广与本省(区)杉木丰产林基地、示范林基地和项目基地造林结合起来,解决推广中用地、劳动力和资金问题。除推广优良种源造林外,林业部种子公司还规划了优良种源母树林、采种林分和优良种源种子园。8 年来,共推广杉木优良种源造林 52.53 万 hm²,获得了显著的经济、生态、社会效益,达到国际同类研究先进水平。

二、推广的主要措施

1. 行政措施

由全国杉木种源试验协作组、林业部科技司、林业部种苗总站的负责人组成全国杉木种源推广领导小组。各省(区)由杉木种源试验协作组、省(区)林业厅种苗站和最佳种源所在市、县种苗站的负责人组织建立相应的领导小组。其职责是审定推广计划,提供推广条件,组织技术培训,现场查定验收。

2. 技术措施

(1)种子准备。按需调入和调出优良种源数量,逐年作出具体规划,报省、部林木种苗管理部门审批后,及时做好优良种源种子的调入、调出工作。并分别对不同种源进行质量检验,按种子来源、编号贴好标签。

(2)育苗。根据杉木生态特性与育苗要求,选好圃地。按不同种源的编号分段育苗,插上标牌,绘制好各编号的平面分布图。

(3)造林。依据造林规划设计,适地适种种源选择造林地,按不同编号取苗,按实施方案对号造林。为了提高推广效果,还分别营造了试验林、示范林和丰产种源林。试验林:按不同种源分块营造,以显示出种源间的差异;示范林:按每个种源营造,面积 3.3~6.67hm²,为扩大推广作出示范;丰产种源林:以获取高效益为目标,大面积营造,通过集约经营,实现速生丰产。

湖南除重点推广本省会同、靖州、江华优良种源外,还应用了遗传增益较大的广西融水、资源,四川洪雅,江西全南、铜鼓,福建来舟,贵州锦屏、黎平等优良种源,共推广造林 12.53 万 hm²。

三、推广应用效果

杉木优良种源选择及推广涉及 14 个省(区),均增产显著,全国平均材积增益 30.46%,平均遗传增益 16.02%。8 年间(1985~1992 年),共推广 52.53 万 hm²。与此同时,还规划建立种源种子园 90.8hm²,母树林和采种林分 4 万 hm²,从优良种源选择的优良单株转化为优良无性系 400 多株,并应用于基地造林。

3. 截根菌根化应用及其机理的研究（协作）

> 获　奖　时　间：1996 年
> 主要完成单位：湖南省林业科学院（排序第八）
> 主要完成人员：龙凤芝（9）
> 奖励类别及等级：林业部科学技术进步奖　一等奖

"截根菌根化应用及其机理的研究"由中国林业科学研究院主持，湖南省林业科学研究所作为协作单位。通过对菌根真菌的生物学特性、培养条件、生产和合成菌根技术的研究，建立了一套可行的菌根真菌生产技术路线和有效的合成菌剂方法。筛选出适应马尾松、湿地松、火炬松的育苗、造林，并具有优良性状和生产应用价值的菌根真菌。

马尾松、湿地松采用截根菌根化技术育苗，苗木生长快、健壮，根系发达、抗逆性强。与对照相比，苗高分别提高 38.35% 和 14.07%，地径分别增加 50% 和 25%，物质干重增加 1~44 倍，菌根数量为对照的 4.7 倍；采用菌根化苗木造林，可使造林成活率分别提高 5.5% 和 22.73%，年平均生长量比对照分别提高 13.5% 和 12.7%。

截根菌根化育苗造林以湖南省为例，已在 14 个县（市）大面积推广应用，建立培养菌根苗木的苗圃 20 多 hm^2，造林 1 万多 hm^2，对湖南省的林业科技和林业生产建设具有很大的促进作用。

马尾松、湿地松是我国南方丘陵地区主要造林树种。推广和应用截根菌根化技术，将加快实现全面绿化进程，促进高效林业的发展。

4. 林木立地养分效应配方施肥模型应用研究（协作）

> 获　奖　时　间：2000 年
> 主要完成单位：湖南省林业科学院等
> 主要完成人员：陈孝（9）
> 奖励类别及等级：湖南省科学技术进步奖　一等奖

（略）

5. 滩地杨树生长规律与造林配套新技术的研究

> 获　奖　时　间：2001 年
> 主要完成单位：湖南省林业科学院
> 主要完成人员：吴立勋（1）　汤玉喜（2）　程政红（3）　徐世凤（4）
> 　　　　　　　　周小玲（10）　董春英（11）
> 奖励类别及等级：湖南省科学技术进步奖　一等奖

一、概述

该研究系国家"八五""九五"科技攻关项目。通过对滩地水胁迫条件下杨树生长规律、滩地杨树造林立地选择的研究，建立了滩地杨树立地质量指标评价系统，以解决滩地淹水时间计算、立地质量评定问题。并通过建立滩地杨树造林的科学分类系统，以确定不同类型滩地能否用于杨树造林以及林种、材种的规划。在滩地的治理开发上，针对季节性淹水滩地立地条件特点，试验总结出造林配套技术。在杨树人工林经营利用上，首次依据利润最大化原则确定杨树最适轮伐期，比经典数量成熟龄轮伐期早1~2年，提高了木材生产周期内的年均净收益。该研究为湖南及长江中下游大面积江、河、湖滩地的杨树造林提供了基础理论和实用技术，在同类研究中居国际先进水平。

二、主要研究成果

1. 建立滩地杨树立地质量指标评价系统，以解决滩地淹水时间换算、立地质量评定问题

（1）建立滩地年均淹水时间与高程的数学模型

根据湖区滩地和杨树林地分布情况，利用对应水文站点汛期水文资料建立了滩地年均淹水天数与高程关系的指数函数 $y=a×e^{b·x}$ 或线性函数 $y=a+bx$ 数学模型，对于滩地造林地选择或同一滩地上按高程——淹水时间分区确定造林密度、经营材种规格和轮伐期具有重要指导意义。

（2）编制滩地杨树立地指数表

首次编制季节性淹水滩地杨树立地指数表和立地指数曲线图，为滩地杨树立地质量的评定、林分生长量预测等研究工作提供基本用表。

（3）编制滩地杨树数量化地位指数得分表

以年均淹水天数为主导因子，结合滩地类型、土壤理化特性、排水状况等定性、定量因子，首次编制了滩地杨树数量化地位指数得分表，应用于滩地杨树宜林性划分、立地质量评价、林分生长预测、林种与材种分区规划等。

2. 掌握滩地杨树生长规律及其影响机制，建立滩地杨树造林地的科学分类系统，以解决不同类型滩地杨树宜林性评价及林种、材种规划问题

（1）掌握滩地淹水时间对杨树生长的影响，建立不同类型滩地杨树生长模型。

滩地杨树造林与传统概念的旱地造林之不同在于地面水是造林地选择和影响林木生长的主导因子。不同淹水时间对杨树木材纤维细胞的长度和宽度没有显著影响，但对当年生年轮宽度、径向纤维细胞数量、木材基本密度的形成存在显著影响。淹水导致年轮宽度变小，主要是由于形成层细胞分裂形成的纤维细胞数量的减少而造成的。

为定量描述各不同环境条件下的林木生长特征与时间的相关关系，对不同淹水时间、不同立地指数、不同造林密度的滩地杨树人工林的胸径和树高生长，分别用单分子生长曲线 $Y=M.(1-Le^{-βA})$ 建立生长模型，并编制生长预测表，以便于生产应用。

（2）首次以年均淹水时间划分滩地杨树造林地的宜林性

在流水情况下，以滩地年均淹水时间为依据，可将滩地划分为3类：年均淹水30d以内的，可建杨树速生丰产林基地；淹水30~65d的，材积下降5%~35%，可营造中、小径工业用材林、抑螺防病林、防浪护堤林等；淹水时间超过65d的，林木保存率不足20%，单株材积下降79%，一般不宜用作杨树造林。

3. 在滩地的治理开发上，针对季节性淹水滩地立地条件特点，试验总结了7项滩地杨树造林配套新技术

（1）挖沟抬垄，提高地面高程，减少淹水时间；

（2）林下冬季间种，既可获得经济效益，又可抑制杂草、降低钉螺密度、促进林木生长；

（3）无根苗扦插造林、苗圃截干留根育苗配套新技术，方法简便，有利于培育杨树大苗、降低育苗和造林成本；

（4）宽行窄株配置方式，其行向与水流方向一致，可减少林木阻水面，有利于泄洪，延长间种

年限；

（5）滩地杨树异龄林的营造，可使滩地杨树持续经营、延长间种年限；

（6）开沟排水，降低地下水位，促进根系生长；

（7）密植灭芦，在不增加育林成本的情况下，达到提早清除芦苇的目的。

4. 在杨树人工林经营利用上，首次依据利润最大化原则确定杨树最佳轮伐期

应用技术经济学方法，依据利润最大化原则，以年均净收益最大值为考核指标，确定不同密度杨树人工林的主伐年限。不同密度滩地杨树人工林，在利润最大化原则下的最佳轮伐期比经典数量成熟龄轮伐期早 1~2 年，提高了木材生产周期内的年均净收益。

三、推广应用情况

"九五"期间，湖区滩地推广杨树造林面积 2.67 万 hm^2，按 7 年主伐计算，每公顷立木蓄积 135.22m^3，总蓄积量可达 3610000m^3，经济效益显著。在有螺滩地营造杨树林，钉螺密度可降低 85% 以上，阳性螺密度可下降 90% 以上或为 0，从而大大减轻湖水的血吸虫病的感染，减少湖区人畜传染血吸虫病的机会。用杨树在防洪大堤外营造防浪护堤林带，汛期能有效地削弱风浪对大堤的冲击，减少防汛物资消耗，确保大堤安全。滩地杨树造林还可调节气候、美化环境。洞庭湖现有外滩 22.2 万 hm^2，其中 1/3 的滩地可用于杨树造林，该项成果可在洞庭湖滩地及长江中下游类似立地广泛推广应用。

6. 南方紫色页岩综合改造技术（协作）

获 奖 时 间：2005 年
主 要 完 成 单 位：湖南省林业科学院等
主 要 完 成 人 员：李锡泉（5）
奖励类别及等级：湖南省科学技术进步奖　一等奖

一、概述

1999 年，湖南省政府决定实施"三难地"（紫色岩、钙质岩、石灰岩山地）绿化攻坚工程。为了指导、配合工程实施，该项目在衡阳市的 8 县（市）完成紫色页岩综合改造推广面积 4.2 万 hm^2。2004 年 7 月，国家林业局科技司组织有关专家对项目进行了验收，认为该项研究总体上达到国际同类项目的先进水平。

二、主要研究成果

1. 改造模式

（1）人工植树造林型。在裸露程度较大、植被覆盖度低于 20% 和水土流失严重地段，采取人工植树造林。

（2）封造结合型。以小班为单位，在裸露地采取下挖上堆、挖穴等方法整地、选地补植。对水土流失严重地段修筑竹节沟、排水沟，以分散地表径流。补植的植物主要有芦竹、马桑、草木犀、柏木、刺槐等，补植后使每公顷达到 1800 株以上。

（3）封山育林型。按《湖南省封山育林技术规程》中规定的标准实施，尽量保护原有的土壤结构和植被，确定专人负责，建立承包责任制。在主要路口树立标牌，注明四至界限。在造林种草后应连续抚育 3 年，每年 1~2 次（其中刀抚一次、培蔸抚育一次），并将砍除的灌草覆盖地表，以减少土壤冲刷和太阳辐射。芦竹栽植后 1~2 年内，每年进行 1~2 次施肥，每次每公顷施用尿素 225kg。

2. 树(草)种筛选

在紫色页岩种植的树(草)种中,以马桑最好,其次是芦竹、刺槐。草木犀的成活率最高,容易种植。

3. 树(草)种配置模式选择

项目推广了5种配置模式,即芦竹-马桑-柏木、芦竹-马桑-刺槐、芦竹-刺槐-枫香、芦竹-刺槐-湿地松、芦竹-夹竹桃-刺槐-柏木。

4. 芦竹栽培技术和生长规律研究

(1)芦竹各组分生物量分配和增长规律。随着年龄的增长,单丛芦竹的生物量明显增加。

(2)芦竹产量。5年生芦竹单株(丛)生物量可以达到3.95kg。按栽植密度4500株/hm² 计算,5年生每公顷芦竹生物量为17.78t。

(3)芦竹施肥试验。施肥对芦竹的成活率没有影响。施肥使单株分蘖根数达12.33根,比未施肥的增加214%;

(4)栽植方法。采取苗杆倾斜45°栽植分株数最多,平均分株5.55株,比倾斜30°栽植的增加43%,比垂直栽植的增加104%。

(5)制定了芦竹育苗、栽植技术规程。

5. 紫色页岩改造的生态效益研究

径流场对降水、径流量和泥沙流失量的测定结果表明,3年来经改造的紫色页岩山地,径流量和泥沙流失量均明显减少,土壤侵蚀模数由原来的8500t下降到4300~5600t。地面最高、最低温度的对比观测结果表明,紫色岩地区综合改造后,夏季地表最高温度比裸露地降低18.5℃,冬季地表最低温度比裸露地增加4.3℃。5cm、10cm深处的土壤温度也有明显变化。

三、推广应用情况

项目推广实施产生了较大的经济效益,共培育芦竹苗2000万株,营造芦竹1.32万hm²。通过技术培训和项目推广,农民增加了科技意识,提高了生产经营水平,调整了农业生产结构,改变了原有落后的土地利用方式,为实现优质、高产、高效、持续的大农业奠定了基础。同时,项目为这些地区的退耕还林、长江防护林等重点林业生态工程建设提供了示范模式。项目实施期间,山东、江西等外省和本省的永州、张家界、怀化、郴州市及衡阳市辖县(市、区)的有关领导前来现场参观和考察,约有11 200多人次,起到了良好的示范作用。

7. 油茶雄性不育系选育与杂交育种研究

获 奖 时 间:2008年
主要完成单位:湖南省林业科学院 湖南省林业厅造林处
湖南省浏阳市林业局 浏阳市沙市镇林业管务站
主要完成人员:陈永忠(1) 杨小胡(3) 彭邵锋(4) 王湘南(6) 李党训(7)
奖励类别及等级:湖南省科学技术进步奖 一等奖

一、概述

该成果以所选育出的油茶"雄性不育系"为材料,在优良无性系的基础上开展杂交育种应用研究。通过"雄性不育系"选育出的优良杂交组合建设杂交制种园,提高育种效率和产品的质量,充分利用油茶杂种优势,增添了新的油茶良种资源,促进了油茶良种的推广应用及油茶产业持续、健康与稳定的发展。

二、成果主要技术创新点

（1）首次发现油茶"雄性不育"株。对油茶"雄性不育"株进行系统的生物学特性研究和生物技术分析，获得了分子标记特征谱带和超显微结构图，确定为油茶"雄性不育系（XMS）"。

（2）首次利用油茶"雄性不育系"作为母本开展杂交育种研究，经过13年的系统研究，在32个组合中选育出 XLH58 等5个早实、丰产、抗性强的优良杂交组合。平均产油 552.05~618.23kg/hm²，比对照无性系平均值 420.25kg/hm² 增产 31.36%~85.27%。造林后第4年就有收益，其油脂中油酸含量 81.12%~87.46%。新增了油茶良种资源，为建设油茶杂交制种园提供必不可少的良种材料。

（3）创新性利用油茶"雄性不育系"建立杂交种子制种园。提高了杂交制种效率和可靠性，缩短苗木出圃时间1年，降低造林成本 60%，提高了造林成活率。

（4）利用林木遗传学、生理学、育种栽培学等理论，对油茶杂交子代的遗传特性、群体抗逆性、果实特性和脂肪酸组成等进行了系统深入的研究。阐述了油茶果实生长发育规律及与含油率的关系；分析了油茶果形果色与其经济性状之间的相关性，为油茶育种研究提供了理论依据。

三、推广应用情况

项目实施以来，以油茶优良杂交子代和亲本无性系等新品系为材料，在湖南建设区试示范林 42hm²、建立种子园 20hm²，可年产种子 55000kg，可提供造林10万亩。并在"边选育、边鉴定、逐步示范推广"的策略指导下，在湖南省、江西、广西、福建、广东、贵州、安徽、湖北等省（区）及泰国建设油茶示范林和辐射推广丰产林共 5587hm²，近3年累计新增产值 34337.63 万元。

在湖南长沙、浏阳市淳口镇、湘阴县、岳阳市，贵州天柱县、玉屏县，广西南宁市和湖北武汉市等地举办学术讲座和技术培训班50次，参加人员约2000多人次；参加湖南省"五下乡"工作队2次，发放油茶推广技术资料1000多份；在《湖南科技报》上发表油茶新品种及相应的栽培措施等推广资料20余篇；建立"中国油茶"网站，扩大宣传力度，给林农提供一定的远程知识服务，为油茶产业发展、技术和成果推广提供一个交流平台。

8. 南方蓖麻新品种选育及其油脂利用技术

> 获 奖 时 间：2011 年
> 主要完成单位：湖南省林业科学院 广西壮族自治区林业科学研究院
> 　　　　　　　永州职业技术学院 湖南省生物柴油工程技术研究中心
> 主要完成人员：李昌珠 李培旺 肖志红 蒋小军 梁文汇
> 　　　　　　　张良波 刘汝宽 曾祥艳 李 力 李党训
> 　　　　　　　张爱华 孙友平
> 奖励类别及等级：湖南省科学技术进步奖 一等奖

一、概述

项目组15年坚持不懈地开展对南方蓖麻新品种选育及其油脂利用技术研究，选育出高产、高含油、高抗蓖麻新品种湘蓖1号；创立了纯雌株驳枝繁殖技术和南方蓖麻再生与反季节丰栽培技术体系，攻克组织培养技术难题、研制出甘油沉降耦合连续酯交换装置，首创蓖麻籽原位酯交换和蓖麻油低温酯交换技术，开发出表面活性剂组合物、新型降黏消烟助剂、润滑防锈油各1种，生产出符合国家标准的生物柴油和蓖麻油，获得成果3项、专利1项，良种推广辐谢面积2.5万亩，建立总产能5500t/

年的生产线，新增产值 28 496.40 万元，为蓖麻在南方规模化栽培和应用奠定了坚实的基地。

二、主要内容

1. 系统地研究了影响蓖麻含油率的主要气候因素，建立回归模型，确定了高温高湿对蓖麻营养生长、果实发育和病虫害的影响机理，选育出高产、高含油、高抗蓖麻新品种 1 个，并获得湖南省非主要农作物品种审定，攻克了蓖麻纯雌株驳枝繁殖和组织培养技术。

2. 创造性地将南方气候特点和蓖麻生物学特性相结合，筛选出可调节蓖麻花果脱落，提高蓖麻产量的植物生长调节剂，突破花果脱落影响蓖麻产量提高的瓶颈，建立蓖麻再生体系和反季节丰产栽培技术，使平川地、旱垣地和丘陵坡地种植蓖麻增产 40.24%、38.17% 和 35.42%。

3. 针对蓖麻籽和蓖麻油的特点，创造性地开发出了蓖麻籽原位酯交换和蓖麻油低温酯交换技术，发明甘油沉耦合连续酯交换反应装置，简化了加工工艺，解决产物分离难的问题，关键技术达到国际先进水平，实现生物柴油的连续和高效转化。

4. 开发出表面活性剂组合物、新型降黏消烟双功能助剂、L-RD-4-2 型润滑防锈油各 1 种，生产出符合国家标准（GB 8234-1987）的蓖麻油和符合国家标准（GB/T 20828-2007）的生物柴油。

三、推广应用情况

坚持"产学研"结合，蓖麻种植推广采用"公司+农户+基地"的路线，已将蓖麻良种和丰产配套技术推广到湖南、广西和重庆等省（市），推广面积达 25 000 亩；通过技术集成，在湖南省生物柴油工程技术研究中心建立蓖麻油、生物柴油及润滑油中试生产线，平均年生产蓖麻油 200t，润滑油 100t，生物柴油 300t；通过技术集成示范，湖南未名创林生物能源有限公司建立产能 5500t/年的蓖麻加工车间。成果应用实现产值 28 496.40 万元，新增税收 1367.83 万元。该成果取得了巨大的经济效益、社会效益和生态效益。

9. 油茶主要病虫害无公害防治技术（协作）

获 奖 时 间：2015 年
主要完成单位：中南林业科技大学　湖南省林业科学院
主要完成人员：刘君昂　何苑皞　李 河　宋光桃
　　　　　　　周国英　周 刚　李 密
奖励类别与等级：梁希林业科学技术奖　一等奖

一、概述

油茶是我国南方重要的、多年生优质木本油料作物。当前，油茶产业发展已提升到维护国家粮油安全的战略高度。油茶病虫害是影响油茶产量与质量的另外一个重要因素，可使油茶花蕾、果实、叶片缺失和脱落，甚至导致全株枯死。相关研究表明，若病虫害引起油茶叶面积损失超过 25%，落果率可达到 60% 以上，并且严重影响翌年树势的生长。近年来油茶林面积迅速猛增，多以全垦整地成片纯林方式栽培，已导致部分害虫肆意猖獗，油茶病虫害的灾害性发生已严重影响到我国油茶产业的发展。该项成果在国家自然科学基金、国家科技支撑计划等项目资助下完成，历经 10 余年产学研联合攻关，建立了以油茶营林技术为基础、生物防控技术为核心的油茶主要病虫无公害防治技术体系。

二、主要研究成果

（1）首次发现油茶炭疽病的病原为复合型病原菌，病菌在不同地区间扩散是以无性繁殖方式为主，病菌种内存在重组和种间存在杂交现象。

（2）筛选出油茶优良抗病品系：赣447、赣石83-4、湘林82号和湘林210号（国家审定品种）。

（3）从油茶根际分离筛选出高效固氮菌、解磷菌和解钾菌等功能菌群，利用这些功能菌群研制了油茶功能微生物菌肥（冲施型），极大地减少了化肥施用，有效控制土传病，促进了林木健康生长。

（4）研发了油茶主要病菌分子检测试剂盒，构建了油茶炭疽病菌等主要病菌巢式PCR检测技术。

（5）划分了油茶主要病虫害防控区域，建立了气候因子与各主要病虫害年发生面积的预测预报模型。

（6）研发了油茶主要病虫害生物防控的3种专用生防菌剂I（Y13可湿性粉剂）、专用微生物菌剂Ⅱ、（F10可湿性粉剂）、主要害虫生防菌剂（白僵菌菌株），研制了防治油茶主要病虫害的植物源农药与微生物源农药协同增效的复配剂。

三、推广应用情况

项目分别在湖南、江西、广西、浙江和海南的12个市（县）推广应用，示范推广区油茶优质果率达90%以上，油茶主要病虫危害控制在8%以下，推广应用面积累计达105万亩，新增利润7.83亿元，取得了质量和效益新突破。

10. 绿色竹质功能材料节能制造关键技术及产业化（协作）

获 奖 时 间：2017年
主要完成单位：中南林业科技大学　湖南省林业科学院
　　　　　　　湖南桃花江竹材科技股份有限公司
　　　　　　　益阳桃花江竹业发展有限公司
主要完成人员：吴义强　李贤军　李新功　左迎峰　刘 元
　　　　　　　卿 彦　孙晓东　赵 星　赵仁杰　吴志平
　　　　　　　薛志成　胡立明
奖励类别与等级：湖南省科学技术进步奖　一等奖

（略）

二 等 奖

1. 湖南省杉木造林区种源选择研究

获 奖 时 间：1987 年
主要完成单位：湖南省林业科学院
江华县林业采育场　桃源县老井林场
攸县林业科学研究所　怀化地区林业科学研究所
安化县林业科学研究所　资兴县天鹅山林场
娄底地区林业科学研究所
主要完成人员：程政红　贺果山
奖励类别及等级：湖南省科学技术进步奖　二等奖

一、概述

该研究 1976 年由省科学技术委员会、省林业厅下达，作为全国协作内容，1983 年列入国家"六五"科技攻关项目。在试验过程中，共进行两次全分布区试验和一次区域性试验。第一次试验于 1976 年开始，分设江华、桃源两个试验点，采用了 12 个省（区）有代表性的 21 个种源参加试验。第二次试验于 1979 年开始，设江华、桃源、攸县、安化、资兴、怀化、娄底 7 个试验点，采取了全国协作组统一布置的 14 个省（区）75 个种源参加试验。区域试验分设江华、攸县、汉寿、靖州 4 个试验点，选择了 12 个优良种源参加试验。3 次试验共营造试验林 29.73hm²。经对苗期、幼林期的各项因子进行多年观测，进行了方差分析、相关分析、F 检验、q 检验和模糊数学综合评判，评选出优良种源。该项研究达到国内同类研究先进水平。

二、主要研究成果

1. 杉木不同种源之间存在显著或极显著差异

种源间生长量、抗逆性、结实量及其他各性状的差异明显，主要受地理位置的影响。杉木苗期、幼林期各项指标差异显著，与纬度呈负相关；结实量、针叶色泽类型呈南北"U"型纬向渐变；高纬度种源封顶早，生长期短，但抗寒性强，纬度愈低，冻害愈重；温度和相对湿度对种源生长影响显著。各造林区种源选择应着重纬度偏南、经度偏西或地理位置相近的种源。以南岭山地，雪峰山南部山地，川中岷江流域，赣西幕阜、武功山等地最适宜杉木生长，尤其是南岭山地杉木具有最高生产力。

2. 评选了湖南省杉木造林区优良种源

优良种源的选择，以苗期、幼林期多年多项数量性状和质量性状的观测分析结果为依据。①考虑种源的适应性。评选的种源主要分布在南岭山地种源区、湘鄂浙山地丘陵种源区、四川盆地周围山地种源区和闽粤桂滇南部山地丘陵种源区。②考虑种源的生产力。种源间、试验地点间存在交互效应，保证各试验点都能选择优良种源。优良种源内个体选择效果大，有着种源间和个体间的双层增产效果，种源生长年度相关性稳定。③综合评选出 25 个适宜湖南省造林的优良种源。即：湖南的靖州、会同、江华、汝城、常宁，广西的资源、融水、恭城、贺县、浦北、那坡，贵州的锦屏、江口、黎平，四川的洪雅、永川、邻水、犍为、彭县，江西的全南、安福、铜鼓，福建的大田、来舟，云南的西畴。其中，湖南的会同、靖州、江华，贵州的锦屏、黎平，四川的洪雅，广西的融水、资源，江西的全南，福建的来舟 10 个为最佳种源，平均增产效益达 16% 以上，是湖南省杉木造林种源选择的重点。

3. 区划了湖南杉木造林区

为方便湖南省各造林区调种供种，参考我省地貌、植被、气候、林业区划及杉木立地类型划分等成果和资料，将湖南区划为 7 个造林区。并为各造林区选择了最优和适宜的种源(详见下表)。

湖南省杉木造林区范围和适宜选择的种源

造林区名称	区域范围	适宜种源
湘西北 武陵山地	石门、慈利、沅陵、麻阳部分区域	湖南靖州、江华、贵州黎平、锦屏、四川洪雅、彭县，广西融水、江西铜鼓
湘北洞庭湖 平原台地	常德市东半部、益阳市、岳阳市大部分区域	湖南会同、靖州、江华、四川洪雅、广西融水、福建来舟、江西全南
湘东 幕阜山地	岳阳、临湘东部、平江、攸县、醴陵、茶陵、浏阳	湖南靖州、汝城、常宁、四川洪雅、贵州黎平、锦屏、广西融水、江西全南
湘西南雪峰山 北部山地	中方、溆浦、辰溪、鹤城、沅陵、麻阳、安化、新宁、新邵、邵东、洞口、隆回	湖南靖州、会同、四川洪雅、贵州江口、黎平、锦屏、广西融水
湘西南雪峰山南部山地	会同、靖州、通道、新晃，绥宁、城步及新宁、武冈、洞口	湖南会同、靖州、广西融水、资源、恭城、四川邻水、洪雅、贵州锦屏
湘中丘陵盆地及孤山地区	长沙、望城、宁乡、醴陵、攸县、湘潭、衡阳、郴州北部，邵阳市东部	湖南靖州、会同、贵州锦屏、四川洪雅、江西全南、广西融水、云南西畴
湘南南岭山地	郴州市、永州市大部分及株洲市的炎陵一带	湖南江华、常宁、会同、四川洪雅、彭县、广西融水、那坡、福建来舟、贵州黎平、云南西畴

三、推广应用情况

(1)湖南省种质资源普查充分运用该研究成果，在理清种源的基础上，划定了全省杉木采种林分。其中会同县和江华县各选划采种林分 2000hm²，定为全国优良种源区，并建立母树林。

(2)"七五"期间，林业部与湖南建立部省联营杉木良种基地 130hm²，充分利用优良种源区选出优良单株，获得了优良种源和优良单株的双层增产效益。

(3)在制定湖南省《杉木丰产林标准》时，规定杉木造林用种必须是经种源试验评选的优良种源。

(4)从 1985 年起，国家在南方林区计划建设速生丰产用材林基地。种源试验成果为全国和湖南营造杉木丰产林以及世界银行贷款造林用种创造了良好的物质条件。

(5)1986~1987 年，省林业科学研究所共推广造林 2386hm²，为下达任务的 238.6%。并向省内外提供会同等县的优良杉木种子 200t 及建立种子园用的优树穗条，造林 12.53 万 hm²。

2. 杉木育种程序和优良家系选择研究及其利用(协作)

> 获 奖 时 间：1987 年
> 主要完成单位：湖南省林业科学院(排序第四)
> 主要完成人员：程政红(5)
> 奖励类别及等级：林业部科学技术进步奖 二等奖

一、概述

"杉木育种程序和优良家系选择研究及其应用"是"六五"国家重点科技攻关项目，湖南省林业科学研究所为协作单位参加。该研究主要开展了产地试验，家系、无性系两水平试验，各种类型杂交试验，

1.5 代种子园材料选择的标准、方法等。优良家系的亲本相应地成为 1.5 代和两系种子园的中选亲本，并建立了一批示范林和区域化测定林，营建了 1.5 代种子园，湖南省还建立了两系种子园，福建和湖南建立了 2 代种子园，达到了研究的预期目标。

二、主要研究成果

1. 杉木遗传变异规律

杉木遗传变异的一般规律表现在：①杉木不同产地来源的后代，在生长量、分枝密度、生物量、物候期、耐寒性和抗病虫能力等性状上，都存在明显差异。②各种性状的变异存在一定规律性，纬度增加芽萌动期推迟，封顶期提早，生长期缩短，苗木耐寒性增强。生长量与纬度负相关明显，中心产区优于一般产区，一般产区优于边缘产区。③地理位置较为接近的产地，往往具有相似表现。④就适应性而言，当地种源较强于外来种源。⑤就产量性状而言，中心产区的种源，不论是当地还是外地，其生产力均高于一般产区和边缘产区。

2. 杉木种群变异的层次结构

产地间和产地内家系间的生长量和耐寒力随纬度变化而渐变的趋势明显，同一般种源试验结果一致。优良家系的出现率以优良产地(种源)中最高，在优良产地(种源)中选优树建立种子园效果尤佳。从优良家系(或优良种源)中选出的优良单株，既可作下一代种子园亲本材料，又可作无性系测验和良种选育的基础材料。这说明杉木遗传除具有渐变性外，同时具有层次性。

3. 杉木性状的遗传控制

性状遗传控制的方式和程度直接关系到选择效果、后代测定的设计和良种繁育形式。①配合力效应。杉木杂交后代的表现，是双亲的一般配合效应、特殊配合效应和正交效应相结合的结果。根据杉木遗传特点，在杉木育种中，宜将优树亲本的一般配合力测定、筛选和利用放在优先地位。经过一般配合力筛选之后，在数量大大减少的优良亲本之间再作杂交，以发现配合力高的组合，通过双系种子园的形成及无性系选择途径加以利用。②遗传力研究。杉木树高的单株遗传力估值变幅在 0.1~0.6 之间，平均为 0.31，家系遗传力估值变幅在 0.4~0.9 之间，平均为 0.63；直径和材积的遗传力比树高略低；产量性状的遗传力具有中偏弱至中等强度。封顶期、耐寒力等适应性状一般比产量性状具有较强的遗传力。

4. 杉木的自交效应

自交对种子品质的影响。杉木自交引起产果率和种子品质下降，产果率自交比自由授粉降低 30%~70%，比异交降低 10%~30%；种子千粒重自交比自由授粉降低 5%~10%，比异交降低 25%~40%；种子优良度自交比自由授粉和异交分别降低 66%~87% 和 50%~86%。自交引起幼林生长普遍衰退，1~4 年生林高生长比异交后代下降 25.4%，比自由授粉后代下降 25%。但也有个别亲本后代反而超过其异交和自由授粉后代，自交系育种有可能在杉木育种上应用。

5. 杉木生长的幼林阶段与成林阶段相关性和早期选择

杉木生长的幼林阶段与成林阶段显著相关。因此，杉木子代测定林 3~4 年生可进行第一次选优，家系内单株选择应比家系间单株选择略迟一点，选择的指标以树高生长量为准；至 6~7 年生时再进行第二次选择，可以对初选幼林优树进行补充，主要根据材积生长量来确定。

6. 杉木育种程序的拟定

主程序采用分组交配选择系统，把育种群体与生产群体分开，以保证多代持续增益。同时强调一般配合力选择先于特殊配合力选择，积极开展早期选择，以提高育种效率，加速育种进程，缩短育种周期。

7. 杉木优良家系选择及应用

对全国 14 个杉木种子园的建园亲本进行遗传鉴定和评价优良家系。在过去工作的基础上，对一批 3~12 年生的子代林做了进一步测定，从 1158 个单亲本子代林中筛选出 318 个优良单亲本家系，另从双亲本子代林中筛选出 19 个双亲本优良家系。这些材料增产效果达 30%~50%。

8. 主要经济技术指标

（1）杉木优树选择的数量。一个山区县应选择优树 50 株以上，由这批优树组成育种群体，按自然区域建立种子园。一个种子园建园亲本需 30~40 个。生产的良种才可为全省杉木造林服务。

（2）按照杉木生长早晚期相关特点，杉木可以早期选择，边选择边利用。3 年生可进行优良家系初选，6 年生可进行优良家系评定，7 年生可进行优良家系内优良单株选择。

（3）优良家系选择要以材积生长为主，主要是树高和胸径两个指标的实际增长率。家系的入选标准是平均树高比对照大 10% 左右，平均胸径大 12% 左右，即平均材积大 20% 以上；双亲家系入选标准是树高大 12% 以上，胸径大 20% 以上，即平均材积大 40% 以上。

三、推广应用情况

杉木育种程序已广泛应用于南方 14 个省（区）杉木造林区的科研、教学及生产。1986 年在全国杉木产区将初级种子园改建 1.5 代种子园 666.67hm²，占全国杉木种子园面积的 1/3，产种 15t 以上，每年可供造林更新 2 万 hm²。增产水平按 40% 计，每年能增产木材 180 万 m³ 左右。

3. 湘西八大公山自然资源综合科学考察（协作）

获 奖 时 间：1988 年
主 要 完 成 单 位：湖南省林学会
　　　　　　　　湖南省林业科学院
主 要 完 成 人 员：童新旺（4）
奖 励 类 型 及 等 级：林业部科学技术进步奖　二等奖

该考察基本查清了该林区动物、植物等主要森林资源及这些资源的区系分布；种类构成特征，密度以及一些主要植被类型的群落学特征等。对森林土壤、气象、水文、地质地貌等地理环境的考察也达到了较高水平。该考察对八大公山自然保护区的建立、挽救、保护珍贵的动植物提供了科学依据，对我国其他同类地区自然资源的保护、建立和维护生态平衡也具有借鉴意义。

4. 杨树天牛综合防治

获 奖 时 间：1989 年
主 要 完 成 单 位：湖南省林业科学院
主 要 完 成 人 员：尹世才　张贤开
奖 励 类 别 及 等 级：湖南省科学技术进步奖　二等奖

一、概述

欧美杨 I-72 和美洲黑杨 I-63、I-69，生长快、耐水湿、成林成材早。湖南自 1977 年引种栽培以来，杨树造林面积达 8 万 hm²。但桑天牛、云斑天牛和光肩星天牛已经危害到杨树的生长。据 1982~1984 年在全省 10 余县调查，其危害株率大多在 20% 以上，不少地方达到 100%，轻者影响杨树生长量和木材工艺价值，重者导致风折或枯死。1982 年，湖南省林业厅下达开展"杨树天牛综合防治技术的研究"。前 3 年是以调查研究为主，查清全省杨树天牛的种类、危害情况及发生发展规律；后 4

年定点于广州军区南湾湖农场(湖南洞庭湖区)开展综合防治技术研究,主要研究内容:"综合治理虫源木预防杨树天牛的研究""利用桑树、构树作饵木诱杀桑天牛成虫的研究""利用糖槭作饵木树诱杀光肩星天牛成虫的研究""湖南杨树天牛种类分布及其发生规律的调查""天牛危害对杨树年生长量的影响""光肩星天牛成虫刻槽产卵对杨树年生长量的影响"。经综合措施防治,422hm²杨树试验林的桑天牛平均被害株率为4.31%,虫口密度平均每株0.057头,而对照区分别为42.7%、0.53头;云斑天牛被害株率0.089%,虫口密度平均每株0.003头,而对照区分别为5.6%、0.18头;光肩星天牛被害株率为1.43%,刻槽密度平均每株0.08个,而对照区分别为39.3%、0.18个(未见成活幼虫,只有刻槽)。按试验面积计算,节省防治经费6000多元,增加立木蓄积量7215m³。该研究居国内先进水平。

二、主要研究成果

1. 清除虫源木

湖区危害杨树的3种天牛主要来自虫源木——旱柳。其侵染的速度、危害的程度与附近旱柳的距离呈正相关。据调查,桑天牛、云斑天牛、光肩星天牛对旱柳的危害株率分别为77.9%~96%、68.5%~78%、95%~100%;通过10株旱柳剖析,其虫口密度,一株最多有47头,最少有26头,平均为31.6头(桑天牛10.2头、云斑天牛10.3头、光肩星天牛11.1头)。次要虫源木有女贞、法国梧桐;桑树、构树因大多数是一年生萌芽枝干;桑天牛幼虫寄生很少,只是招来其成虫取食补充营养,导致附近杨树被产卵受危害。因此,采取卫生伐清除虫源木,或高截干更新虫源木,是控制天牛蔓延,确保杨树不受危害的有效方法。

进行苗木检疫是杜绝桑天牛带入杨树栽培新区的重要环节。桑天牛从幼苗就开始入侵危害,应坚持苗木出圃前的严格检查,把有虫株就地销毁。

2. 诱杀和药物防治

利用饵木树诱杀成虫是御天牛于林外,灭成虫于产卵前的重要措施。该研究除重视营林措施,提高森林自控能力外,首次利用桑树、构树作饵诱杀天牛成虫,控制天牛对杨树的危害。试验期间对198丛(株)饵木树的观察记载,共诱杀成虫2817头,平均每丛(株)诱杀成虫14.2头,其中雌虫占49.98%。按每头雌虫有腹卵30粒计算,则等于消灭42255头桑天牛。适合饵木上施用的最佳农药是40%氧化乐果乳油和磷化锌药粉。前者用100倍水液喷雾处理饵木,后者用20倍浓米汤调和涂刷饵木枝干。施药的间隔时间,前者每隔10天喷雾一次;后者每隔40天涂刷一次,在桑天牛、光肩星天牛发生期涂药两次即可达到毒杀成虫的目的。

3. 生物防治

用含孢量2亿/mL的白僵菌喷射或灌注有天牛的虫源木树桩。据230个树桩调查,消灭云斑天牛和桑天牛共920头。还可挂心腐木,保护和招引啄木鸟,抑制天牛等蛀干害虫的发生。据5个点、61株杨树、旱柳的调查,其啄虫株率达到23.3%~100%。

5. 杉木不同繁殖材料无性群体造林效果研究

获 奖 时 间:1990年
主要完成单位:湖南省林业科学院
　　　　　　　会同县林业科学研究所　靖州县林业科学研究所
主要完成人员:陈佛寿　许忠坤　程政红　陈茂才
奖励类别及等级:湖南省科学技术进步奖　二等奖

一、概述

"杉木不同繁殖材料无性群体造林效果研究"于 1981 年由湖南省林业厅下达，1983 年转为国家攻关课题，历时 9 年，其目的是解决杉木无性系育种和优良家系无性化造林原始材料的选择技术，同时为湖南省各造林区选出一批高产、优质、抗性强的优良无性系品种及优良家系无性系群体应用于生产，以大面积提高杉木速生丰产水平。试验地点设在会同和靖县两县的林业科学研究所。参加试验的材料来自当地种子园子代苗、子代林和一般人工林采伐迹地。通过几种原始材料无性系造林和无性系群体造林比较、幼优选择标准与无性系生长量关系、苗期生长与幼林期生长的关系等试验，使杉木无性系选择有了明确的选种顺序。这对杉木实生群体转化为无性化造林有着重要指导价值。该研究居国内同类研究领先水平。

二、主要研究成果

1. 原始材料的选择

供无性系选育研究的 3 种原始材料中确定的 3~4 年生子代林中的优树，是在成林优树未解决无性繁殖技术以前效果最佳、实用价值最大的育种材料。这种材料形成的无性系、优良无性系的中选率为 16.7%，分别高于超级苗及采伐迹地大伐蔸形成的无性系一倍和数倍。

2. 选优标准

对优树标准与优良无性系中选率关系的研究以及对实生到无性遗传力的测定，都证明：以树高作为依据在幼林中选优效果最佳。幼林选优最有效标准是树高大于周围 8 株平均值 3 个标准差以上，其优良无性系中选率达 41.7%。而优树标准介于 2~3 个标准差或 2 个以下，优良无性系中选率分别仅为 13% 和 0%。

3. 苗期选择与中选率的相关性

探明了无性系苗期生长量与优良无性系中选率之间，家系无性群体苗期生长量与幼林期生长量之间均有明显相关。可通过苗期在系间或群体间进行选择来提高选择效果。在无性系选育中，根据苗期生长量淘汰 1/3 的无性系，优良无性系漏选率仅为 5.9%，而造林后无性系的测定工作量减少 1/3，能获得事半功倍的效果。根据半同胞家系无性群体苗期生长量，淘汰 25%~50% 的群体，其造林效果可比不加选择的提高产量 10% 左右。在优良家系苗木内，以苗高为依据，按 5%~50% 的选择率所形成的无性后代生长无明显差异，说明把半同胞家系转化为无性系群体时，其苗木利用率至少可达 50%。这为制定育种程序和指导家系无性化造林提供了科学依据。

4. 增产效果评价

对各类无性群体造林的增产效果，不论最高增产效果还是多个群体的平均效果，均以优良无性系第一，其次是优良全同胞无性群体，再次是半同胞无性群体。以 6~7 年生为例，与一般生产用种比较，优良无性系平均增产 126%，最佳无性系增产 200.9%；与种子园种子相比，优良全同胞家系平均增产 19%，最佳全同胞家系优势木无性群体增产 36.7%，优良半同胞家系平均增产 3.9%，最佳半同胞家系优势木无性群体增产 32.6%。为尽快提高当前造林用种水平，应大力推广以优良全同胞家系为主的家系无性化造林，同时尤应抓住优良无性系的选育与推广。

选出的 17 个优良无性系，早期材积增产 50% 到一倍以上，且无明显病虫害。选出的 3 个无性群体，材积增产 32.6%~36.7%，可在会同、靖县等类似的自然区推广。

三、推广应用情况

无性系林业将是 21 世纪林业科学和生产进步的标志。杉木无性系造林由于具有简便、可行、投资少、增益大的特点，具有广阔的发展前途。该研究探明了基本规律，解决了现阶段杉木无性系选育原始材料选择的可行技术，以及优良家系无性化造林的基本技术。并选出了 17 个优良无性系，3 个优良家系无性群体，为杉木无性化造林奠定了物质基础。1989年，林业部林木种苗总站在会同、靖县召开南方10省（区）杉木无性系选林现场会，推广试点经验。

选出的17个优良无性系，3个优良家系无性群体，已在13个县建立采穗圃，部分已开始用于造林。在种子园双亲本子代测定中，也已找到了11个优良全同胞组合，可组织制种，2~3年内即可大规模推广优良全同胞家系无性化造林。

6. 湖南省林木种质资源普查发掘与开发利用研究（协作）

获 奖 时 间：1990年
主要完成单位：湖南省营林局　中南林学院
　　　　　　　湖南省林业科学院
主要完成人员：伍家荣（4）　刘起衔（6）　程政红（7）
奖励类别及等级：湖南省科学技术进步奖　二等奖

一、概述

1982~1985年，根据林业部部署，湖南省林业厅开展全省林木种质资源普查发掘与开发利用的研究。共普查了15个地（州、市）103个县（市）的2209个乡和183个国有林场，共完成线路调查602万m，标准地3350块，面积372.5hm²。

二、普查方法及结果

1. 普查方法

（1）对本地种质资源的主要造林树种，采取标准地调查法，5株优势木比较法和标准线法，选择优良林分、优良类型和优良单株。其中杉木优良林分选择，重点放在优良种源区、中心产区或临近县及有悠久栽培历史的地方进行；马尾松在优良林分基础上选择优良单株；油茶、油桐进行优树补选。

（2）对野生种质资源采用线路调查法，基本查清了全省天然次生林树种资源的种类及分布状况。

（3）对引进树种种质资源采用随机抽样调查和标准地调查相结合的方法，选择适应性广、生长快、抗性强的优良林分和优良单株。

（4）对基于人工创造的种质资源建立的种子园、采穗圃进行普查，掌握无性系的来源、数量、生长及结实情况，为去劣留优、提高种子园种子和采穗圃种条的遗传品质提供可靠依据。

（5）根据全省每年各树种造林面积，确定各个树种优良林分疏伐改造成母树林的面积，做好良种生产规划，以实现全省造林良种化。

2. 普查主要成果

（1）选择了本地种质资源杉、松等主要造林树种的优良林分1831块，面积1.26万hm²；增选18个树种的优良单株779株和363个树种的优良散生母树42502株。

（2）基本查清了全省野生种质资源的种类及分布状况。全省共有木本植物108科478属2470种。其中属国家一级保护树种3种，二级22种，三级35种。同时发现了大院冷杉、宜章杜鹃、瑶岗仙杜鹃、君山山矾4个新树种。

（3）发现银杉等57个珍稀、古老孑遗树种的新分布范围。

（4）编写了"湖南省种源普查技术报告""湖南省木本植物名录"并制作2000多个树种的腊叶标本，以及"湖南省林木种源普查基本情况汇总表""湖南省优良林分汇总表""散生母树、珍稀树种、优良乡土树种优树汇总表""湿地松、火炬松引种汇总表""古木大树汇总表"等成果资料。

三、开发应用情况

1. 将选定的优良林分经改造建立母树林，已疏伐改造 4600hm²。全省每年能采优良种子 150t，主要造林树种的用种基本实现良种化。种子不仅遗传品质明显改良，而且质量大大提高。

2. 为了保存和利用已发掘的基因资源，全省新建银杉等珍稀、古老孑遗树种自然保护区 5 个，新建种子园 6 个、面积 200hm²，新建马尾松采种基地 5 个、面积 3 万 hm²。同时开展了银杉等树种的易地保存与繁殖。

3. 为开发山区经济提供了资源信息。

7. 山茶属植物种质资源的搜集及建立基因库的研究（协作）

获 奖 时 间：1990 年
主要完成单位：湖南省林业科学院等
主要完成人员：王德斌（3） 陈永忠（7）
奖励类别及等级：湖南省科学技术进步奖 二等奖

一、概述

采用普通油茶大砧嫁接快速繁殖建成 4 个基因库，现已搜集保存种质资源 2267 个，其中山茶物种、变种 161 个，山茶花品种 340 多个，油茶农家品种优株、无性系等 1605 个。将不同纬度、海拔高度和生态条件下的物种品种集中在同一地进行研究，提高了种质对环境的适应性和抗性，发挥了基因库的多种作用和效益。

二、成果主要内容

1. 通过多年测定已选育并通过鉴定优良家系 6 个，优良无性系 6 个，优良农家品种 5 个，并已在生产上推广应用。预计 1990 年又可通过筛选鉴定出亩产茶油 39 kg 的优良无性系 20~26 个，同时完成无性系区域化试验。

作为良种繁育基地，目前这 4 个基因库已初具规模，培育了大批采穗母树，每年可生产穗条 309 万根以上，可培育优良无性系苗木 200 万株，满足营建 2 万亩的速生丰产林，每年还能提供大批遗传品质和播种品质优良的种子。如 1985 年为联合国油茶低产林改造工程提供优良家系种子营造的 200 亩丰产林，直播第四年，平均亩产果达 27.5~33.5 kg，比一般种子造林增产 35% 以上。又如此基因库提供的穗条生产的苗木在福建省营造的 800 亩丰产林，进入盛果期后亩产油达 30 kg 以上，比福建省的平均亩产油提高了几倍。

2. 培育了 2500 多株 150 多个品种的山茶花采穗母树，嫁接后第五年产穗条 200~300 根。目前每年可生产穗条 50 万根。江西已在全省各地建立了 16 个推广点，利用本地的普通油茶大砧快速繁殖，培育了大批多品种、花色的绿化大苗深受生产部门的欢迎。

三、推广应用前景

基因库的经济效益正随时间的推移不断提高。现在 4 个基因库每年能生产的油茶无性系穗条 300 万根，按每根 0.05 元计，产值 15 万元；年提供山茶花品种穗条 50 万根，每根 0.15 元计，价值 7.5 万元；仅此两项年产值达 22.5 万元。同时，每年有大批的优质种子和多品种的山茶花大苗出售的收入。如果用这些种苗每年营造 2 万亩丰产林，按遗传增益 20% 计算，其经济效益将更为可观。

8. 湖南产新植物——大院冷杉、宜章杜鹃、瑶岗仙杜鹃、君山山矾

> 获 奖 时 间：1991年
> 主要完成单位：湖南省林业科学院
> 主要完成人员：刘起衔　张灿明
> 奖励类别及等级：湖南省科学技术进步奖　二等奖

一、概述

1980年~1989年，课题组对湖南树种资源进行了广泛的调查研究，在酃县大院农场、海拔1400m处发现了一种冷杉，在宜章县瑶岗仙矿区发现了两种杜鹃花植物，在岳阳市君山风景区发现了一种山矾科植物。为了突出产地的纪念意义，特以各自的产地命名为大院冷杉、宜章杜鹃、瑶岗仙杜鹃、君山山矾。论文在《植物研究》发表后，英国权威性杂志 *The New Record of Taxonomixc Literature* 于1988年予以转载。中国植物《红皮书》编委会随即将其列入第二批国家重点保护植物。

大院冷杉等4种植物的发现，不仅填补了这一地理分布的空白，而且对研究东亚、我国及湖南植物有关科属的系统演化提供了重要资料，对珍稀濒危植物的保护具有重要的科学和实际意义，受到国内外学术界的重视。该研究达到国内同类研究的先进水平。

二、主要研究成果

1. 4种新植物的生态环境

从水平分布来看，大院冷杉居东经114°，北纬26°20′，在同一纬度西行3°25′，有资源冷杉、元宝山冷杉；往东行5°，有百山祖冷杉。大院冷杉则起到了"链条""桥梁"的作用，证实第四纪冰期我国东部地区形成了一条"冷槽"的论断。从垂直带谱来看，大院冷杉分布在海拔1350m~1450m的坡地，其伴生植物类有喜温暖湿润的毛竹、杉木、马尾松、木荷，林下有油茶、紫花杜鹃、葱木、三尖杉、交让木、败酱、麦冬等。这一独特的群落特征与其他几种冷杉有明显的不同。另外，冷杉分布在北纬57°以北是泰加林地带的显域性植被，逐渐向南移，到北纬25°~27°之间的元宝山、民族老山、大院等地带，已进入常绿、落叶阔叶林中，这是我国植被带中的一个独有现象。从分布的海拔高度来看，大院冷杉分布最低，仅为1400m，而同纬度的几种冷杉(资源冷杉、百山祖冷杉、元宝山冷杉)都在1700m左右。大院冷杉的发现是冷杉属植物在我国亚热带地区分布海拔最低的记录。这对研究我国古地理、古气候、古植物提供了重要的科学依据，受到国内外学术界的重视。

宜章杜鹃、瑶岗仙杜鹃、君山山矾均产于独特的生态环境。宜章杜鹃、瑶岗仙杜鹃为杜鹃花科杜鹃属中的有鳞亚属，主要分布于南岭一带，产于瑶岗仙岩石裸露、植被稀少的矿区，海拔1100~1600m，呈弧岛状分布，与该区域广布种——映山红有显著的差异。君山山矾产于风景秀丽、游人如织的君山旅游区，海拔30m，是山矾科分布海拔最低的种类。

2. 提供了新的造林树种

大院冷杉生长快、材质优良，木材纹理直、结构细、质轻软、易加工是制造钢琴的特用材料，又是造纸的优良原料；树皮含冷杉脂，是目前国际市场奇缺的林化产品；叶含干性油。大院冷杉林下更新良好，平均每公顷有幼苗幼树1875株。因此，大院冷杉不仅是理想的用材树种，而且是很有发展前途的经济林木。

3. 丰富了庭院绿化花卉资源

宜章杜鹃、瑶岗仙杜鹃，树冠呈圆球形，花色鲜艳夺目是一种优良的园林绿化树种；君山山矾早

已成为君山公园的优良野生花卉植物。新种的发现为庭院绿化提供了珍贵的花卉种质资源。

三、推广应用情况

大院冷杉自 1981 年发现后，酃县林业科学研究所已采种育苗进行造林。1987 年株洲市林业科学研究所将大院冷杉作为一个课题开展研究，进行了物候观测，无性繁殖并按不同海拔开展造林对比试验。对宜章杜鹃和瑶岗仙杜鹃保存和繁殖技术的研究，具有较大的经济效益和社会效益。

9. 油茶优良无性系及其授粉生物学特性的研究

> 获 奖 时 间：1991 年
> 主要完成单位：湖南省林业科学院
> 　　　　　　　湖南省营林局
> 主要完成人员：王德斌（1）　陈永忠（4）　苏贻铨（5）　李二平
> 奖励类别及等级：湖南省科学技术进步奖　二等奖

一、概述

油茶是我国南方主要食用油料树种之一。20 世纪 80 年代初，"油茶优良无性系选育及其授粉生物学特性"的研究被列为国家"六五""七五"科技攻关课题，共筛选出 39 个高产无性系。首次发现优良无性系具有较高的自然坐果率、系间可配性及自花可育现象，同时还发现了雄蕊退化绝对不育高产无性系。这些发现对确定油茶无性系选育的策略、方法，以及指导油茶无性系造林具有重要的理论意义和实用价值。该项研究在油茶无性系选育研究和无性系造林等方面提出了新的观点和可行的方法，解决了许多重大技术难题，居国内领先水平。

二、主要研究成果

1. 优良无性系选育

在湖南、浙江两省 38 个油茶重点产区选出的 800 株优树中筛选出 125 个优良无性系参试，通过正规的田间试验设计，选育出的 39 个优良无性系，4 年连续年均每公顷产油达 600kg 以上，比参试无性系平均值高 15% 以上，达到或超过全国油茶优良无性系评选标准。其中有 18 个优良无性系超过参试无性系平均值 50% 以上。湘林 34、亚林 5 等 13 个高产优良无性系的测定林和示范林，折算年公顷产油 1033.5kg，超过广西选育推广的岑溪 2、3 号（年公顷产油为 937.5kg）。同时，经人工接种抗病性鉴定，为我国首批选育出亚林 18 号等 5 个高抗病、高产量的无性系。

2. 主要经济性状

39 个入选的油茶无性系，其主要经济性状指标如下：①鲜出子率：32.9%～54.5%，平均 46.4%，变动系数为 10.4%；而落选无性系鲜出子率为 28.6%～57.9%，平均 44.9%，变动系数 18.3%。②干子出仁率：45.53%～68.59%，平均 62.6%，变动系数为 9.9%；而落选无性系干子出仁率为 42.1%～75.5%，平均 63.0%，变动系数 20.2%。③干仁含油率：25.85%～57.39%，平均 46.66%，变动系数为 19.10%；而落选无性系 20.74%～60.35%，平均 45.90%，变动系数为 28.40%。④鲜果含油率：6.004%～12.990%，平均 8.986%，变动系数为 22.500%；而落选无性系为 2.347%～12.931%，平均 7.9000%，变动系数为 58.9000%。⑤每平方米冠幅产果量为 910～3050g，平均 1518 克，变动系数为 37.7%；而落选无性系每平方米冠幅产果量为 224～2218g，平均 1032g，变动系数为 46.9%。

3. 自然坐果率与可配性

在已观测的 20 个无性系中，各无性系自然坐果率为 28.78%～46.20%，平均 34.40%，变动系数为

27.80%。其中 9 个高产无性系自然坐果率为 33.81%~46.20%，平均 40.38%，变动系数为 11.30%；11 个落选无性系自然坐果率为 28.28%~42.35%，平均 32.30%，变动系数为 21.20%。总的来说，高产无性系自然着果率高于落选无性系，并提出了优良无性系具有较高的自然坐果率、可配性和自花可育率的观点。

通过人工控制授粉结果表明，各无性系均具较高的可配率，平均可配率为 56.4%，入选无性系的可配率为 40.0%~90.0%，无性系间不存在显著差异，因而油茶的无性系造林不必考虑无性系之间的搭配。

4. 发现雄性不育无性系

通过对无性系授粉生物学特性的研究，发现雄蕊退化自花绝对不育的高产无性系。油茶存在雄蕊败育植株，这是育种的珍贵材料值得充分发掘应用。

三、推广应用情况

在研究的同时，采用边测定、边示范、边推广的方法，在湖南的攸县、平江、汨罗、永兴、零陵和浙江的常山等 34 个县(市)新造无性系林 269.2hm²，低产林劣株改造 147.87hm²；在 24 个县(市)建立示范采穗圃及示范林 159hm²。1990 年在 3.33hm²(50 亩)示范林中测产，平均每公顷产油 608.1kg。这些采穗圃每年可提供穗条 2000 万根，可嫁接苗木 8000 万株，造林 3.33 万 hm²，为油茶生产打下了良好的物质基础。

10. 湖南兰花资源调查研究与开发利用(协作)

获 奖 时 间：1991 年

主 要 完 成 单 位：湖南省长沙市土畜产进出口公司

湖南省林业科学院

主 要 完 成 人 员：张玉荣(9)

奖励类别及等级：对外经济贸易部科学技术进步奖 二等奖

一、概述

由长沙市土畜产进出口公司牵头联合湖南省森林植物园、湖南省园艺研究所、溆浦县花协、怀化地区绿委、湖南省林科所、浏阳群芳圃等单位，于 1987 年成立了湖南省兰花资源调查研究与开发利用课题组。经湖南省对外经贸委的批准立项，开展了"湖南省兰花资源调查研究与开发利用"研究。分武陵山区、雪峰山区、南岭山区、罗霄山区四大区，每区根据兰花的分布情况，设置若干调查处进行调查。采取边调查、边宣传、边试销的办法，经 1987 年至 1990 年 3 年时间，已按时完成了任务。

二、成果主要内容

1. 基本梳理了湖南兰花资源的"家底"，为开发利用湖南兰花资源创造了有利条件打下了坚实可靠的基础。

根据调查资料统计，湖南自然分布兰花(兰属植物)7 种 7 变种，即春兰、春剑、线叶春兰、蕙兰、春蕙、送春、建兰、素心建兰、寒兰、奇鞘寒兰、墨兰、多花兰、台兰、兔耳兰，蕴藏量达 2000 余万株。同时发现了奇鞘寒兰新变种和春剑、送春等 6 个新分布变种，从中选出了一批有观赏价值的珍贵变异。

2. 基本上弄清了湖南兰花的分布规律和生长环境。

湖南兰花中，寒兰主要产于湖南南岭山脉及武陵山脉低海拔部位；建兰主要产于湘东；春兰主要分布在湘西及湘西北；兔耳兰分布数量稀少，零星见于石门和通道；多花兰中以变种台兰较多，全省山地均有分布；蕙兰生长环境近似于春兰，但分布海拔可较高。

3. 建立了一批兰圃。

在调查过程中，采集有代表性的植株建立了 5 处中小型兰圃，即黑石铺兰圃、植物园兰圃、浏阳群芳圃、溆浦明园、园艺所兰圃。栽培数量在 10 万株以上，为繁殖发展和出口创汇奠定了基础。

4. 撰写了调查兰花资源的有关技术资料和报告。

经过调查和搜集查阅有关资料鉴定标本等，在反复分析研究的基础上，撰写了技术报告及有关资料。

5. 培养了一批兰花技术人才和兰花爱好者。

兰花调查技术性很强，参加调查的上百人经过外业及内业实践，提高了理论和实际工作能力。课题组参加了第一、二届兰花博览会，湖南参展的兰花在会上受到好评，并获银奖 4 枚，铜奖 7 枚，特别奖 1 枚，并获两届博览会布置奖。与此同时，也出现了一批兰花爱好者，涌现了一批兰花专业户。

三、推广应用情况

边调查研究，边开发利用已初见成效。自课题开展以来，已向日本出口兰花 2 批，实现了湖南兰花出口零的突破，已试销创汇 55000 美元。目前外商看中的兰花品种较多，但由于研究才开始暂无批量生产，需要今后快速培育，使其商品化。

11. 湿地松、火炬松种源试验(协作)

获 奖 时 间：1992 年
主 要 完 成 单 位：湖南省林业科学院(排序第三)
主 要 完 成 人 员：龙应忠 吴际友
奖励类别及等级：林业部科学技术进步奖 二等奖

一、概述

湿地松、火炬松原产美国东南部，为美国南方松中最重要的速生用材树种。湿地松、火炬松具有不同的地理变异，不同的种源、种植在我国不同的气候带与不同的土壤、地形条件下，其生长差异显著，故种子产地即种源的选择对林分生长及其适应性具有重要的作用。随着大量种子进口及大面积开展造林的需要，解决适地、适树、适种源的问题，系统研究其地理变异规律，进行全分布区种源试验，选择出优良种源显得尤为重要。1981 年林业部将湿地松、火炬松种源试验列为重点课题，1982 年又正式列为中美林业科技合作项目，由中国林业科学研究院牵头，湖南省林业科学研究所等单位参与协作，开展湿地松、火炬松全分布区种源试验，在国内 13 个省(区)设立种源试验点 35 个，共造种源试验林 153.3hm^2，并建立了基因库，为树种遗传改良提供了繁殖材料。项目历时 8 年，详细观测记载了林分生长情况，对观测数据进行了统计分析，提出了湿地松、火炬松全分布种源试验结果及其变异规律，为我国南方引进湿地松、火炬松优良种源、提高造林成效提供了科学依据。该研究在国内同类研究中达到先进水平。

二、主要研究成果

1. 早、晚期生长的相关性

湿地松不同种源树高生长从第 1 年起与 2~8 年呈极显著相关，径生长从第 2 年开始与 3~8 年呈极显著相关。火炬松不同种源树高生长第2年开始与3~8年树高生长呈极显著相关，径生长从第4年开始与5~8年呈极显著相关。据美国研究，湿地松8年生与25年生表型相关显著。因此上述试验结果可作为早期选择的依据。

2. 树种遗传改良的选择方向

火炬松不同种源树高与材积生长和立地条件互作显著；湿地松不同种源树高、胸径、材积生长与立地条件互作均不显著。在树种遗传改良上，火炬松首先应在不同地点或气候带选择各自的优良种源，然后再进行林分、单株选择；湿地松可根据试验点的平均表现进行选择，重点放在林分与单株选择上。这对进口种子选择产地、建立种子园的选优至关重要。

3. 适宜发展区域

在南亚热带低丘、岗地及沿海砂地应发展湿地松，在海拔350~500m的低山可发展火炬松；在中亚热带江南丘陵区可发展湿地松与火炬松，四川盆地区以发展火炬松为主，其次为湿地松；在北亚热带低丘、岗地宜发展火炬松。

4. 优良种源

火炬松一般产自美国南部（墨西哥湾）及东部沿海（南卡罗来纳州、佛罗里达州）生长较快，特别是路易斯安那州的利文斯通种源生长更快；而北部、西部种源较耐寒，可在我国火炬松种植边缘地区采用。湿地松不同种源的生长与原产地气候地理因子不存在相关关系，呈随机变异，其优良种源可在佛罗里达州北部、佐治亚州南部选择。

5. 种源的适应性

美国南部的火炬松种源宜在较好的立地上生长，北部种源能适应较差的立地条件。美国东部沿海的湿地松种源在较好立地上能充分发挥其生长优势，南部墨西哥湾地区种源适用于较差立地上。

三、推广应用情况

该项研究成果已列入1990年林业部科技兴林100项推广成果之一，在全国进行推广。20世纪80年代以来，湖南省发展湿地松、火炬松超10万hm²，为全省消灭宜林荒山、实现全面绿化做出了重大贡献。

12. 马尾松第一代无性系种子园研究（协作）

获 奖 时 间：1992年
主要完成单位：湖南省林业科学院（排序第六）
主要完成人员：伍家荣（8）
奖励类别及等级：林业部科学技术进步奖 二等奖

一、概述

"马尾松第一代无性系种子园的研建"是国家"六五""七五"期间的科技攻关项目。由南京林业大学主持，中国林业科学研究院亚热带林业研究所、福建、四川、贵州、广西、湖南5省（区）林业科学研究所及广东省韶关市林业科学研究所、中国林业科学研究院大岗山实验局等单位参加。该项目围绕"优树选择—嫁接建园—生产良种"的目标，抓住建园中的关键性实用技术和有关配套技术的研究，在马尾松第一代无性系种子园的建立技术上达到国际先进水平。

二、主要研究成果

1. 选优

选出优树 4700 株，建立优树搜集区 41.07hm²；营建子代测定林 129.13hm²，良种示范林 78.93hm²；评选出优良家系及亲本无性系 373 个。选用优良家系造林的材积增益达 40%左右，树干通直度的遗传增益 50%左右。种子园混系种子与商品种子相比，其材积增益 20%左右。子代测定方法及标准已纳入有关国家技术标准。

2. 嫁接

突破了嫁接技术难关。采用小砧嫩梢髓心形成层对接法，使成活率由原来的 40%提高到 80%以上。并研究出克服嫁接不亲和、促进接株生长旺盛的诱根嫁接法。

3. 建园

研究出一套马尾松无性系种子园建立技术。园址确定在适生气候区和栽培用种区。优树选择充分利用多层次的遗传变异，在优良种源区的优良林分中选优。纯林、同龄林中选优，采用大树对比法、综合评分法；混交林、异龄林中选优，采用基准线法。选优时抓住胸径、树高及树干通直圆满度等主要性状，对生长量性状要求不必太严，重点应通过子代测定进行遗传型选择。定植可因地制宜采用无性系嫁接苗或园地定砧嫁接相配合，实行建园材料逐步筛选，分期建园，不断提高遗传改良效果，以加速遗传改良进程。

4. 开花习性

系统地研究了马尾松有性繁殖的全过程和种子园无性系的开花习性，提出了有性繁殖时序表，剖析了无性系间花粉质量的遗传差异，为种子园的花粉管理和杂交育种提供了科学依据。

5. 早期选择年龄

研究发现，生长性状的遗传变异主要来源于种源和林分，木材性状变异则主要来源于个体。因此，在对生长性状选择的同时，需加强形质指标选择。通过相关分析，首次提出马尾松生长量和材性早期选择的最佳年龄为 10 年左右。

三、推广应用情况

全国共建立马尾松种子园约 1000hm²。全部投产后，按每公顷产种 37.5kg 计，年产种子 37.5t，可造林 20 万 hm²。并为各地马尾松良种基地建设提供了经验和技术。

13. 银杉、天目铁木普陀鹅耳枥的保存与繁殖研究

获 奖 时 间：1993 年
主要完成单位：湖南省林业科学院
主要完成人员：刘起衔　李锡泉　张灿明
奖励类别及等级：湖南省科学技术进步奖　二等奖

一、概述

银杉是我国特有的第三纪孑遗植物，仅在我国湖南、广西、贵州、四川等省（区）的 8 个孑遗分布区、44 个分布点残存着 1m 以上的植株 1688 株，濒临灭绝，属国家一级重点保护植物。1986 年国家下达了"银杉的保存与繁殖技术研究"重点攻关项目。开展银杉的生态学、生物学、繁殖生物学特性和濒危原因的研究，探索银杉就地保护和异地保护技术，使其尽快解除濒危状态。项目在银杉原产地资兴

市的八面山设立综合研究点，搜集了大量材料，开展气象和物候观测，进行土壤分析，查清了银杉濒危的主要原因。首创了就地"丛播加罩"更新法，使银杉就地保存获得成功；异地保存面积1.47hm^2，成活率达92%。该研究达国内领先水平。

二、主要研究成果

1. 银杉林地的气候和土壤特性

银杉适生的气候环境为：年平均气温为13.5℃，最冷月（1月）平均气温4.1℃，最热月（7月）平均气温22.6℃，绝对最低气温−6.3℃，极端最高气温34℃，年降水量1768mm，相对湿度87%，具有温凉湿润的气候特点。银杉林地土壤为山地黄壤，母岩有板页岩和花岗岩。从土壤剖面观测，枯枝落叶层深厚，腐殖质丰富，但土层浅薄。

2. 银杉的分布和生长特点

八面山的银杉主要分布在脚盆寮、丝毛坪、小桃寮、桃寮、齐檐滴水5个分布点，共572株。分布范围约60hm^2，最大胸径为56cm，最高达25m。分布特点为：①群落结构简单，仅有乔、灌、苔藓三层，没有草本层，组成成分少；②林内植物以小高位芽植物为主，与周围以中高位芽植物为主的常绿阔叶林明显不同；③林下几乎全是第三纪或之前的植物，如新木姜子属、山矾属、冬青属等，而第三纪晚期出现的1年生草本植物几乎没有；④苔藓植物种类繁多，其分布特点与全国各地银杉林地的分布特点相同。

八面山银杉林的特殊性：①伴生植物多属华东区系成分，如南方铁杉、黄山松、鹿角杜鹃、福建柏等；②多分布于山腰以下或"V"形山谷下部，与其他地区银杉分布于山顶、山脊明显不同；③银杉林中多兰科特有植物，有蕙兰、春兰、穿珠石斛、细茎石斛、黑节草等。在银杉林地苔藓层中还发现我国稀有特有植物——铠兰。

3. 银杉濒危的主要原因

银杉濒危除了地质历史这一主要原因外，还有其他原因：人为干扰，动物或病虫危害，自身繁殖力的衰退。银杉结果期迟，18年生以上始花，大小年明显，常隔数年结果一次；种子有后熟作用，但无休眠期，天然下种易丧失发芽力；雌雄同株，但雄球花少，而且开花期比雌球花早10~15天，待雌球花成熟时，花粉已大部分散失，导致花期不遇；花期正值梅雨季节，不利授粉；生长期短，4月下旬抽梢，5月生长最快，8月就基本停止，年生长期仅4个月；萌芽力弱，从未见萌芽植株，扦插几乎不成活。

4. 银杉就地保存的"丛播加罩"更新技术

"丛播加罩"，即每穴播种9粒，加上纱罩。在银杉林地内，采用"丛播加罩"更新法，罩内播种发芽率60%以上，保存率70%。采用这一方法，共完成就地保存5.33hm^2，保存银杉幼苗1089丛，共2885株，每公顷240株以上，更新效果明显。

5. 银杉异地保存技术

通过在资兴市天鹅山林场、安化县拓溪库区两个银杉异地保存点的试验研究，银杉大苗移栽，采用接种菌根、苗木带土、青苔覆盖、杉条护萌、浇水抗旱等技术，成活率可达90%以上。尤其是用4~5年生以上的大苗移栽，生长更好，成活率可达99%。银杉远距离异地成片保存试验研究的成功，填补了这方面的空白。

三、推广应用情况

银杉远距离异地成片保存技术和"丛播加罩"更新技术，以及纱罩覆盖圃地的育苗方法，已在各地推广应用，为银杉从高山走向平原，乃至走向世界提供了新的途径。

14. 武陵山区蕨类植物开发利用研究

获 奖 时 间：1994 年
主要完成单位：湖南省林业科学院（排序第一）
　　　　　　　国营大庸猪石头林场（排序第三）
　　　　　　　龙山县林业科学研究所（排序第五）
主要完成人员：张灿明（1）　蒋丽娟（4）
奖励类别及等级：湖南省科学技术进步奖　二等奖

一、概述

1986 年湖南省林业厅下达"武陵山区蕨类植物的研究"，由湖南省林业科学研究所主持，上海技术师范学院、西南师范大学和省内有关单位参与考察、研究。1988 年被中国科学院纳入"中国野生植物资源的调查与评价"院级"七五"重大项目。武陵山区位于湘、黔、川、鄂交界处。6 年多时间里，项目研究人员对 4 省、41 个县进行了全面、系统的调查，共采得蕨类植物标本 3178 号、23800 份，基本摸清了武陵山区的蕨类植物种类，并进行了区系特点和生态特性的分析，同时对其观赏、食用、药用等开发利用价值进行了研究。该研究在国内居领先水平。

二、主要研究成果

1. 区系分布

（1）科属种的数量组成：武陵山区共有蕨类植物 596 种 25 变种 4 变型，隶属于 45 科 112 属，占我国现有蕨类植物科的 71.4%，属的 49.3%，种的 23.9%。45 科中，优势科为蹄盖蕨科（15 属）、金星蕨科（13 属）、水龙骨科（12 属）、鳞毛蕨科（9 属）。种类最多的科为鳞毛蕨科，有 154 种 4 变种。种类最多的属为鳞毛蕨属，有 47 种。

（2）112 属的分布区类型：世界广布类型 26 属；泛热带分布类型 24 属；旧大陆热带分布类型 7 属；热带亚洲和热带美洲分布类型 2 属；热带亚洲至热带大洋洲分布类型 2 属；热带亚洲至热带非洲分布类型 9 属；亚洲热带、亚热带分布类型 22 属；亚洲温带分布类型 1 属；北温带分布类型 7 属；东亚—北美分布类型 1 属；喜马拉雅—华西分布类型 2 属；东亚分布类型 7 属；中国特有分布类型 2 属。

（3）武陵山区蕨类与其他地区的关系：同各省（区）比较，与湖南共有种最多；同大区域比较，与我国西南山区共有种多；同邻近国家比较，与日本、印度有一定联系。

（4）区系特点：典型的热带—亚热带类型；"耳蕨–鳞毛蕨类植物区系"的腹心地带；过渡特点鲜明；众多的特有类群，在武陵山区的蕨类植物中，中国特有种 260 余个，占区内总种数的 42.8%。

2. 发现新种

在反复研究和查核大量蕨类标本的基础上，发现并命名蕨类植物新种 16 个，新变种 1 个。新种严格按《国际植物命名法规》用拉丁名详细描述，分别发表于《植物分类学报》和我国著名植物学家、学部委员王文采教授主编的《武陵山区维管植物检索表》中。16 个新种 1 个新变种是：湖南凤尾蕨、石门凤尾蕨、武陵瘤足蕨、石门毛蕨、湖南铁线蕨（新变种）、湘黔铁角蕨、永顺毛蕨、湖南假蹄盖蕨、天子山蹄盖蕨、湘西鳞毛蕨、武陵山耳蕨、湘西蹄盖蕨、腺毛角蕨、壶瓶山复叶耳蕨、武陵山复叶耳蕨、圆齿盾蕨、楔基盾蕨。这是蕨类植物研究中的重大突破，对蕨类植物种系发生与演化，以及对植物系统学、植物区系地理学、植物分类学等领域，均具有重要的学术意义。

3. 研究方法具有创新性

克服了简单分类的局限，将分类、检索、分布、区系、生态特性及开发利用相协调，提出了一个完整的解决方案。对武陵山区蕨类植物的生态特性、垂直分布、指示作用做了较系统的分析和总结，为蕨类资源引种、繁殖、栽培提供了科学依据。通过调查筛选出观赏蕨类植物约200种，并根据其株型大小及观赏应用目的分为5类：直立丛生类、蔓生和藤本类、附生或石生类、膜叶类、水生类。搜集药用蕨类近200种，按其功效分为活血止血、消热祛毒，可用于治疗筋骨风湿痛、跌打损伤及妇科类疾病等。挖掘食用蕨类16种。这些研究，融科学性和实用性于一体，既对学术研究有重要的参考价值，又为蕨类资源的开发利用提供了可靠途径；既可应用于生产实践，又可用于教学，具有很大的实用价值。

三、推广应用情况

"武陵山区蕨类植物的研究"有关内容编入了王文采教授主编的《武陵山区维管植物检索表》和祁承经教授主编的《湖南植物名录》。有多篇论文参加国内外学术交流或发表于有关专业学术刊物和研究报告集，引起了学术界的广泛关注。特别是大批蕨类新种的发现，为科学研究、教学增添了新的内容。观赏蕨类的挖掘为观赏园艺植物开发利用打下了良好的物质基础，并在张家界市建立了观赏蕨类引种驯化及繁殖基地。药用蕨类和食用蕨类的研究、开发，扭转了湖南过去30多种蕨类中草药靠外调的被动局面，增加了野生蕨类食用品种，为农村致富、改善人民生活开辟了新的生产门路。

15. 杉木无性系选育（协作）

> 获 奖 时 间：1994 年
> 主要完成单位：湖南省林业科学院等
> 主要完成人员：陈佛寿（2） 许忠坤（4） 程政红
> 获奖类别及等级：林业部科学技术进步奖 二等奖

利用植物的全能性及有关技术，解决了杉木扦插繁殖技术。在利用种源试验及种子园后代测定的基础上，选出育种材料739个，通过正规评比试验，选出优良无性系89个。这批优良无性系大部的试验年龄已超过伐龄的1/3，树高、胸径大于对照1/3以上，材积大于对照一倍以上。并探索了种源、家系、选择强度等的选择效果，证实并提出了一些无性系选育的基本理论。证明杉木在3~4年生时选择有效，正确选择率可达82.9%。研究了不同有性群体无性系繁殖生产后的效果，指出全同胞家系、可靠及半同胞家系转化生产应注意事项，为广泛开展无性系林业提供了应用依据。利用根蘖条作插穗不但可以延缓位置和成熟效应，而且成活率高，苗木质量好。每株可连续利用10年左右，产插穗量逐年提高，3、6年生的繁殖系数1:100；1:500。建采穗圃，促萌、扦插、育苗、造林等已经配套。成果水平居国内领先

16. 赤眼蜂防治马尾松毛虫的利用研究（协作）

> 获 奖 时 间：1994 年
> 主要完成单位：湖南省林业科学院（排序第二）
> 主要完成人员：彭建文（2） 童新旺（4） 周石涓（6）
> 奖励类别及等级：林业部科学技术进步奖 二等奖

一、概述

赤眼蜂是多种农林害虫卵期寄生性天敌。赤眼蜂防治马尾松毛虫的利用研究针对我国赤眼蜂生产

应用中的主要问题，如赤眼蜂种及种型选择、林间释放效果的评价、繁蜂技术、繁殖质量、南方赤眼蜂中间寄主的开发以及野外赤眼蜂大量释放技术等开展了研究，提高了繁殖利用赤眼蜂防治技术，为生产提供了较丰富的科学数据。该项研究总体上居国内领先水平，松毛虫赤眼蜂种下型研究达到国际先进水平。

二、主要研究成果

1. 赤眼蜂的种型

对采自落叶松毛虫卵（内蒙古、吉林）、油松毛虫卵（北京）、赤松毛虫卵（山东）、马尾松毛虫卵（浙江、湖南、广西）、思茅松毛虫卵（云南）5种松毛虫卵内的松毛虫赤眼蜂建立的实验种群的种下型研究，认为这些种群间不存在生殖隔离，避免过寄生能力和对温湿度的反应基本一致，从比较试验可见我国境内寄生于松毛虫的赤眼蜂种群之间生物学相当一致，尚未发展形成种下型。从形态学、生物化学方面的研究结果表明，某些种群间有一定差异。

2. 林间的适宜释放量

林间人工释放赤眼蜂防治马尾松毛虫，在同一害虫卵密度下，防治效果随放蜂量增大而递增；在同一放蜂量下，防治效果随害虫卵块密度增大而递减。林间第一代马尾松毛虫卵块密度在1块/株以下时，每公顷释放15万~60万头蜂量较合适。这比原来每公顷放蜂量150万头节约蜂量90万~135万头，降低成本40%~90%。

3. 种群数量变化规律及其繁殖特性

通过对不同松林类型松毛虫赤眼蜂林间寄生规律及松毛虫赤眼蜂相关因子的研究表明，林间赤眼蜂种群数量一年出现3个高峰，基本上与寄主马尾松毛虫卵期末期相符。在林间，松毛虫赤眼蜂以弱寄生种群存在，但在合适的条件下，其种群能迅速成为强种群。因而林间赤眼蜂种群数量变动幅度呈大起大落之势，难以形成稳定的赤眼蜂种群。对松毛虫赤眼蜂近亲交配现象的研究表明，松毛虫赤眼蜂在柞蚕卵、松毛虫卵等大卵中的近亲交配现象是其种的特性之一。松毛虫赤眼蜂的雌成虫只有交配受精后才能行正常的两性生殖，未交配受精行孤雌生殖。其在寄主卵内交配的时期，最早始于雌蛹发育至脱离蛹包膜后，即能与雄成虫交尾。松毛虫赤眼蜂在寄主卵内的近亲交配，对子代生活力无明显不良影响。

4. 中间寄主卵的保鲜贮存技术

采用JJ—2型静电加速产生高能电子束，对用聚乙烯材料包装，以束流强度30mA，辐射时间88~263s处理的柞蚕卵，在-4℃低温下保鲜89d，寄生率保持在75%~81%，羽化率100%，单卵出蜂数60~63头。对辐射处理的柞蚕卵蛋白质、脂肪、水分、葡萄糖、果糖、蔗糖以及总氨基酸各组分的分析，与对照无明显差异。

5. 松毛虫赤眼蜂的新卵源

通过对4科7种昆虫的饲养筛选和接蜂试验，综合考虑资源条件、经济效益、社会效益，选定马桑蚕为南方松毛虫赤眼蜂新卵源。马桑蚕在湖南年完成3~4代，单雌产142~550粒，与柞蚕卵相比，以每张卵卡有效蜂50万头需卵量计算，每千克马桑蚕卵繁蜂量较柞蚕卵多522万头，繁蜂成本降低12.4%。马桑蚕饲养容易，综合经济价值更高。

6. 多种放蜂新技术

采用直径2.5厘米纸质半球形菊花状放蜂器，每只放蜂器内可装柞蚕卵5~7粒，能羽化出赤眼蜂300~500头。采用运五型飞机放蜂每架次133.3hm²，撒放蜂包26万只，撒幅35~45m，每公顷平均放蜂45万头；遥控模型飞机放蜂每架次6.7hm²，撒放蜂包2万只，撒幅15m，每公顷平均放蜂量60万头。采用这些放蜂技术，赤眼蜂寄生率达22.7%~76.58%（不含自然界其他寄生蜂寄生率），平均

44.91%，较对照区赤眼蜂寄生率提高41.07%。与人工常规放蜂量每公顷75万头蜂相比，提高寄生率18.23%。采用赤眼蜂与平腹小蜂混合放蜂，较单独释放一种蜂的寄生率提高20%~30%。

三、推广应用情况

松毛虫是我国森林的一大害虫。全国每年发生面积200万hm²，浙江、湖南两省每年发生面积达33.3万hm²。用赤眼蜂防治马尾松毛虫，在浙江、湖南20年累计防治面积达25万hm²。利用马桑蚕繁殖赤眼蜂，不仅解决了赤眼蜂的中间寄主卵源，而且有利于促进贫困山区的经济发展。应用飞机释放赤眼蜂，可以大量节省人工放蜂成本，解决山高坡陡难于放蜂的难题。利用赤眼蜂防治马尾松毛虫，推广应用前景广阔。

17. 板栗良种与早实丰产栽培技术推广(协作)

> 获 奖 时 间：1994年
> 主要完成单位：湖南省木本粮油技术推广站
> 　　　　　　　湖南省林业科学院
> 主要完成人员：唐时俊(1) 李昌珠(2) 李冬生(4) 王晓明(5) 李党训(6)
> 奖励类别及等级：湖南省科学技术进步奖 二等奖

一、概述

1988年，湖南省林业厅下达"板栗良种及早实丰产栽培技术推广"项目。将板栗良种选育、早实丰产栽培、良种区域化栽培等方面已取得的成果系统组装、配套进行推广。经过6年的努力，在全省不同地理区域、不同生态环境的石门、临澧、临湘、桂东、桂阳、吉首等地建立丰产示范林300hm²；在板栗重点产区建立联系点6个、面积326.67hm²，相对集中成片的板栗商品基地18个、面积约500hm²，良种采穗圃200hm²。示范林造林后第四年每公顷产量1436.7~3135kg，平均2361.9kg。还向省内外提供良种接穗超过300t，良种嫁接苗1亿多株。该项研究居国内同类推广项目领先水平。

二、成果主要内容

1. 推广优良品种

选择铁粒头、九家种、青扎、黏底板、石丰、陀栗、结板栗等品种作为推广良种。这些良种具有早实、丰产、优质、适应性强等特点。在试验和推广中，铁粒头综合性状表现最为突出，推广的面积最大，约占栽培总面积的50%。其他品种的经济性状各有其突出的表现。

2. 建立良种采穗圃

(1)纯采穗圃：先栽植实生砧苗(2m×2m)，待地径粗3~4cm时，按小区布置品种，进行多头多位嫁接。经1~2年整形修剪，造成多主枝丛状树形，3年后即可大量采穗。

(2)丰产、采穗两用型：分小区安排品种，按丰产园的要求整地、整形修剪和管理，同时兼顾采穗。

3. 完善了"三刀法、长削面"嫁接新技术

要点是：将常规方法中接穗削二刀、只有一个愈合面的操作方法改成削三刀，形成三个愈合面，并适当延长削面的长度。提高了嫁接成活率。据调查，采用这一新方法嫁接，砧穗间3~5d形成愈伤组织，7~10d分化出输导组织，比常规方法提前3~4d。新的嫁接方法还具有可嫁接的时间长、操作简便、易掌握、速度快等特点。熟练的嫁接手每工日可接1200~1600株，最高可达2100株。每嫁接万株苗木可节约穗条15~20kg，塑料膜1~2kg。

4. 推广早实丰产栽培技术

（1）合理密植：栽植密度为 2m×3m、3m×4m、4m×4m。土壤条件好，坡度小，适当稀植，反之适当密植。

（2）配置授粉品种：板栗是异花授粉为主的果树，自花授粉结实率仅 10% 左右，配置授粉品种可提高结实率 30%~60%，降低空苞，提高产量。授粉品种约占 1/5。

（3）培养丰产树形：丰产树形主要有两层形和延迟开心形。直立性强的品种如九家种适宜造两层形；主干不明显，树冠开张的品种难以培育出两层形，可选延迟开心形或开心形，如黏底板品种。

（4）适时摘心、抹芽：当枝梢生长到一定的长度，摘除幼嫩顶端（约 0.5cm）和抹去过多的侧芽。在幼树栽植后 1~3 年，按整形的要求于 4~10 月摘心、抹芽 3~4 次；4~5 年根据枝条生长状况摘心、抹芽 2~3 次。

（5）秋季短截和吊枝：10 月中、下旬板栗落叶前，对营养枝视其生长势的强弱截去顶端 1/3~2/5，可促进剪口以下数个叶芽发育充实成为混合芽，翌年增加果枝数和果数。在芽萌动前对生长势过强的直立生长枝，用绳索吊成斜生、水平或下垂，亦可取得同样的效果。

（6）土壤及肥水管理：板栗是深根性并具有内生菌根的果树。丰产林对土壤的要求是深 50cm 以上的砂质壤土，且透水性好，含有机质 1.5% 以上，pH 值 5.5~6.5。整地要深耕、大穴，穴的规格为 80cm×80cm×70cm。整地后施基肥，每穴施钙镁磷 0.5~1kg 或绿肥（或干稻草）2.5kg。栽植后，每年中耕抚育 1~2 次。并适时施肥。

（7）抓好病虫害防治：危害板栗较严重的病虫害有桃蛀螟、栗实象鼻虫、栗瘿蜂、栗大蚜、茶色金龟子及栗疫病。可通过加强管理，提高树体对病虫害的抵抗能力，同时及时喷药，控制病情蔓延，并结合冬季修剪，清除病源。

5. 创新工作方法

在推广工作中，实行行政部门与科研部门相结合。行政部门负责协调，科研部门负责技术指导，基层单位具体实施，充分发挥了各自的优势。项目采取合同制管理，明确各方的责、权、利，并建立相应的监督、检查机制。在工作方法上做到点面结合，抓点带面。还通过办技术培训班，提供技术资料、技术咨询等形式，普及良种及早实丰产栽培技术。

三、推广应用情况

该项目紧密结合科研生产，在省内推广面积达 2.33 万 hm²，并辐射到湖北、贵州、四川、广西、江西等 11 个省（区），面积 3.33 万公顷。抓好板栗良种及早实丰产栽培技术的推广，对湖南省林业结构调整，加速丘岗山地开发将起到积极推动作用。

18. 杉木优良家系推广应用（协作）

获 奖 时 间：1994 年
主 要 完 成 单 位：湖南省林业科学院（排序第五）
主 要 研 究 人 员：程政红（5）
奖 励 类 别 及 等 级：湖南省科学技术进步奖 二等奖

一、概述

怀化地区是我国杉木的重点产区，年造林面积 2 万 hm² 以上，约占全区人工林面积的 50%。为了筛选出适宜该地区的杉木优良家系，1984 年，本研究对省林业科学研究所和靖州县排牙山林场共同选育出来的 11 个杉木优良家系，采用种子园混系种和商品用种苗木作对照，在该地区北部、中部和南部选择有代表性的沅陵县齐眉界林场、怀化地区林业科学研究所和靖州县排牙山林场，统一方案和材料营造试验林 20hm²。经过 10 年的试验观测和统计分析，选择出 10 个杉木优良家系，在全区大面积推广，有效地提高了良种应用水平和经济效益。该项研究居国内领先水平，对怀化地区乃至全国的杉木速生丰产具有重要指导意义。

二、主要研究成果

1. 选择出适宜在怀化地区推广的杉木优良家系

参加区域试验的 11 个优良家系 10 年生平均单株材积达 0.0606m³，与对照相比，材积平均增产率为 42.6%，遗传增益为 22.6%；最高增产率为 60.7%，遗传增益为 32.2%；除 30 号家系材积增产率只有 14.6%、遗传增益 7.7% 外，其余 10 个家系的材积增产率、遗传增益都分别在 38.5% 以上和 19% 以上。

根据参试优良家系的材积增产率、遗传增益和在各试验地点的表现，划分成高增益广普型、高增益选择型、增益不稳定型 3 个类型。广普型的有 31、40、35、23 号 4 个家系，其材积在 3 个试验地点都增产 40%、遗传增益 25% 以上，可以在各地推广；选择型的有 22、44、16、32、20、18 号 6 个家系，其生长情况在各试验点表现不尽相同，如 32 号、22 号在沅陵县材积增产 68% 以上，16 号、40 号在怀化市增产 42% 以上，20 号、16 号、44 号、22 号在靖州县增产 40.3%~62.1%，这些家系可以根据其表现分别在怀化地区北部、中部、南部及类似地区推广；增益不稳定型的 30 号不宜大面积推广。

经过区域试验，证明靖州县第一代杉木种子园子代鉴定中选择的半同胞家系优良型 16、23、31、25、40 号，除 16 号增产效益不明显外，其余都属高增益广普型优良家系，与原鉴定结论相符，可在相应地区推广。这为第一代半同胞家系种子园种子的推广应用提供了科学依据。

2. 推广效果显著

采取试验、示范、推广同步进行的方法，加快了优良家系的推广应用。在试验研究阶段，利用优良家系种子培育苗木近 200 万株，促进了杉木速生丰产林基地建设。还对优良家系实行无性化扩大利用，在沅陵县、通道县和地区林业科学研究所新建培萌圃 2.07hm²，年产无性系苗 50 万株，造林 166.7hm²。经过多年的连续推广，项目共营造试验林 20hm²，推广示范林 166.7hm²，大面积推广优良家系造林 8100hm²。同时，还向贵州、广西、广东、浙江等南方省（区）提供优良家系种子 2.1t、优良家系苗 100 多万株，促进了邻近省（区）的杉木良种推广工作。

19. 火炬松、湿地松丰产栽培技术的研究

获 奖 时 间：1995 年

主要完成单位：湖南省林业科学院　鼎城区林业局　湘潭县林业局
　　　　　　　湘乡市林业局攸县林业局

主要完成人员：龙应忠（1）　吴际友（2）　童方平（3）　胡蝶梦（4）
　　　　　　　郭光复（6）　余格非（8）　艾文胜（9）　周劲松（10）

奖励类别及等级：湖南省科学技术进步奖　二等奖

一、概述

该项研究是国家"七五""八五"科技攻关课题"国外松（湿地松、火炬松、加勒比松）速生丰产技术的研究""湿地松、火炬松纸浆与建筑材优化栽培模式的研究"中的子专题。该项研究在国内同类研究

中达到领先水平。

二、主要研究成果

1. 栽培区划

以湖南省的水、热条件作为栽培区划的依据，严格按照区划的基本原则，将全省湿地松栽培区划分为3个大区、7个亚区、4个海拔垂直带，并划分了5个立地类型区。

（1）水平区划系统。Ⅰ：湘中低丘岗地最适宜区（Ⅰ₁：湘江流域、洞庭湖南部低丘岗地亚区；Ⅰ₂：涟邵盆地低丘亚区；Ⅰ₃：雪峰山东坡、南岭北坡丘陵亚区）。Ⅱ：洞庭湖环湖地区低丘岗地、南岭山地丘陵适宜区（Ⅱ₁：洞庭湖环湖地区低丘岗地亚区；Ⅱ₂：南岭山地丘陵亚区）。Ⅲ：雪峰山西坡、湘西丘陵较适宜区（Ⅲ₁：雪峰山西坡丘陵亚区；Ⅲ₂：湘西丘陵亚区）。

（2）垂直区划系统。Ⅰ：海拔100~179m为最适宜带。Ⅱ：海拔50~99m和海拔180~319m为适宜带。Ⅲ：海拔320~449m为较适宜带。Ⅳ：海拔450m以上为不适宜带。

（3）立地类型区划系统。Ⅰ：洞庭湖环湖立地类型区。Ⅱ：湘东流域、洞庭湖南部立地类型区。Ⅲ：涟邵盆地立地类型区。Ⅳ：雪峰山东坡、幕阜山立地类型区。Ⅴ：南岭北坡、雪峰山西坡立地类型区。

2. 以树种及良种为核心的丰产栽培配套技术体系

（1）择地择树造林。湿地松、火炬松丰产的立地母岩类型是：板页岩、四纪红土、砂砾岩、紫色砂岩、石灰岩（花岗岩、片麻岩不宜）；有效土层厚度60cm以上，紫色页岩、石灰岩发育的土壤，其土层应在1m以上；坡位中下部。坡向可不予考虑。

（2）良种及苗木选择。①种源丰产效益。湿地松5个优良种源的材积生长量增产16%~46%；火炬松9个优良种源的材积生长量增产12%~22%。②家系丰产林效益。湿地松单亲家系平均比对照（进口商品种子）材积生长量增产24.5%，最优家系0-1027增产达70.3%。③壮苗造林丰产效益。6年生林分材积生长量，一、二级混合苗造林比三级苗造林的增产22.4%。

（3）因地制宜整地。提出了带垦后挖穴、或直接挖穴的造林技术，大、中、小穴的标准分别为60cm×60cm×50cm、50cm×50cm×40cm、40cm×40cm×30cm。在高立地上采用小穴整地，在中立地上采用中穴整地，在立地条件较差的林地可采用大穴整地。

（4）根据树种和经营目标确定适宜的初植密度。湿地松、火炬松造林的初植密度以2m×3m、2.5m×2.5m、2m×2.5m、2m×2m为宜，其中湿地松密度可偏小，火炬松密度可偏大。

（5）因地因树适时适量施肥。在红壤上以磷肥作基肥（0.5~1.0kg/株），以氮、磷肥为追肥（0.5~1.0kg/株，每4年追肥一次）。

（6）精心栽植，及时抚育与间伐。造林后应连续3年进行浅垦除草，每年2次，一般以带垦为好，不宜全垦。垦复深度10cm左右，不宜深挖垦复，以免损伤根系。林地内一般不宜间种农作物。

（7）防治病虫害。湿地松、火炬松均有松毛虫危害。当松毛虫大发生时，用高效白僵菌高孢粉防治。火炬松幼树受害严重时，应随时剪去虫枝烧毁。病害有枯梢病、丛枝病及流脂病。火炬松的枯梢病较湿地松重，湿地松的流脂病较火炬松重。枯梢病一年发病两次，即4~5月与7~8月，发病期间用百菌清烟雾剂熏杀有效。

三、推广应用情况

结合工程造林，该成果已在湖南省及周边地区推广2万多hm²，产生了显著的社会、生态和经济效益。

20. 防护林类型生产力防护能力及其选择技术研究

获 奖 时 间：1995 年

主要完成单位：湖南省林业科学院　湖南省营林局　湖南省气象研究中心
　　　　　　　隆回县林业局　安化县林业局

主要完成人员：袁正科(1)　吴建平(2)　田育新(4)　张灿明(6)
　　　　　　　唐水红(7)　杨　红(8)　周　刚(9)　付绍春(10)

奖励类别及等级：湖南省科学技术进步奖　二等奖

一、概述

该研究为国家"八五"科技攻关项目，重点研究长江中上游(湖南段)的防护林类型生产力、防护能力及其选择技术。从 1991 年开始，经过 4 年的努力，共研究了 22 个典型的防护林类型生态经济特性的结构组成。全面系统地研究了防护林类型生产力、防护能力及其选择技术，建立了适应防护林 6 个技术指标的判别方程，5 个防护能力的多元线型回归方程，并找出了影响生产力和防护功能的限制因子及作用大小排序。该研究居国内同类研究领先水平，在防护林类型的防护功能的分析与评价方面达到国际先进水平。

二、主要研究成果

1. 防护林类型的生态经济特性

该研究采用系统聚类的方法选用了 22 个防护林类型，并通过对 73 个特征值进行筛选，选出 19 个特征值(林分部分 7 个特征、林地土壤部分 12 个特征)。将 22 个防护林类型分成 8 个类型组合群，其中林分类型和林地土壤类型各为 4 个。

针对 22 个防护林类型林分结构特性和土壤结构特性的聚类分析，提出了 2 个高产型综合模式，即中偏高肥力(肥力等级 5~6)、中植物多样性指数(PIE0.73)、多层(3.8)、中盖度(0.87)类型；中肥力(肥力等级 5)、中植物多样性指数(PIE0.74)、多层(3.3)、高盖度(0.96)类型。

2. 现有防护林类型

防护林类型生产力的构成非常复杂，8 个组合类型的生产力变幅在 5.686~8.004t/(hm² · 年)之间，平均生产力为 6.48t/(hm² · 年)，经统计分析，22 个防护林类型的生产力呈正态分布，中产型多、高产型少、低产型次少。高产型防护林类型有枫香、杜英-乌药-淡竹叶+石灰岩红壤类型，马尾松-檵木-狗脊+砂质板岩红壤类型，油茶-假俭草+石灰岩石灰土类型，木荷-木荷(更新层为灌木)+砂质板岩红壤类型 4 个类型，占 22 个防护林类型的 18.18%。

3. 防护林林地土壤的抗冲抗蚀能力

该研究以土壤大团聚体、土壤水稳性指数反映林地土壤抗冲能力，用土壤入渗系数反映林地土壤抗蚀性，用人工降雨模拟测定土壤侵蚀量、径流量和产流时间。建立了渗透系数和水稳性多元线性回归 2 个预测方程。找出了影响不同防护林类型林地抗冲能力和抗蚀能力的主要因子及其对抗冲抗蚀作用的大小排序。

4. 防护林类型在不同降雨强度下林地地表径流的变化规律及差异性

人工降雨的模拟试验中，在 1.4mm/min(降雨 3min)、5.3mm/min(降雨 2min)和 12.1mm/min(降雨 1min)3 个降雨强度下，不同防护林类型林地产流时间比为 1.00：0.20：0.13，径流量比为 1.00：4.46：6.41，泥沙流失量比为 1.00：4.89：8.69。在降雨强度为 12.1mm/min 时，土壤侵蚀量小于

$1t/hm^2$ 的防护林类型有 8 个类型。防护林必须通过林分和林地土壤两个部分来共同发挥其水土保持能力。

5. 防护林涵养水源的能力

影响林分截持水量的因子是：层次数、乔层树种组成和树种特性、灌层及草层结构和苔藓层。22 个防护林林地土壤，有效贮水量平均为 89.74mm（$897.4t/hm^2$）；全蓄水量为 386.18mm（$3861.8 t/hm^2$）。不同防护林类型林地土壤贮水量差异较大。

6. 不同经营目标上的防护林类型选择技术

针对防护林类型林地土壤渗透能力的选择、水稳性指数选择、有效贮水能力选择、全蓄水能力选择、林分持水能力的选择和防护林生产力的选择等分别建立 15 个判别方程。据此，可以选择符合经营目标的防护林类型。

三、推广应用情况

防护林类型是防护林体系的最基本单元，其结构合理与否，直接影响到防护林体系的结构优劣。该成果应用后可使林分年平均生物量增加 30%~40%（每年 $2~3t/hm^2$），防护能力增加 50%~100%（每次贮水 $300~600t/hm^2$、保土 $10~15t/hm^2$）。

21. 湖南植被研究（协作）

获 奖 时 间：1995 年
主 要 完 成 单 位：湖南省林业科学院（排序第二）
主 要 完 成 人 员：袁正科（4）
奖励类型及等级：湖南省科学技术进步奖 二等奖

一、概述

"湖南植被研究"，起始于 20 世纪 50 年代中期，迄于 90 年代，历经 30 余年。工作范围遍及湖南山地、丘陵和湖区，采集标本 5 万余号，调查植被样地面积超过 20 万 m^2，积累了丰富的素材和数据。1987 年由省科学技术委员会立项。1990 年由祁承经教授主编，省科学技术出版社出版了专著《湖南植被》，全书 67.2 万字，分 4 篇 20 章。《湖南植被》根据植被科学理论，按植被与自然环境的关系和植被基本性质、植被类型分类、植被区划以及植被合理利用等进行了全面的论述、分析和总结。这不仅为湖南植被合理开发、利用及保护提供了重要依据和基本资料，对农林生产、生态和环境建设具有重要指导价值，而且是农林、生物、环保教育方面的一部教科书。该研究（专著）达到国内同类研究的先进水平。

二、主要内容

1. 总论

阐明了影响湖南植被，诸如地质地貌、气候、土壤等自然地理条件，以及植被的演变与发展，人类生产活动对植被的影响。论述了湖南植物区系性质。根据湖南维管束植物名录统计，全省植物有 248 科 1245 属（土著属 1119 属）4320 种（含 327 变种），分别占国产科、属、种总数的 70.3%、39.1%、14.7%。其中木本植物 2217 种（含 220 变种），占国产种总数的 25%。湖南植物区系的特点是：①区系成分复杂，来源于多种地理分布类型；②东西南北地理成分混杂、汇集和过渡；③区系历史古老、残遗种类丰富，在 Schuster 所列的世界 19 个木本双子叶植物原始科中，中国有 10 科，湖南有 9 科；④东亚（中国）特有成分多，具有突出的地方特征，据已知的资料，湖南特有属有舌唇苣苔、喜雨草、湖南参 3 属，湖南特有种或邻省毗邻山地共有的特有种约 100 种。同时，该研究还从植被地理分的"三向性"，即纬度地带性、经度差异性和垂直地带性分别论述其变化规律。

2. 植被类型

植被是覆盖在地球表面的所有天然植物群落和栽培植物群落的总称。湖南的自然植被类型具体可分为5个植被型组、12个植被型、65个群系组、146个群系。

3. 植被分区

是在植被分类研究的基础上，把各地域的不同植被，结合它们形成的生态因素，按照植被类型的地理分布和空间组合规律及其成因，划分为若干植被地理区域。根据植被分区的原则和依据，将湖南植被划分为2个植被亚地带、5个植被区、18个植被小区。并对每个植被区和小区的植被现状、特点、存在问题和利用以及发展方向分别作了详细论述。

4. 植被利用与保护

这部分的内容包括5个方面：森林植被的合理利用和林业的发展；农业生态环境的保护和建设；湖区水域洲滩植被的利用和生态治理；植物资源的合理利用与保护；自然保护区与珍稀、濒危植物。就森林植被的管理和利用提出如下具体措施：

(1)建立发达的、综合性的林业，加强防护林、薪炭林、自然保护区和森林公园建设。

(2)利用天然植被演替规律，促进森林的天然更新和混交林的形成。大力开展封山育林，辅以人工抚育改造，基本组成以马尾松和栎类(包括栲、槠、柯类)为主，即松栎(栲、槠、柯)混交林。这应成为湖南山地主要森林类型。

(3)模拟森林的空间结构，实现森林多层次的开发和利用，力求做到经营的森林有合理的结构，推广农林、林牧、林茶(叶)、林油、林经、林果、林药等相结合的模式，充分利用生态系统的光、热、水和土壤养分，做到长短结合，主副产品协调发展。为了抢救珍稀濒危动植物，应加强自然保护区的建立和管理。同时，该项研究还对农业生态环境建设，水域、洲滩植被和整个植物资源的利用、保护，提出了具体措施。

三、推广应用前景

该成果虽以基础理论为主，但具有多方面的应用价值。植物区系分析和植被分布的地理规律可为植物开发利用和农林区划及生产布局提供理论依据；植被类型分类和划分可为林业经营、混交林营造、天然林抚育和改造提供模式；植被区系可为湖南自然综合区划、农林区划、因地制宜发展大农业生产提供参考；植被利用为湖南农业生产建设、植被资源开发利用、自然保护区建设提供依据和资料；同时也是大专院校有关专业和有关研究单位重要的参考文献。

22. 用材林速生丰产综合技术推广应用(协作)

> 获 奖 时 间：1995 年
> 主要完成单位：湖南省林业科学院(排序第二)
> 主要完成人员：陈佛寿(4)
> 奖励类别及等级：湖南省科学技术进步奖　二等奖

一、概述

1990 年经林业部批准，湖南列入世行项目建设重点省(区)之一，项目总投资为 21 388.9 万元人民币。全省 28 个县(市)被列入项目，面积 9 万 hm²。经过 4 年的努力，高标准营造速生丰产用材林 108 671hm²。其中：杉木 55864hm²，马尾松 8715hm²，湿地松 25035hm²，杨树 7755hm²，阔叶树 11302hm^2。

二、主要技术和措施

1. 技术要点

（1）立地控制。根据适地适树、定向培育的原则，按照地貌特征，项目区划分为洞庭湖片、湘西南片、湘东片。洞庭湖片主要规划杨树、湿地松，定向培育纤维材、胶合板材；湘西南片主要规划杉木、马尾松，定向培育大径级用材、建筑材、矿柱材和纤维材；湘东片主要规划湿地松，定向培育建筑材和矿柱材、纤维材。

（2）苗木质量控制。①精选良种。杉木使用会同、靖州等种子园种子；马尾松使用汝城优良种源区优良林分母树林种子；湿地松使用美国进口良种或广东台山、湖南汨罗市桃林种子园种子；大面积推广优良无性系造林。杉木营造优良无性系 1238.1hm^2；杨树无性系造林 4560 公顷。②培育壮苗。控制播种量和苗木密度：杉木 2.5～3.0kg/亩，密度 90～100 株/m^2；马尾松 3.5～4.0kg/亩，密度 100～120 株/m^2；湿地松 1.5～2.0kg/亩，密度 55～60 株/m^2（芽苗截根移栽 35～40 株/m^2）；杨树扦插 2000 株/亩。③推广育苗新技术。推广使用马尾松富根壮苗技术、"舒根型培育器"育苗技术。④坚持一级苗造林，一级苗使用率均达到 96% 以上。

（3）造林密度控制。根据《湖南省造林技术规程》和杉木、马尾松、湿地松丰产林标准，按照立地指数、定向培育目标确定初植密度。

主要造林树种造林密度模型表

培育目标	树　种	立地指数	苗　木	初植密度（株/hm^2）
建筑材(大)	杉　木	18	Ⅰ级	2500
建筑材(中)	杉　木	16	Ⅰ级	3000
建筑材(小)	杉　木	14	Ⅰ级	3600
纤　维　材	马尾松	14	Ⅰ级	3600
矿柱材	马尾松	16	Ⅰ级	3000
建　筑　材	湿地松	18	Ⅰ级	1350
矿　柱　材	湿地松	16	Ⅰ级	1650
纤　维　材	湿地松	14	Ⅰ级	2000
胶合板材	杨　树	18	Ⅰ级	300
胶合板材	杨　树	16	Ⅰ级	420

（4）大面积林地施肥，维护与提高土壤肥力，促进林木速生丰产。

（5）环境保护措施控制，防止水土流失，保护生物的多样性。①沿等高线整地，呈"品"字形挖穴。②全垦整地造林只允许在平原和 15°以下的缓坡地进行，15°以上采用带状或穴状整地。③适当保留陡坡地带容易发生水土流失地段的自然植被，保留零星的阔叶树，形成针阔镶嵌结构。④进行环境保护监测。

2. 主要措施

（1）组织管理。以项目办公室为依托，建立省、县科技推广体系，负责科技推广、技术培训、环保监测等工作。围绕推广 21 项科技成果，省级举办了培训班 17 期，培训技术骨干 760 人次；县级举办培训班 238 期，培训人员 10340 人次。

（2）工程管理。①采用"图、表、书"三位一体造林作业设计方法。世行项目造林采用以小班设计，以片成图，以造林单位编制作业设计说明书。②建立工程质量监测体系，实行合格小班"报账制"。③建立科学化、规范化的小班经营档案管理制度。编制竣工小班一览表，建立"国家造林项目信息系统"，设立了4个系统、8个数据库。

（3）财务管理。①建立"以政府负责、财政担保、林业部门承办、法人还贷、现有林木资产作抵押"的双层管理责任制。②造林单位以国营林场、县乡联营林场、乡村林场为依托签订合同，落实债权债务。③合理使用资金，坚持"九不报"（账），做到审查账务、工程验收、报账单据三者结合。④完善"抵押林"制度，建立了还贷准备金制度的方案。

三、生长情况测定结果

测定结果见下表：

3年生幼林高生长对比表

项　目	杉木（m）	湿地松（m）	马尾松（m）	杨树（m）	数据来源
世行项目林	2.43	2.32	1.65	10.6	抽查两年平均数据
一般丰产林	1.66	1.68	1.29	9.5	随机调查数据
部颁指标	1.50	2.20	1.40	9.8	部颁标准

四、效益分析

1. 经济效益

世行项目林：①主伐时，杉木、湿地松、马尾松、杨树、阔叶树，累计生产木材1462.8万m³，产值48.94亿元。②在经营期内，薪材收入2.15亿元。③在林木主伐前两年，湿地松、马尾松采脂收入7173万元。综合以上项目总产值为51.81亿元，扣除项目投资2.14亿元，经营期管护费1.05亿元，建设期贷款利息0.85亿元，共计4.04亿元，项目净产值47.77亿元，是总投资的11.8倍。

2. 生态效益

世行项目林建设，使项目区森林覆盖率提高1.8%，对改善造林地区的自然条件，保持水土、涵养水源、改善小气候和生活环境、促进农业生产发展将起到一定的作用。

3. 社会效益

通过项目的实施，促进了速生丰产林的发展，促进了科技兴林的进程，促进了整个林业管理水平的提高，促进了林业的对外开放。1994年6月，世界银行又批准贷款2亿美元，建设"森林资源发展和保护项目"，安排湖南1098万美元，用于18个县营建4万公顷速生丰产用材林。项目资金的投入，加快了"五年消灭宜林荒山、十年绿化湖南"的步伐，有利于林业产业结构的调整，为农村致富开辟了新的途径。

23. 湿地松人工林经营技术模拟系统研究与应用（协作）

获 奖 时 间：1995年

主要完成单位：湖南省林业科学院等

主要完成人员：龙应忠（6）

奖励类别及等级：广东省科学技术进步奖　二等奖

（略）

24. 湿地松一代去劣种子园建立与经营管理技术研究

获 奖 时 间：1996 年

主要完成单位：湖南省林业科学院
 汨罗市桃林林场

主要完成人员：龙应忠(2) 吴际友(5) 胡蝶梦(6) 郭光复(9) 童方平(10)

奖励类别及等级：湖南省科学技术进步奖 二等奖

一、概述

该项研究最早是"五五"初期由湖南省林业厅下达的课题，1983 年起列入"六五"及"七五"国家科技攻关项目。历时 16 年。主要开展湿地松一代去劣种子园建立与经营管理技术，包括园址选择、无性系选择、嫁接技术、土壤管理、树体管理、栽培密度管理、无性系管理、病虫害防治等的研究。共嫁接建立种子园 74.5hm²，嫁接无性系 131 个。最高产量达 4.5kg/亩。该研究达到国内同类研究先进水平。

二、主要研究成果

1. 园址选择与规划设计

提出了建立湿地松种子园的适宜气候带为北纬 31°以南，年平均温度不低于 16℃。

2. 优良无性系选择与嫁接技术

优树的选择采用邻近 4 个无性系对比法(在红岭种子园进行)。即在全园踏查的基础上，将预选的优株与邻近的 4 个无性系最优单株作比较，用目测评判形质指标，用实测衡量生长和结实差异。

嫁接技术：①接穗的采集、运输与贮藏。湿地松开花结实的位置效应很明显，一般成年母树雌花大都开在树冠中上部，雄花在树冠中下部。②嫁接及接后管理。影响嫁接成活率的 3 个关键性因素是：形成层与接穗接触面的大小；嫁接后的接穗外部的水湿条件；砧木对接穗的营养供给条件。据此，项目组创造了"嫩梢撕皮嵌接法"，保留接穗以下砧木的 1 或 2 盘底盘枝。待接穗成活抽梢后，解去薄膜罩，生长到 10cm 以上时，再断砧，但仍保留底盘枝，以保持嫁接的植株养分平衡，断砧半年以后解绑。按此法嫁接，成活率可达 95%以上。

3. 遗传改良疏伐技术

根据子代测定(树高、胸径、材积)结果，对种子园的无性系进行去劣留优，使第一代种子园改建成一代去劣种子园。经过 4 次遗传改良疏伐，全园 131 个优良无性系被伐去 38 个，淘汰率为 29%。

4. 种子园经营管理技术

(1)树体管理技术。即人工控制使其成为所需要的树型，以扩大结实层和便于采种。

(2)土壤管理技术。采用撩壕抚育、种植绿肥、埋青施肥和客土等办法。并在前 5 年每年对林地进行两次全垦深挖。

(3)水肥管理技术。结合撩壕抚育施入复合肥(0.5~1.0kg/株、饼肥 5~10kg/株)，利用壕沟蓄积天然雨水供给母树生长的同时，设置了水肥渗灌系统，在 7~8 月应对种子园实行水肥渗灌，以提高种子产量。

(4)花粉管理技术。采人工辅助授粉技术，包括喷粉器法和鼓风机法。

(5)防治病虫害。对感病的接株应及时伐除。用敌百虫或溴氰菊酯喷雾，杀虫效果良好。

5. 无性系生长与结实的遗传变异

（1）无性系生长量。无性系嫁接后即可萌发新梢，当年一般高生长 50cm，最高可达 90cm。嫁接后第二年至第五年是高生长的高峰期，一般年均高生长 100cm，最高可达 180cm。

（2）开花习性。嫁接后第二年即有少数植株开雌花但无雄花，第三年才有少量雄花。一般到 8 年生后，雄花才逐年增多，12 年后雄花才能满足授粉需要。湿地松无性系植株在夏季形成花原基，11 月份雄花现蕾，3 月份撒粉，雌花于 2 月中旬开始现蕾，3 月份开鳞。

（3）无性系结实量的遗传差异。各无性系的结实性状，既有稳定性又有变异性。有的无性系产量稳定，与年度的交互作用不明显；有的无性系则存在明显的间隔性，大小年明显。

（4）环境对结实的影响。光照条件、土壤条件、水肥条件等环境对结实有显著影响。

三、推广应用情况

该项成果已在湖南省湿地松种子园建设中全面推广应用，效果显著。

25. 湖南省杉木建筑材优化栽培模式研究

获 奖 时 间：1996 年
主要完成单位：湖南省林业科学院
　　　　　　　绥宁县堡子岭林场绥宁县林业局　江华县林业采育场
主要完成人员：贺果山(1)　陈 孝(2)　陈佛寿(3)　程政红(4)
　　　　　　　侯伯鑫(7)　许忠坤(8)　徐清乾(10)
奖励类别及等级：湖南省科学技术进步奖　二等奖

一、概述

"湖南省杉木建筑材优化栽培模式的研究"是"八五"期间国家科技攻关"杉木建筑材优化栽培模式的研究"项目的子专题得到了"七五"和"八五"两个五年计划的连续资助。项目以定向培育杉木建筑材速生丰产为目的，进行以良种为主的经营措施及整地方式、抚育次数、苗木分级造林等试验。共营造试验示范林 110.9hm²，幼林培育 30hm²，调查标准地 750 块。研究在不同立地条件下，各种营林技术在一个轮伐期内影响林分生长的过程，构建了林分生长与收获等综合性模型。经生长量与经济效益评估，评选出不同立地条件下的杉木优化栽培模式。该研究达到国内同类研究领先水平。

二、主要研究成果

1. 杉木人工林生长和收获模型

以样地材料和试验结果为分析基础，根据杉木人工林生长过程，研究得出林分群体生长与收获模型系统，包括：林分优势高生长模型，林分平均高生长模型，优良家系与无性系树高生长修正函数，林分株数自然发展过程，林分结构模型，林分平均直径生长模型，林分径阶树高模型，出材量模型。这些模型，为科学经营杉木林提供了重要依据。

2. 栽培技术与杉木生长的关系

（1）整地方式对树高与胸径生长的影响。说明整地方式对树高生长影响主要表现在早期，并随着树龄增长而逐渐缩小。在较差的立地条件下更能发挥整地方式对改良立地条件的效应。

（2）施肥对林木生长的影响。在施肥试验的 16 个处理中，3 年以后树高大于对照的仅有 4 个处理平均大于对照 1.16%。胸径大于对照的仅有 3 个处理，平均大于对照 25.5%。

（3）抚育强度对幼林生长的影响。不同的抚育措施，其树高生长差异显著。每年锄抚3次效果最佳，其余依次呈递减趋势。杉木的幼林抚育应因地制宜，一般在造林当年锄抚3次，第二年锄抚2次，第三、四年每年刀抚2次，即能达到速生丰产的目的。

（4）不同营林措施的林分生长量分析。对4种栽培措施的6年生幼林生长进行调查，采用良种、大穴、施肥、深抚综合栽培措施，树高、胸径、材积分别比对照提高7.69%、8.15%、24.69%。

（5）覆穴对造林成活率的影响。①覆穴时间：雨后覆穴的每株有侧根2~6根，根系长2.5~6cm；②表土回穴：覆穴时应注意表土回穴，充分利用土壤的自然肥力。

（6）良种和苗木级别对林木生长的影响。①无性系与实生林生长量比较：4年生无性系林的树高、胸径、材积平均值分别比实生林大5.1%、6.47%、19.8%；②优良家系与种源林生长比较：6年生优良家系林的平均树高、胸径、材积比后者大4.24%、9.29%、23.36%；③苗木分级造林对幼林生长的影响：通过苗木分级、百株重、苗木株型试验6年的观测：苗木分级造林，胸径相差6%，树高相差9.8%，材积相差14.2%。

3. 不同立地条件下的杉木优化栽培模式

根据不同立地条件下的杉木人工林生长规律，以良种和立地条件为主要内容建立杉木优化栽培模式，以经济收入为主要目的，联系生态、社会效益，选择合理控制初期投资、科学经营管理等技术措施，提出了不同立地条件下的杉木优化栽培模式。

不同立地条件杉木优化栽培模式

立地指数			12	14	16	18
综合技术措施	造林材料		良种	良种	良种	良种
	苗木规格		一、二级苗	一、二级苗	一、二级苗	一、二级苗
	整地方式		穴垦 70cm×70cm×50cm	穴垦 70cm×70cm×50cm	穴垦 50cm×50cm×40cm	穴垦 50cm×50cm×40cm
	初植密度（株/hm²）		3600	3600	3000	2505
	抚育方式（次/年）		4年：锄3、锄3、锄1加刀1、刀1	4年：锄3、锄2、锄2、锄1加刀1	3年：锄3、锄2、锄1	3年：锄3、锄2、锄1
	间伐次数	1 时间（年）	8	6	6	8
		1 强度（%）	10	15	15	35
		2 时间（年）	14	12	10	16
		2 强度（%）	35	30	35	26
	主伐年龄		20	20	25	30
	蓄积量（m³/hm²）		173.26	191.89	343.5	441.99
	净现值（元）		2338.2	3283.8	5024.7	6331.9
	内部收益率（%）		15.6	17.1	18.5	19.8

三、推广应用情况

该项成果于1990~1995年在湖南省杉木速生丰产林基地建设和世界银行贷款造林工程大面积推广。其中在杉木速生丰产林基地推广的有靖州、绥宁、江华、沅陵、武冈等县（市），推广面积达2.86万hm²，世行贷款造林工程推广面积6.16万hm²，共计推广面积9.02万hm²。全省适宜推广这项成果的有50个县，已推广的有30个县，为湖南的杉木林基地建设作出了重大贡献。

26. 中亚热带生态经济型树种防护特性及选择技术的研究

获 奖 时 间：1996 年

主要完成单位：湖南省林业科学院　湖南省营林局　浏阳市道源林场
衡阳市林业局

主要完成人员：张灿明(1)　袁穗波(3)　袁正科(4)　田育新(6)

奖励类别及等级：湖南省科学技术进步奖　二等奖

一、概述

长江中上游防护林体系建设是国家林业建设的重点工程。这个地带属典型中亚热带地区，在区域规划布局完成之后，怎样构建功能齐全、结构合理的人工林生态系统成为当务之急。而系统的建立必须以乔灌木树种为基础，这些树种的生态适应性、防护特性和经济特性便成为长江防护林体系建设的关键问题之一。作为"八五"期间国家科技重点攻关项目的子专题，该项研究以湖南的湘西北永定区，湘中的安化、隆回、衡南3县，湘东南的炎陵县等为研究重点，共测定73个树种863株样木，获得原始数据37163个。经过统计分析，掌握了10个树种的有机质积累、转化和分配规律；编制了9个树种树冠大小与最大持水量之间的动态数学模型；提出了树种生物学特性对持水量影响的相关性、35个树种根系拉力强度与固土的关系以及不同防护功能树种选择技术模型。这为防护林树种选择提供了科学依据和技术。该研究居国内同类研究领先水平。

二、主要研究成果

1. 10个树种生物量及生长速度比较分析

对中亚热带次生林中的重要优势种和建群种及人工栽培的典型树种的马尾松、柏木、苦槠、青冈栎、闽楠、枫香、白栎、刺槐、凹叶厚朴、油茶10个树种进行了深入细致的调查，通过各树种生物量的动态变化来揭示生长特点、产量分配等经济特性，特别是树体结构组成、根系分布特征等与防护功能之间的有机联系，为生态经济型防护林树种选择提供可靠的依据。

2. 树体结构因子与树种最大持水量的相关性

编制了9个树种树冠大小与最大持水量的动态数学模型，摸清了树体结构和生物学特性对树种持水量的影响。通过所测数据进行拟合，采用多元线性回归方程建立最大持水量与各因子间的综合方程，并在此基础上计算出胸径、树高、冠幅等9个因子对最大持水量的贡献率，而且贡献率大小的排序也不一致，证明不同的树种影响树冠持水量的主导因子也是不同的。对树体结构和生物学特性及其对树冠持水量的影响方面做了分析，这些因子对树种最大持水率的影响程度从大到小排序为：叶表面毛被>叶型>叶缘锯齿>叶质地>冠高比>枝叶比>生活型>托叶、叶鞘>枝毛被。

3. 树种根系拉力强度与固土的关系

通过对35个树种根系拉力强度与固土关系的分析表明，具有同等抗拉力强度的根系，不是根的数量越多越好，而是一根壮根的抗拉力胜过很多细根。因此，在营建以固坡为目的的防护林时，应选用合欢、木荷、马尾松、枫香、白栎、苦槠、蓝果树、麻栎、女贞、光皮树、黄连木、黄檀、闽楠、小叶栎、青冈栎、油茶等主根型或侧根发达的树种。在营建抗冲防蚀林时，应选择须根发达且分布密集的树种，如柏木、石栎、刺槐、檫木、苦槠、蓝果树、江南桤木等。

4. 生态经济型防护林树种选择

在生态适应性、防护特性和经济特性综合分析的基础上，运用层次分析法对主要防护树种进行客观评价和排序。

三、推广应用情况

该研究紧紧围绕长江防护林体系建设的生产实际，边研究边应用边示范推广，已在全省18个县推广应用。成果应用后，水土流失区造林保存率由过去平均不足70%提高到91.7%，林分生产力平均增加35%，折合生物生产量2.5t/（hm²·年），林地贮水平均增加450t/（hm²·次），保土增加12.5 t/（hm²·年）。这不仅为林业生产节约大量资金，而且还将带来更大的潜在经济效益。

27. 湿地松、火炬松枯梢病综合防治技术研究

> 获 奖 时 间：1997 年
> 主要完成单位：湖南省林业科学院　南京林业大学　福建省林业厅森防站、种苗站
> 　　　　　　　湖南省林业专科学校
> 主要完成人员：贺正兴(1)　涂炳才(6)　左玉香(7)
> 获奖类别及等级：林业部科学技术进步奖　二等奖

一、概述

该项研究是"八五"期间重点科技攻关课题。在湖南、福建、江苏3省设立10多个试验点进行现场试验观测。经过研究分析，明确了我国松枯梢病的类型及其发生的特点，提出了不同类型的防治措施，为控制和防治枯梢病提供了可靠的技术，对促进湿地松、火炬松的生产，提高林分生产效率具有十分重要的意义。该研究居国内同类研究领先水平，其中松干枯型枯梢病研究达到国际先进水平。

二、主要研究成果

1. 湿地松、火炬松枯梢病的类型及其发生特点

经过考察，在湖南、福建两省林间设置标准地，进行定株定梢观察，采集标本作室内检测、病原菌诱发和分离，首次将松枯梢病区分为干枯型、流脂型和综合型三大类型。

(1)干枯型枯梢病(见本书第069页"火炬松干枯型枯梢病发生原因及防治方法研究")。

(2)流脂型枯梢病。流脂型枯梢病属一种生理性枯梢病。主要发生在3~5年生的湿地松。发病季节多在秋季开始，随温度降低而加重，以当年10月至次年元月发病最重。

(3)综合型枯梢病，由松色二孢菌侵染所致。其病变过程及主要症状表现为针枯型、芽枯型和梢枯型3种。每年有1~2次发病高峰期。

2. 防治技术(以综合型枯梢病为主)

(1)传病方式。主要依靠带菌苗木传播。通过对不同种源的天然抗病性的研究，明确了其抗病性差异程度及鉴别方法。林间调查和室内镜检表明：湿地松、火炬松的林间病梢率和枯梢率高达62.31%~79.69%，为高度感病类型，而马尾松等树种的抗性较强，感病率较低。

(2)发生规律。湖南湿地松、火炬松的侵染率，3月为26.23%，4月为17.71%，5月为20.8%，6月为14.65%，7月为0.07%。江苏省一年有4个高峰期，分别出现在4月中旬至5月上旬、6月下旬至7月中旬、9月上中旬和10月中旬至11月上中旬。这4个高峰期的分生孢子分别侵染春、夏、秋梢和秋末形成的冬芽。福建省除元月外，全年均可发病，但主要在4~11月。

(3)防治方法。用50%多菌灵500倍液防治效果较好，达63.40%；70%甲基托布津500倍液防治效果次之，为58.8%。采取清理病源、施肥、用1∶1的40%氧化乐果乳剂和1∶3的70%甲基托布津

水剂各2mL注干、施放百菌清烟剂的综合防治方法效果最好，连续两年的防治效果达98.18%。干枯型枯梢病的单因子防治试验以树冠喷0.2%硼砂水溶液防治效果较好，达90.01%。成果水平达国内领先

三、推广应用情况

在福建、江苏、湖南等部分县（市）推广应用。福建省两年累计防治面积1673.33hm²，防治效果为64%。江苏省盱眙林场有湿地松、火炬松1666.67hm²，1995～1996年累计防治200多hm²，防治效果80%以上。湖南省衡山县1996年采用0.2%硼砂水溶液于5～7月间进行2～3次叶面喷洒防治，防治效果在90%以上；衡阳县1996年10月统计防治面积1466.67hm²，效果在90%以上。

该研究共撰写论文和研究报告19篇，先后在《森林病虫通讯》《林业科技开发》《林业科学研究》《湖南林业科技》《福建林学院学报》等科技期刊上发表，进一步丰富了森林病理学内容。

28. 高世代杉木种子建立技术研究

> 获 奖 时 间：1997年
> 主要完成单位：湖南省林业科学院
> 　　　　　　　湖南省营林局　攸县林业科学研究所
> 　　　　　　　江华县林业采育场　靖州县排牙山林场
> 主要完成人员：程政红（1）　徐清乾（2）　陈佛寿（3）　陈　孝（4）　贺果山（6）
> 奖励类别及等级：湖南省科学技术进步奖　二等奖

一、概述

按照轮回选择、多世代遗传改良原理，研究高世代种子园的营建技术；根据种子园开花结实规律，研究种子高产稳产技术；根据子代测定结果，评价高世代种子园的遗传增益。选择出初级优树52株及2代优树46株，建立采穗圃4hm²，评选出优良全同胞家系30个，半同胞家系120个，双系种子园亲本8组。改建1.5代种子园118.47hm²，新建1.5代种子园100hm²，双系种子园10.67hm²，2代种子园13.33hm²。该研究达到国际同类研究先进水平。

二、主要研究成果

1. 高世代种子园建园材料选择

（1）1.5代种子园是在初级种子园评选出当代花期一致、结实正常、子代生长量突出的优树无性系的基础上建立的。①从全国杉木家系区域试验湖南点112个家系中选择出优良家系20个；②从湖南省4个主要初级种子园126个家系中，评选出优良家系30个；③从攸县多年度重复子代测定林中，评选出优良家系51个；④其他19个。

（2）双系种子园材料选择。双系种子园的双亲，首先是两个无性系花期相同，自交系不育（种子不发芽），或自交系有优势效应；另外还要求两系组合，正反交子代均生长突出，材积增益30%以上。从全省433系次的全同胞子代测定林中，评选出双系种子园材料8组。

（3）第2代种子园材料选择。2代种子园建园材料主要来源于优良全同胞家系中的优良单株（优树）。利用了从实生种子园和优良半同胞家系中选择的优树、以无性系测定林中选择的优良无性系作为补充材料。以上合计初选优树72株，按标准复查合格的46株。

2. 高世代种子园营建技术

（1）建园基本技术。①园址选择：最好在雪峰山脉、南岭山脉杉木中心产区，选择有良好隔离、

山权国有、交通便利、水肥光照较好的平缓山地建园；②园地区划：园地内可同时规划设计 1.5 代种子园、双系种子园、2 代种子园，但需相对隔离；③整地定砧：全部采用水平梯带整地，梯带内侧修排水沟。一律拉线定点挖大穴，采用良种壮苗，穴内施基肥，回表土定砧；④无性系配置：将已知的若干个优良组合嫁接在同一小区，将无性系内不同分株相隔 20m 以上，将遗传品质好、种子产量较高的优树无性系均匀分布在小区；⑤嫁接技术：3 月中下旬树液流动时，采用两刀撕皮嵌合法进行嫁接；⑥经营管理：及时除萌、揭膜、护桩、正冠、补接；定时进行梯带抚育、挖竹节沟，埋青施肥。

（2）各类种子园建立的技术关键。①去劣改建 1.5 代种子园技术：除增加初级种子园光照，提高种子产量外，更重要的是在子代测定基础上去劣，提高种子遗传品质；②双系种子园建立技术：将花期一致、自交不孕、特殊配合力高的双系"品"字形排列嫁接；③2 代种子园建立技术：为控制共祖授粉，减少近交，将一个育种群体划分成较小的几个亚群体（亚系）。父母本不相同的优树归为一个亚系，在同一个亚系内可以自由交配，但在不同亚系间不能自由授粉，亚群体是封闭的。

3. 种子园种子高产技术

（1）选择种子产量高、遗传品质好的优树建园。杉木种子园优树种源间、无性系间结实有显著差异。无性系结实遗传力为 0.67～0.91，单株结实遗传力为 0.23～0.43。这说明选择高产无性系建园，提高种子产量是有效的。

（2）疏伐疏枝。经疏枝试验，密枝型（枝间距小于 30cm）疏枝后连续 3 年比疏枝前 1 年球果产量分别增产 7.1%、35.7%、57.1%；稀枝型（枝间距大于 40cm）疏枝反而减产。

（3）科学施肥。磷钾肥混合施，即每株施有效磷、钾各 150g，于采种后在接株周围挖环状沟一次性施入效果最佳；纯氮不能促进成年种子园结实，但可显著促进营养生长，施氮对促进幼年种子园接株生长效果好；

（4）防治球果病虫害。球果主要虫害有扁长蝽、长角岗缘蝽、麦蛾、介壳虫，主要病害为杉木炭疽病。成年种子园球果病虫害综合防治，应摘尽树上全部球果，根施 3% 呋喃丹颗粒。

4. 高世代种子园效果评价

（1）1.5 代种子园的建园效果。以 10 年生测定林为例，1.5 代种子园靖州优树子代材积增益 16.1%～62.1%，遗传增益 8.5%～32.9%。

（2）双系种子园增产效益。双系种子园的家系材积增产 45.2%～66.5%，相应半同胞自由授粉家系材积增产为 34.7%～38.5%，双系种子园的家系比相应自由授粉家系材积增产 18.5% 左右。

三、推广应用情况

该成果已在湖南和邻近的江西、浙江、安徽、河南、湖北、广东、广西、贵州等省（区）推广应用。省内营造试验林 115hm²，示范林 646.67hm²；省世行造林项目第一期用种子园良种造林 4.93 万 hm²，第二期造林 6.67 万 hm²。并为湖南省及邻近省（区）提供良种 5t，造林 13.33 万 hm²。

29. 香椿丰产条件、养分特性及栽培技术研究

获 奖 时 间：1997 年
主要完成单位：湖南省林业科学院　安化县林业局
　　　　　　　沅江市林业局　古丈县林业科学研究所
主要完成人员：袁正科　袁穗波　周小玲　李二平　董春英
奖励类别及等级：湖南省科学技术进步奖　二等奖

一、概述

该项目系统研究了香椿的地理生态适应性、生长节律、群落组成与结构、更新与演替动态、生物量构成、养分贮存和分配规律，建立了若干数学模型。在研建生长综合评价模型、香椿群落评价、各器官的养分含量及动态变化等方面有创新性，在建立香椿种群生态学理论体系方面，填补了国内外空白，居国际同类研究的先进水平。

二、主要研究成果

1. 香椿的生物学、生态学及林学特性

（1）生长特性。香椿萌动和生长结束期均以 10℃ 为临界点，其物候期依纬度和气温而异。

（2）生态适应性。地下水对香椿根系的形态、分布厚度和生物量有较大影响。地下水位在 1.5~2.5m 为最适宜。土壤排水不良，会导致香椿的抗病力降低。香椿是一种喜上方光照的树种，侧方直射光可能造成树干生理灼伤或偏干；光强度和日照长短对香椿的林分产量、树干形态和材质影响显著。香椿喜欢静风或少风的环境，抗大风能力较低，当遇 17m/s 以上大风时，易造成断梢、折干、产量降低。

（3）群落学特性。香椿与其他树种组成天然林群丛，是一种地带性植被演替系列上的一个过渡类型，最终为常绿阔叶林所代替。在适宜条件下，可得到良好的天然更新。香椿人工林多与农作物组成一种椿-农混种的组合类型，这种结构有利于香椿生长并可促进农作物增产。香椿混交林优于香椿纯林，是一种可广泛用于生产的森林类型。

2. 香椿生物量积累的影响因素及其分配规律

（1）立地类型与生物量积累和分配的关系。通过对洞庭湖平原区的渠道、平地、丘岗 3 个立地类型香椿林（树龄 6.5 年、密度 2500 株/hm²、纯林）的调查，以渠道型林分生物产量最高，为 59.73t/hm²；平地型次之，为 41.96t/hm²；丘岗区最低，为 31.38t/hm²。

（2）林分密度与生物量和分配的影响。试验按 10005 株/hm²、4755 株/hm²、2615 株/hm² 3 个密度进行调查分析，密度越大其单株和林分生物量越小，2615 株/hm² 香椿林分比 10005 株/hm² 香椿林分的单株生物量大近 10 倍，林分生物量大近 3 倍。

（3）林分结构与生物量积累和分配的关系。在立地条件相同的情况下，窄林带纯林分生物量为 79.78t/hm²，平均每年每公顷积累 12.27t、为片林 45.87t/hm² 的 173.7%。窄林带由 3 行组成，枝叶除占有与地下部分相对应的空间外，还由于它向四周扩展，增大了营养吸收面积，有利于生物量积累，产量明显高于片林。

（4）不同坡位与生物量积累与分配的关系。从单位面积林分总生物量上分析，山坡下部生物量最高上坡林分次之。

3. 香椿养分含量的差异性及地理变异规律

（1）不同年龄苗木养分含量及其变异。不同年龄苗木根、茎、叶中钾、钙、镁、磷、氮含量差异较大。香椿苗木在对氮、磷、钾、钙、镁营养元素的吸收力上有明显的选择性和差异，但无明显的地理变异规律。

（2）不同林木分级养分含量及其变异。优势木从树干下部至分枝以上 1/2 处的叶中氮含量是逐渐减少的，当年生梢部叶中的氮含量最高；林缘木树干各部位叶中氮含量的变化趋势与优势木相反；被压木从树干下部至新梢处，叶中氮的含量是逐渐加大的；平均木 8 个部位叶中氮含量在不同生长级林木中差异最小。

4. 香椿丰产栽培技术

（1）立地条件选择。影响香椿生产量的第一位因子是立木密度，次为坡位、坡向，下坡、阴坡和半阳坡是山区香椿丰产的适宜条件。

（2）抚育方式选择。间种油菜是香椿幼林阶段的一种有效的抚育方式。全垦抚育 2 年后，香椿生长指标的增长量最大。

（3）造林密度选择。以 2615 株/hm² 的生物产量最大，为 112.15t/hm²；1667 株/hm² 和 4755 株/hm² 次之，分别为 79.78t/hm²、98.47t/hm²。

（4）施肥种类和施用量选择。在土壤 pH 值偏高湖区，以氮、磷混施为好。

三、推广应用情况

该研究已建立香椿试验示范林 1.2 万 hm²。经试验、推广，香椿已成为洞庭湖区平原绿化的主栽树种之一。香椿在山丘区"四旁"绿化及石灰岩、紫色土小块状造林，普遍生长良好。山东、河南、安徽等地将香椿作为"森林食品"树种发展，深受农民欢迎。

30. 火炬松干枯型枯梢病发生原因及防治方法研究

获 奖 时 间：1997 年
主要完成单位：湖南省林业科学院　湖南省林业专科学校
　　　　　　　衡山县林业局　衡阳县林业局
主要完成人员：贺正兴(1)　涂炳才(3)　李正茂(6)　左玉香(8)　韩明德(9)
奖励类别及等级：湖南省科学技术进步奖　二等奖

一、概述

火炬松干枯型枯梢病的防治，1992 年被林业部列为"八五"重点科技攻关项目"湿地松火炬松枯梢病综合防治技术研究"子课题之一，在湖南省衡阳市衡山县、衡阳县设立试验点。通过研究弄清了火炬松干枯型枯梢病的致病原因、发生规律及防治方法，为全省乃至全国防治火炬松干枯型枯梢病提供了技术，对促进南方丘陵地区国外松生产具有十分重要的意义。该项研究达到同类研究国际先进水平。

二、主要研究成果

1. 火炬松干枯型枯梢病的致病原因

通过林间调查、室内病原菌诱发试验和分离培养、林间致病性测定、电子显微镜检测、室内土壤分析及植株体内生化测定等手段进行研究，摸清了该病发生原因并非病原菌侵染，主要是由于土壤缺硼和钼元素所致，是一种非侵染性的生理病害。

2. 发生规律

通过林间不定期调查和定株定期观察，火炬松干枯型枯梢病发病时期主要在每年 6~10 月，发生高峰期在高温干旱季节的 7~9 月，直至年底仍有枯梢发生。病害的病变过程较慢。

3. 发病过程及症状

火炬松干枯型枯梢病的病变过程及其症状为枝梢自上而下由绿变褐，针叶不易发出，进而干枯死亡。病害主要发生在丘陵地区第四纪网纹红壤生长的火炬松上，以土层瘠薄和平地、路旁或黏重壤土地方发病严重。

4. 病害对火炬松林分生长量的影响

调查结果表明：当年生主梢，防治区比对照区生长量大 10.25~13.79 倍，当年生侧梢，防治区比对照区生长量大 6.31~11.35 倍，即当年生新梢生长量损失率达 87.2%~91.94%，每年每公顷材积生长量较正常生长量 6~10.8m³ 减少 5.25~9.9m³。

5. 有效的防治药剂或肥料

首先采用单因子防治试验，筛选有效防治药剂或肥料，进而应用有效药、肥作中试，在中试基础上扩大到生产上推广应用。4 年来累计防治试验面积 266.7hm²，在衡山和衡阳两县推广应用面积 2533hm²。

（1）单因子防治试验。1994 年土壤施肥结果经方差分析，9 个处理差异显著。有显著效果的肥料依次为：硼砂防治效果 98.7%，微肥复合晶防治效果 94.29%，钼酸铵防治效果 89.79%（表 1）。叶面喷肥试验结果经方差分析，8 个处理差异显著。硼砂、柑橘微肥、微肥复合晶的防治效果分别达到 96.85%、95.86%、94.01%（表 2）。

表 1　土壤施肥防治火炬松干枯型枯梢病试验结果

处　理	各重复区病梢率（%）				平均（%）	防治效果（%）
	I	II	III	IV		
对　照	65.29	46.00	46.78	57.16	53.81	
镁　肥	44.81	40.79	64.04	55.27	51.23	4.79
锌　肥	56.63	55.37	34.33	57.32	50.91	5.39
复合肥	42.49	36.43	63.06	59.62	50.40	6.34
钾　肥	44.39	40.29	35.19	66.26	46.67	13.27
磷　肥	46.43	45.53	48.94	42.80	45.93	14.64
钼　肥	8.42	12.44	0	1.11	5.49	89.79
微肥复合晶	4.67	3.78	1.05	2.78	3.07	94.29
硼　肥	0.87	1.09	0	1.85	0.70	98.70

调查时间：1994 年 12 月

表 2　叶面喷肥防治火炬松干枯型枯梢病试验结果

处　理	各重复区病梢率（%）					平均（%）	防治效果（%）
	I	II	III	IV	V		
对　照	30.72	16.08	33.35	17.42	45.08	28.55	
铁　肥	15.55	11.82	40.93	58.40	29.35	31.21	-9.39
锌　肥	12.47	7.58	5.97	25.00	29.58	16.12	43.50
钼　肥	11.13	18.35	7.79	11.88	15.39	12.91	54.76
磷　肥	10.37	15.25	7.88	5.38	8.87	9.55	66.53
微肥复合晶	1.75	1.66	2.34	1.11	1.67	1.71	94.01
柑橘微肥	1.79	0.26	0.65	1.36	1.84	1.18	95.86
硼　肥	1.35	1.38	0.56	0.71	0.50	0.90	96.85

调查时间：1994 年 12 月

（2）中试。选择从单因子防治试验中筛选出的价格低廉、防治效果最好的硼砂，土壤施肥为每年施硼砂一次，每株施 23～25g；叶面喷施每年 3 次，每隔 20～25d 喷一次，浓度为 0.2% 的硼砂水溶液。土壤施肥与叶面喷施的防治效果分别达到 86.88%～96.34%，95.81%～96.83%。

三、推广应用情况

该项成果已经得到广泛应用。衡阳县有火炬松、湿地松面积 1.47 万 hm²，1996 年在有病害发生的林分，以 0.2% 硼砂水溶液进行叶面喷洒，防治面积 1466.67hm²，10 月上旬调查，防治效果在 90% 以上。衡山县有火炬松、湿地松面积 9546.67hm²，1996 年在病害发生林分叶面喷洒 0.2％硼砂水溶液，防治面积 1133.33hm²，防治效果都在 90％以上。1997 年两县防治面积分别为 1000hm² 和 866.67hm²，均获得良好的效果。

31. 杉木优良无性系的推广应用

获 奖 时 间：1998 年
主要完成单位：湖南省林业科学院　湖南省世行贷款林业项目办公室
　　　　　　　湖南省林业科技推广总站　洞口县月溪林场
　　　　　　　浏阳市世行贷款林业项目办公室　浏阳市张坊林场
主要完成人员：许忠坤(1)　刘帅成(6)　董春英(8)　程政红(9)
　　　　　　　陈孝(10)　徐清乾(12)
奖励类别及等级：湖南省科学技术进步奖　二等奖

一、概述

林业部于 1988 年下达"杉木优良无性系推广应用"的重点项目，以湖南省邵阳市洞口县月溪林场为示范点进行辐射推广。1991 年起，"湖南省世界银行贷款国家造林项目"大力推广杉木优良无性系造林。1994 年，这个课题被列入"国家科委科技重点推广计划"。经过 10 年的努力，全省共推广应用优良无性系 39 个，营建采穗圃 34.6hm²，年生产苗木 1087 万株，此外，还有江西、安徽、广东、湖北等 10 个省(区)从湖南引种推广。该成果达到国际同类项目的领先水平。

二、效果

(1)各项目县都营造了杉木优良无性系示范林，其生长量都大幅度超过了国家速生丰产林标准(简称"国家标准")。以湖南省浏阳市为例：①优良无性系、家系对比试验。6 年生林分：5 个优良无性系平均树高 7.52m，平均胸径 10.5cm，平均单株材积 0.0389m³；2 个优良家系平均树高为 7.03m、7.7m；平均胸径 9.3cm、10.9cm。优良无性系树高、胸径、材积的变异系数最小，林相整齐。②优良无性系示范林。2 个优良无性系，6 年生平均树高 7.52m、8.69m，平均胸径 10.93cm、11.82cm，单株平均材积 0.0414m³、0.0537m³。③优良全同胞家系无性化造林示范。优良全同胞家系无性化后造林，与相应的实生苗(有性繁殖)生长量相当，二者均大于生产种，保持原有的增益水平。6 年生林分年平均生长高 1m，胸径年平均生长 1.78cm 以上，材积生长量大于对照 33.4％以上。

(2)面上杉木优良无性系造林。资兴市：2 个优良无性系，3 年生平均树高 4.65m、4.72m，平均胸径 6.06cm、6.97cm，单株平均材积 0.0082m³、0.0109m³。绥宁县：2 个优良无性系，4 年生平均树高 5.33m、6.1m，平均胸径 7.7cm、8.03cm³，平均材积 0.0152m³、0.0184m³。

三、措施

1. 行政措施

项目将科研、生产、管理融于一体，行政、经济、技术培训相结合，省世行贷款林业项目办公室、省林业科技推广总站、省林业科学研究所联合成立了科研推广组。全省建立杉木无性系示范林 560hm²，以点带面，加快了推广进度。省林业科学研究所与省世行贷款林业项目办公室共同摄制了《杉木无性系繁殖实用技术》电视片，重点介绍操作技术。根据推广进度和杉木生长季节，有组织有计划地举办技术培训班。

2. 技术措施

(1)采穗圃的营建：①抓好建圃材料质量关：采穗圃的材料即杉木优良无性系，其增益都在50%以上；②圃地选择：地点要求海拔较低、背风向阳、排水良好、土壤疏松、肥沃。前作是茄子、辣椒、烟叶的土地不宜建圃；③母株定植：采用斜干作业方式，弯根栽植母株，使萌条产量成倍提高；④密度控制：母株最佳密度配置，以能充分调节利用圃地内有限的光、水、气、热、肥，提高单株萌蘖力和单位面积产穗量为准；⑤树体管理：栽植当年分两次将母株压弯，第一次在5~6月将母株稍加压弯，第二次在8月下旬至9月下旬调整弯度，使苗干与地面呈35~40°，并打桩固定。当年8月下旬至9月上旬，剪去母树顶芽，扒开栽植时的复土，促使母株呈浅栽状态。适时剪除苗干上萌条。对树干老化、长势不良的母株，可保留1株根际萌条，并贴近地面截去老苗干，让保留的萌条形成新的树体。

在扩大无性系繁殖系数方面取得4项创新。①斜干式作业方式：平均单株产穗条量比埋干式和截干式高25.7%~124.8%，每公顷产穗条量高7.6%~92.7%；②弯根栽植母株：使采穗圃穗条产量提高2倍以上；③超短穗(穗长2~2.5cm)扦插法：提高穗条利用率3~4倍；④合理配方施肥：采穗圃施氮、磷、钾复合肥，单株产萌条量比对照(未施肥)高50%以上，扦插成苗率提高40%以上。

(2)优良无性系造林。按杉木速生丰产林国家标准要求造林。为防止基因狭窄，应根据各无性系的特性，按立地类型实行块状混交造林。

四、推广应用情况

10年期间，全省共推广杉木无性系造林3.4万hm²。无性系林分林相整齐，分化小，变异系数小，单位面积产量高，非常适合材性选育及培育大径材。

32. 马尾松种源主要经济性状遗传变异与湖南省造林区优良种源选择研究

获 奖 时 间：1998年
主要完成单位：湖南省林业科学院 绥宁县林业局
          郴州市林业科学研究所 临武县东山林场
          城步县林业科学研究所 涟源市林业局
          攸县林业科学研究所
主要完成人员：李午平(1) 唐效蓉(2) 姜芸(5) 唐水红(6) 汤玉喜(7)
奖励类别及等级：湖南省科学技术进步奖 二等奖

一、概述

该研究是国家"八五"期间"马尾松短周期工业用材林良种选育"项目的重要研究内容之一。该项目在"六五""七五"种源试验的基础上，通过区域性试验，进行马尾松生长、形质、适应性与木材材性的多性状评定，为生产提供遗传稳定、综合性状优良的种源；并通过种源区域性栽培试验，确定各优良种源的最适推广范围。从1980年开始，项目在1978年营造的24个种源对比试验林的基础上，进行区域性试验，先后在全省不同生态类型区域内布点13处，营造试验林106.67hm²。初试测试种源124个(次)，区试种源及林分30个。摸清了种源各主要经济性状地理、遗传变异规律及其相互关系，综合选择出湖南各造林区马尾松工业用材的优良种源，为实现马尾松造林的良种化提供了技术基础，对提高马尾松造林的经营水平，促进全省林业发展具有重要作用。该研究达到国际同类研究的先进水平。

二、主要研究成果

(1)全面掌握了马尾松种源后代性状的地理、遗传变异规律，证明并提出了马尾松地理种源性状变异不但具有倾群性，由南向北产生渐变的特点，同时还具有多型性与多态性；明确了其性状变异受多种环境因子的影响以及马尾松种源性状变异以温度因子的影响为主导；并将现有种源区区划的3带8区调整为3带4区。

（2）提出了种源生长性状早期选择的可行年龄（第8年进行），并指出机动性早期选择时，其年龄与生长性状相比应适当推迟。

（3）摸清了高、粗、材积生长、通直度、枝粗等主要性状的表型、遗传相关规律。

（4）找出了限制湖南马尾松种源适生范围的限制因子——种源的抗倒伏能力；摸清了种源的抗倒伏能力与环境因子的关系，指出种源倒伏现象的产生与立地、小气候条件及其组合紧密相关。首次提出并采用以营林措施相配套，生长与干形遗传改良为主要目标，抗逆性遗传改良相补充，而兼顾材性遗传改良的种源群体遗传改良策略；提出了种源群体抗逆选性状的遗传改良应以个体选择为基础，以群体生长表现及生产应用效果为依据的种源干形遗传改良路线。

（5）摸清了种源的适应性与种源原产地生态因子组合及其类型的相关关系；指出马尾松种源可划分为优良、广泛与不良三种适应类型；同时指出"种源地点"交互效应明显，种源推广、应用时必须做到适地、适种源。

（6）对种源年生长节律进行及其环境因子同步进行了3年的定位观测，指出种源性状各月份间生长量差异显著年度生长高峰期明显不一，不同地理带种源对环境的适应性有着明显的区别。

（7）摸清了马尾松种源、林分、单株不同层次间的遗传结构，指出种源间的差异是马尾松树种种内遗传变异的主要来源，在其不同遗传层次中以种源变异为最大，然后依次是单株及林分。提出了马尾松树种遗传改良的具体路线应是：优良种源的选择→优良种源区域中优良林分内优良个体选择→优良个体或优良种源个体间杂交及其有性与无性利用→多代轮回选择。

（8）首次提出由于木材比重变异所具有的与生长性状所不同的特殊地理变异形式，使得在种源生长性状选择的同时，完全可能选择出具有较大木材比重种源的观点，并将其应用于种源选择之中。

（9）掌握了马尾松树种优良基因资源主要集中分布于湖南、广东、广西、福建及浙江五省的规律，为丰富我国马尾松种源树种育种资源以及加速遗传改良提供了可靠依据。

（10）分别湖南马尾松不同造林区选择出材积生长增益达到15%以上的优良种源29个，增益达到29%以上的优良种源内优良林分5个。增益20%以上的优良种源22个，增益达到30%以上的优良种源14个，35%以上的优良种源10个，增益达到40%以上的优良种源4个，且最大增益达到110.63%，同时使马尾松树种在干形、材性等方面都得到大幅度遗传改良。

三、推广应用情况

湖南省自1986年起采用该项研究的阶段性成果，对马尾松造林用种实施遗传控制，至1997年底推广、应用面积达574864.07hm²。据世行项目林抽样调查，10年生林材积增益达到43.8%~97.9%，造林保存率提高22.4%，林分成材率提高50%以上。

33. 板栗贮藏保鲜新技术及腐烂机理的研究

获 奖 时 间：1999年
主要完成单位：湖南省林业科学院 长沙矿冶研究院
主要完成人员：唐时俊(1) 王晓明(3) 李昌珠(4) 周小玲(5)
　　　　　　　李党训(7) 陈 灿(9) 李 力(10) 吴建平(12)
奖励类别及等级：湖南省科学技术进步奖 二等奖

一、概述

1996年，该项目列入省重点科技攻关项目，要求产地贮藏2~3个月，鲜果率92%以上；低温设施贮藏3~4个月，鲜果率95%以上。课题组研究了延缓栗苞衰老，延缓后熟过程，充分发挥栗苞保护、养分供应机能和对坚果水、热、气调控的作用，提高保鲜效果的系列技术；研制出延缓栗苞衰老兼具杀菌、杀虫、增强坚果自身活力功能的三元复合保鲜剂及其最佳使用期、使用浓度和方法；提出了适宜栗苞贮藏保鲜最佳采收成熟度、最适入贮含水量、最适脱苞时间、适宜的贮藏方法及贮库的兴建技术等。同时开展了坚果不同保鲜剂筛选，不同湿度条件下贮藏效果的对比试验。该项目首次研究出栗苞加复合保鲜剂的贮藏技术，首次研究出一种高效、低成本，低毒无公害的复合保鲜剂，居国际同类研究先进水平。

二、主要研究成果

1. 贮藏期坚果腐烂机理

课题从植物生理生化入手，研究了板栗贮藏期坚果腐烂与呼吸强度、呼吸代谢途径及其关键性酶的活性、呼吸代谢产物、膜脂过氧化的关系；研究了低温、室温条件下贮藏坚果的呼吸强度变化与腐烂的关系；提出了板栗贮藏期坚果腐烂的主要原因是入贮初期过高的呼吸强度及呼吸代谢过程中的糖酵解比率大，消耗过多的基质，造成自身生命活力和对不良环境及病菌侵染的抵抗力下降；确定了腐烂的主要诱导物质是糖酵解产物丙酮酸发酵，产生乙醇等有害物质，累积过量造成伤害。由此提出板栗贮藏期坚果腐烂以生理伤害为主，其次是病菌入侵，环境条件通过两者起作用的机理。

2. 高效、低毒无公害、低成本复合保鲜剂

研制的复合保鲜剂，对提高板栗贮藏保鲜效果显著。它由多种成分经科学配比拟合而成，具有延缓栗苞采后衰老，延长后熟作用及杀菌、杀虫多种功能。经保鲜剂处理的栗果，保持较高的呼吸强度，增强了坚果的生活力；降低了淀粉酶、转化酶、过氧化氢酶等多种酶的活性和淀粉酶合成与分解的比值，延缓蛋白质、核酸等生物降解；对多种真菌有杀灭和抑制作用。复合保鲜剂杀虫效果良好，处理后栗苞、坚果、桃蛀螟、板栗象鼻虫1~3d内死亡。复合保鲜剂有很好的水溶性，使用方便，经一地多年、一年两地应用试验效果良好，填补了我国板栗保鲜剂方面的空白。

3. 栗苞最佳采收成熟度和适时分批采收方法

最佳采收成熟度的表型特征是栗苞由绿转黄，刺束先端枯焦，苞肉缝合线露出白色纵痕，坚果呈红褐色，组织充实，中果皮木质化，苞肉的含水量降至75%左右。该研究提出的栗苞最佳采收成熟度的表型特征和适时分批采收栗果的方法，可提高坚果贮藏的保鲜率8%~15%。

4. 延长坚果脱苞时间和提高保鲜效果的理论和方法

该项研究开展了坚果不同脱苞期耐贮性对比试验，发现延长脱苞期和配合其他技术措施，可提高贮藏保鲜率。采收后脱苞时间的长短与贮藏的鲜果率呈紧密的正相关。带苞贮藏时间愈长，鲜果率愈高，坚果色、香、味愈佳。

5. 环境及栽培因子对板栗耐贮性的影响

南方的板栗对环境因子的要求是：年平均气温12~17℃，昼夜温差8℃以上，夏季适温12~28℃；年辐射总量418.5kJ／cm^{2}以上，生长期间一天直射光不少于6h；年降雨量1200~1700mm；土壤通气良好、土质疏松、含腐殖质1.5%以上、排水良好、pH值5~5.6的砂性壤土；海拔高度300~1500m的坡地。湖南省栗园多数未做到适地适品种，栗树受不同程度的逆境胁迫，加之栽培管理粗放，树势弱，影响栗果的品质，降低其耐贮性。应在适宜环境条件下，采用耐贮性强的品种，进行集约化经营，特别是加强肥水、树体、土壤的管理，适时防治病虫，以培养强健的树势，提高栗果的品质。

6. 栗苞贮藏的方法及入贮含水量

经复合保鲜剂处理的栗苞，可在产地采用室内、简易库房、地窖、山洞及挖地沟堆藏，或用纤维

袋装入架藏。贮前对贮藏场地消毒，栗苞堆高不超过 1.5m。入贮 1~2 个月，要注意通气，10~15d 翻动一次；入贮 3~4 个月，要注意保湿防干，发现栗苞失水过多呈白色时，喷洒 200 倍液保鲜剂，以补充栗苞水分的散失，并每个月翻动一次，使栗苞含水均匀。以栗苞入贮的含水量为失重 5%~10% 为宜，在操作上，经保鲜剂浸泡的栗苞需沥干堆放半天至 1d 方能入贮。

三、推广应用情况

板栗带苞贮藏经济效益明显，入贮 1t 板栗增值 3000~5000 元。该项技术已列入国家林业局重点推广项目，在我国南方板栗产区普遍应用。这对活跃农村经济，增加外贸出口，促进山丘区脱贫致富均有重大作用。

34. 湖南省火炬松纸浆材与建筑材优化栽培模式研究

获 奖 时 间：2000 年
主要完成单位：湖南省林业科学院
主要完成人员：龙应忠(1) 童方平(2) 吴际友(3) 余格非(4) 艾文胜(5)
奖励类别及等级：湖南省科学技术进步奖 二等奖

一、概述

本成果是国家"八五"重点科技攻关项目"湿地松、火炬松纸浆材与建筑材优化栽培模式的研究"的主要内容之一。历时 14 年，为湖南省发展火炬松纸浆材和建筑材林提供了科学依据。该研究成果达到国际同类研究先进水平。

二、主要研究成果

1. 林分生长、结构和经营模型

(1)林分生长模型。研究对象为林分群体，其生长模型为全林整体生长模型。包括：林分平均树高生长模型，林分优势高生长模型，断面积直径生长模型，林分自然稀疏模型。

(2)林分直径结构模型。是以林木直径分布和转移为内容的模型，它是根据林分中直径分布的动态，结合一些辅助模型，如径阶树高模型和材积模型等，预估林分生长动态。这一模型包括直径分布模型和径阶树高模型。

(3)商品材产量预估模型。包括：总出材量模型、纸浆材出材量模型、建筑材出材量模型。

(4)经营模型。它是在生长模型的基础上，加上营林措施效应模型构成的模型。①间伐效应模型：包括保留木平均直径非生长性增长估测模型、间伐木平均直径估测模型、间伐木平均树高估测模型；②肥料效应模型：包括磷肥、复合肥、氮肥效应模型；③整地效应模型；④抚育措施效应模型。

(5)营林效益评估模型。只计算林分的直接经济效益，生态效益和社会效益不在计算之列。以净现值和内部收益率衡量投资效果。

2. 优化栽培模式分析

采用技术经济理论，根据火炬松人工林生长和结构模型、密度调控技术、土壤管理技术、纸浆材与建筑材林轮伐期的经济模型，对各种栽培措施进行成本、效益分析，以净现值和内部收益率为选择指标，分别对单项营林措施进行优化。在综合经营模型的基础上，对各单项措施的组合效应进行经济评价，最终确定火炬松中、高立地(立地指数为 14、16、18、20)的纸浆材与建筑材的优化栽培模式。

(1)密度调控措施。以净现值和内部收益率为控制指标，以林分生长模型和结构模型为基础，对各种栽培措施进行全局性选优。经过对 6 种初植密度的不同间伐时间、不同间伐强度等处理，分别对纸浆材和建筑材进行经济评价。

（2）整地措施优化。不同整地规格与火炬松胸径、树高生长量无显著差异。整地规格只影响幼林成活率。因此，营造火炬松纸浆材、建筑材林应根据立地质量选择经济适宜的整地规格，不宜采用高标准、高投入的整地规格，以降低造林成本，提高营林效益。

（3）抚育措施优化。不同抚育措施对火炬松造林成活率及火炬松幼林胸径、高生长有显著影响。火炬松人工林幼林抚育强度应因地制宜，根据立地、造林密度和整地规格确定。立地质量越好，杂草灌木易生长，抚育强度应高；造林密度越小，抚育强度应高；整地规格越小，抚育强度应高。

（4）施肥措施优化。磷肥对火炬松幼林胸径、树高生长量有显著影响，施肥量为 0.5~1.0kg/株，追肥以氮肥为主。

（5）最优栽培模式的确定。以净现值和内部收益率为主要控制指标，每种立地类型确定了 2 个最优栽培模式。

三、推广应用情况

全省已推广造林 12 650hm²。采用优化栽培模式经营，可避免火炬松工业原料基地建设中的盲目性和片面性，在一个轮伐期内，与普通丰产林相比，可减少投入 30%。这对提高全省商品林基地建设水平，促进林业产业化，改善生态环境，均具有重要意义。

35. 马尾松优良家系定向选择与应用技术体系研究

> 获 奖 时 间：2000 年
> 主要完成单位：湖南省林业科学院　湖南省林木种苗站
> 　　　　　　　郴州市林业科学研究所　城步县林业科学研究所
> 　　　　　　　临武县东山林场　涟源市林业局
> 主要完成人员：李午平（1）　郭光复（4）　陈明皋（5）　唐效蓉（7）　宋庆安（8）
> 奖励类别及等级：湖南省科学技术进步奖　二等奖

一、概述

该项研究是国家"七五""八五"期间重点攻关子项目研究内容之一。在马尾松种源群体遗传改良的基础上，通过优树选择及其后代表型、遗传测定，为生产提供遗传稳定、目的性状优良的繁殖材料，为马尾松遗传改良研究工作的不断深入提供大量谱系准确的遗传资源；通过对所选家系的区域化栽培试验和应用技术研究，系统掌握各优良家系的最适栽培范围，为生产提供科学、适用的配套技术。项目从 1980 年开始优树选择，经优树半同胞家系子代测定，将所选优树材料逐步应用于种子园建设。1984 年根据种源初评结果全面开展优树复查与采种，在全省范围内进行多试点、多年份子代测定，历时 20 年。先后在全省不同生态类型区布点 7 处，采用多水平对照（优良种源及优良林分内优良单株混合种）共营造家系子代测定林 18 块，区试与示范林 5 处，累计面积 1033.3hm²；多点、多年份测试经苗期初选的家系 279 个。经过多年（达到或超过半个轮伐期）系统研究，在家系生长与材性选择的基础上，突出干形遗传改良与群体产量的提高，选择出马尾松优良半同胞家系 127 个；开展了优良家系定向培育技术的研究。该研究居国际同类研究先进水平，在"基因型×密度"互作效应研究方面居国际领先水平。

二、主要研究成果

（1）全面分析并掌握了马尾松林分、生长类型及家系间生长、材性、干形与冠体结构等 28 个数量性状的遗传变异及其结构规律；首次提出了马尾松家系遗传改良以生长、干形选择为重点，同时兼顾材性选择的多目标遗传改良策略。

（2）首次系统完成了马尾松家系主要经济性状的早晚表型与相关分析以及"基因型×地点×年份"的互作研究；全面评价了参试家系的遗传稳定性和适应性。分别湖南不同造林区在279个初选家系中定向选择出了127个优良家系，其平均材积遗传增益69.41%，木材比重遗传增益4.8%，增产效果显著。

（3）首次研究并掌握了基因型与密度的互作关系，发现了马尾松家系中存在"基因型×密度"的互作以及不同基因型与密度因子等在互作方式与效应方面的显著差异；同时选择出了"密生型"优良家系，为马尾松纸浆材高密度造林提供了新的理论依据和优良种质资源。

（4）确定了马尾松半同胞家系生长早期选择的可靠年龄为6~8年；首次系统提出了马尾松优良家系选择—扩繁—定向栽培利用的成套营林技术，为推广应用奠定了技术基础。

三、推广应用情况

1985年起，采用该研究成果对湖南省马尾松造林实施遗传控制，至1999年，全省推广应用面积累计达到36 786.63公顷。据对部分世界银行贷款项目造林抽样调查，10年生林平均材积生长与优良种源相比可提高62.31%，林分成材率可提高55%以上，同时幼林可提前1~3年郁闭。由于优良家系林分早期生长加速，营林投资效益得以大幅提高。

36. 湖南丘陵区防护林体系建设配套技术研究与示范

获 奖 时 间：2001年
主要完成单位：湖南省林业科学院　湖南省长江中上游防护林建设办公室
　　　　　　　衡阳县林业局
主要完成人员：袁正科　张灿明　李锡泉　田育新　吴建平
　　　　　　　袁穗波　蒋丽娟
奖励类别及等级：湖南省科学技术进步奖　二等奖

一、概述

该项目为"九五"国家重点工程——"长防林建设工程"的技术支撑项目。根据长江防护林建设的要求，以及湖南丘陵的现状与自然、社会、经济条件，解决这一地区防护林体系建设技术的综合配套问题。该项目采取以县为研究单元，定位观测与典型调查相结合，试验与示范相结合，技术组装与田间试验相结合的方法。建立了以县为单元的长防林体系林种、树种、林分结构优化的数学模型、农林复合经营模式，并开展了幼林抚育和配方施肥研究。该研究实现了防护林龄级结构调整同林种、树种结构调整的有机结合，具有创新性，居国际同类研究的先进水平。

二、主要研究成果

1. 防护林结构优化和林种结构调整

在分析湖南省衡阳市衡阳县防护林现状及社会、经济的基础上，应用层次分析方法对所有定性指标进行了定量化排序。运用多目标线性规划，建立起衡阳县长防林体系林种、树种结构优化的数学模型，为衡阳县林业发展规划和防护林体系结构调整提供了科学依据。提出了生态型、经济型和社会型3个方案，经反复研究，选择了以生态效益为主的生态型方案。该方案将现有的各林种进行调整，即防护林、用材林、经济林、特用林、薪炭林、苗圃的面积占全县林业用地的比例分别调整为60.59%、22.67%、10.85%、0.26%、5.62%、0.01%，防护林面积比调整前增加了49.64%。

2. 防护林农林复合经营系统结构优化方案

应用多目标规划方法，对湖南省衡阳市衡阳县英南试验示范区防护林农林复合系统内农、林、牧、副、渔结构进行了优化，并建立了反映系统自身要求的实现系统可持续发展的数学模型。农、林、牧、渔的优化结构比例为 0.65：0.22：0.08：0.05；并将农业内部的水稻、棉花、蔬菜等以及林业内部具防蚀保土措施的经济林、果木林和防护林的比例进行调整。

3. 防蚀保土型农林复合经营的防蚀保土技术

利用 7 个 1000m² 径流小区定位观测数据和分析结果，研究了湘南丘陵地四纪红壤区域新垦的幼林缓坡梯地其植物覆盖程度对土壤侵蚀的影响。在无植被覆盖的条件下，年土壤侵蚀量可达 6.477t/1000m²；植被覆盖率为 24.2%～58.4% 时，年土壤侵蚀量可减少 35.48%～57.55%，输沙率平均减少40.2%。作物覆盖度每增加 10%，则输沙率减少 0.19%～0.27%。花生、油菜覆盖地表，当覆盖度小于10% 时，对输沙率没有明显影响；覆盖度大于 10% 时，其输沙率随着覆盖度的增大而减小。当作物群落完全覆盖后，输沙率趋于稳定值。在不同覆盖条件的径流小区间，径流系数的变化小于输沙率的变化，即植被覆盖对输沙率的敏感程度要大于径流系数。增加幼林的林下植被覆盖度是提高丘陵岗地缓坡经济林、果木林地保持水土功能的有效途径。

提出了板栗-花生、油菜套种模式的间种作物覆盖度与各组分生物量同输沙率的关系研究，分别建立了花生、油菜覆盖度的动态变化与输沙率的关系式。

4. 防蚀保土型农林复合模式营建技术

对 17 种作物进行了对比试验，结果表明：在湘南丘陵岗地区水土流失严重、夏秋干热的四纪红壤的缓坡梯土上，夏秋季林木郁闭度为 0.35～0.425、冬春郁闭度为 0.3～0.37 时，最适宜间种作物生长；林分郁闭度大于 0.67，对作物生长产生严重的影响；农林间作时，农作物最高产量区在离树干至冠缘距离的 1.1～1.5 倍处；而至 1.6～2 倍处时，产量略有下降；距离继续加大，产量较稳定；≤0.5 倍处，产量最低。

5. 防护林抚育技术

（1）保土抚育技术。刀抚后（刀抚物覆盖地表）径流系数减少 25.1%，泥沙流失量减少 3.74%，刀抚对于灌草密集的幼林地是一种既保土又促进林木生长的有效抚育方式。

（2）专用配方施肥技术。在郁闭度为 0.15～0.2 板栗林中，配方施肥量为 1019.8kg/hm² 时，对花生的增产效果最好，产量比对照（不施肥）高 135%；高磷配方施肥量为 1341.1kg/hm² 时，可使板栗综合生长指数高于对照 198% 和花生产量增加 119.2%；高氮配方使板栗综合生长指数比对照高 198%，花生增产 59.1%。

三、推广应用情况

该项成果已在湘中、湘南丘陵区广泛推广。其应用范围包括：①以县为单元的防护林林种、树种选择和林分结构调整，通过体系结构优化，达到提高防护林体系防护功能和经济功能的目的；②结合目前退耕还林和25°以下坡耕地治理，推广防蚀保土技术，以达到控制水土流失的目的；③坡耕地推广应用农林复合经营模式营建技术，以提高经济收入和减少水土流失，应用防护林幼林抚育技术，提高林地水土保持能力及林木生长量；④结合农林复合模式的管理，应用施肥技术，以提高集约经营水平等。

37. 南方经济林有机多元专用肥研制与应用（协作）

获　奖　时　间：2002 年
主要完成单位：湖南省林业科学院（排序第二）
主要完成人员：吴碧英（2）　胡立波（5）　冯　峰（6）　邓志坚（9）
奖励类别及等级：湖南省科学技术进步奖　二等奖

一、概述

该项目成功地研究、筛选出楠竹、板栗、油茶、枣树有机多元专用肥最佳配方，率先研制出适用于上述 4 种树种使用的有机、多元专用肥品种，4 种有机多元专用肥采用有机与无机，速效与缓效，大量元素与中微量元素的有机结合配比科学，专用性强有创新，为规模化生产提供了科学依据和配套技术。该项目历时 8 年。经在桃江、溆浦、浏阳、新田等地进行试验和应用，产品具有提高产量、改善品质、改良土壤、提高林木抗性等特点。对提高我国经济林科学施肥水平，促进林木优质高产，繁荣山区经济有着重要作用。该研究居国内同类研究领先水平。

二、主要研究成果

依据楠竹、油茶、板栗、枣树需肥规律，经营目标、林地供肥能力，先进行无机配方肥（氮、磷、钾配方肥）小区试验，在此基础上设计出有机多元专用肥配方。其配方组成是由无机专用肥分别加入 I 号（有机）肥料添加剂（主要含有机质和腐殖酸）、II 号（无机）肥料添加剂（主要含砂、硅等微量元素）。按筛选出的配方生产的产品，其氮、磷、钾含量达 30%，加上有机质和腐殖酸等，其养分总含量达到或超过 40%。

1. 楠竹有机高效专用肥

经试验结果表明：施楠竹有机高效专用肥，竹林平均每年每公顷新竹鲜重为 12.6t；高于对照 7.23t；新竹平均胸径 9.53cm，高于对照 8.67cm；3 年平均产笋量是对照的 3.54 倍。同时有效增加了立竹数量和提高了竹笋的品质：土壤营养成分氮、磷、钾分别提高 676.95%、364.31%、48.21%，氧化钙、氧化镁、腐殖酸含量分别提高 134.55%、69.19%、65.42%，各种微量元素铜、铁、锌、锰、硼分别提高 120.67%、54.91%、46.72%、1548.17%、28.76%。

2. 板栗有机多元专用肥

从试验结果看：板栗有机多元专用肥可提高板栗产果量 170% 以上，出籽率 6.1% 以上；使板栗总苞脱落数减少 50.35%，坚果脱落数减少 50.33%，脂肪提高 22.7%，蛋白质提高 29.28%，淀粉提高 5.13%，总糖提高 4.53%，氨基酸由 10 种增加到 13 种、氨基酸总量提高 45%。

3. 油茶有机多元专用肥

经大面积试验结果可得出：施油茶有机多元专用肥的油茶每公顷增产茶果 3.64t，投入产出比为 1:4.37；炭疽病株率减少 24.06%，平均每株落果数减少 3.4 个，感病指数降低 19.21%；软腐病病株率减少 15.64%，平均每株落果数减少 31.4 个，感病指数降低 16.56%；油茶的出仁率、出油率分别高 2.05%、4.46%；土壤氮、磷、钾、有机质、胡敏酸和富里酸的总碳量、胡敏素碳量分别高 7.1%、9%、5.1%、11.4%、5.8%、14.73%。

枣树有机多元专用肥同样可提高枣果的产量，增加鸡蛋枣、牛奶枣枣果的氨基酸含量，维生素 C 含量分别比对照高 19.31%、12.74%。

三、推广应用情况

楠竹、板栗、枣树、油茶有机多元专用肥成本低、效益高、使用方便，已成为湖南省桃江、溆浦、新田、浏阳市（县）等地经济林基地增产增益的重要技术措施。1996 年以来，累计推广应用面积 2.2 万 hm²。2003 年，"林业高效专用肥中试生产及推广"列入科学技术部"农业科技成果转化资金项目"，为该成果的产业化和进一步推广应用提供了有利条件。当今世界肥料正向高浓度、复合化、专用化方向发展。湖南有楠竹、板栗、枣树、油茶林 235 万 hm²，这项成果具有广泛的推广价值。

38. 湖南白蚁区系及防治技术研究

获 奖 时 间：2003 年
主要完成单位：湖南省林业科学院　郴州市林业科学研究所
主要完成人员：童新旺(1)　周　刚(3)　何　振(4)　尹世才(5)
　　　　　　　彭建文(6)　钟武洪(7)　廖正乾(9)等
奖励类别及等级：湖南省科学技术进步奖　二等奖

一、概述

白蚁具有活动隐蔽、危害范围广和破坏性大、防治难度大等特点，国际昆虫生理生态研究中心将其列为世界性五大害虫之一。该研究从 20 世纪 70 年代开始，历时 20 余年，采取专业调查与群众调查相结合、点面相结合、室内试验与野外应用相结合以及管理专家与专业技术人员相结合的技术路线，在摸清白蚁在湖南的种类、分布及危害状况的前提下，对具有严重危害性的白蚁种类进行生物学特性和活动规律研究，掌握了白蚁的筑巢规律、冬眠期、猖獗期、分群期、活动范围及危害植物种类等。并总结出看地形特征、危害症状、蚁来方向、外露迹象以及地表气候的判巢经验。利用白蚁的取食习性和互相舐吮、喂食、交换信息的行为，采取"挖、杀、薰、灌、诱"等综合治理措施。根据白蚁分群孔的分布规律，创造了"切沟挖巢技术"。筛选出一批高效低毒的新农药、中草药、抗菌素及高效毒饵诱杀剂。对建筑白蚁的防治，利用其嗜食松木和喜水的食性，发明了"敷板诱集"技术。该项研究总体上达到国内同类研究的领先水平。

二、主要研究成果

1. 在白蚁种类研究方面

摸清了全省白蚁的种类、分布及危害情况，鉴定、订正，湖南白蚁有 4 科 18 属 56 种。对公开发表新种 13 个和 1 种新纪录进行了种类描述，并介绍了重点种类分布情况。

在白蚁起源及区系划分方面，首次对白蚁起源进行了认真探索，将湖南白蚁区系划分湘西北、湘北、湘东、湘西南、湘中和湘南六个区。研究了湖南白蚁经纬度及垂直分布规律，对全省白蚁的防治具有重要的指导作用；

在白蚁的生物学生态学研究方面，研究掌握了 12 种破坏性大的白蚁的生物学特性，其中有山林原白蚁、高要散白蚁、湖南散白蚁等 7 种白蚁生物学特性为国内首次研究报道。首次系统调查了家白蚁寄主植物 95 种，黄翅大白蚁寄主植物 335 种；

系统总结出根据白蚁活动迹象、地表特征来判断巢位和挖巢的技术，创造了"切沟挖巢法"，得到同行专家的好评；摸清了湖南江河库湖堤坝白蚁的种类、危害状况并提出了防治对策；同时向用户推介了一批高效低毒农药防治白蚁，研制出 13 种中草药配制的烟剂和抗菌素防治白蚁；并从 30 多种诱饵材料中选出 12 种优良诱饵研究出毒饵诱杀剂配方 26 个，经大面积试验防治效果 90% 以上。此外，首创"敷板诱集技术"防治建筑白蚁，提出了以营林措施防治杉木林基地白蚁的方法和基本模式。

三、推广应用情况

先后举办全省白蚁防治培训班 12 期，培训人员近 1000 人次。自 20 世纪 80 年代以来，成果已应用于农林作物、军工产品、房屋建筑、水利工程等方面，涉及 11 个地(州、市)80 余个县(市)。累计防治林木 10000hm²，房屋建筑 50 万 m²，堤坝近 396km。同时面向社会有关单位和个人提供白蚁诱饵剂 20 余万包。该研究成果引起国外白蚁专家的关注，日本白蚁防治协会两次邀请课题组成员赴日本讲学和现场表演，日本有关杂志社将课题组撰写的《湖南林木白蚁》一书的主要内容连续转载。还接待国内外白蚁专家来湘考察和学习 5 批次。

39. 油茶优良杂交组合、家系和无性系选育及其群体产量性状的研究

获 奖 时 间：2004 年
主要完成单位：湖南省林业科学院　平江县林业局　浏阳市林业局　攸县林业局
主要完成人员：陈永忠(1)　王德斌(2)　彭邵锋(7)　李党训(10)
奖励类别及等级：湖南省科学技术进步奖　二等奖

一、概述

在油茶优树无性系选择的基础上，开展油茶杂交育种和杂交子代、半同胞子代和无性系品种比较试验。参试材料共 88 个品系，根据不同来源分为 4 个群体类型：自交类型、杂交类型、半同胞类型、无性系类型。通过多年的研究测定，最终选择出优良杂交组合、优良家系和优良无性系共 13 个，平均每公顷产油量为 450.8～990.86kg，分别比对照增产 32.8%～168%。同时，对油茶不同林分的群体产量性状进行研究，揭示了油茶群体在幼林到盛果期的产量规律，发现了优良杂交组合在树体冠幅生长与单株产果量上均优于优良家系和优良无性系，具有早实丰产的特点，显示了很强的杂种优势。该研究丰富和完善了油茶杂交育种理论与应用技术，在油茶杂交育种方面有突破性进展，居国际同类研究领先水平。

二、主要研究成果

1. 杂交组合的筛选

在油茶优树优良无性系选择的基础上开展杂交育种。从 34 个系间杂交组合子代中选出 5 个优良杂交组合，每公顷年产油为 660.65kg、450.76kg、558.34kg、454.56kg、454.03kg，分别比对照增产 100.8%、37.0%、69.7%、38.1%、38.0%。从主要经济性状看，在杂交组合和自交组合的全同胞子代中，果形果色存在一定程度的差异。优良杂交组合的鲜果出籽率均在 40% 以上。优良杂交组合的花期，除 XLH31 较早，在 10 月下旬至 11 月下旬外，其他 4 个的花期均在 11 月上旬至 12 月下旬。优良杂交组合的鲜果出籽率、含油率一般都比较高。

2. 优良家系

从参试的 21 个半同胞家系中，选育出 XLJ2 和 XLJ14 两个优良家系，每公顷年产油量为 512.2kg、490.98kg，分别比对照增产 38.5%、32.8%。入选优良家系的鲜果出籽率均在 40% 以上，鲜果含油率比参试家系平均值高 33.3%、45.9%。种子成熟度较好。开花早，花期为 10 月下旬至 11 月下旬。

3. 优良无性系

从参试的 26 个半同胞子代中，选育出 LXC6 等 6 个优良无性系，每公顷年产油为 500.43～990.86kg，比参试无性系平均值增产 35.4%～168%。果实大小和果形存在较大差异，这可作为区分不同品系的特征之一。每果籽数少的优良无性系，其鲜果含油量相对较高。

4. 优化林分结构

通过系统研究油茶林群体产量性状，揭示了油茶产量结构与产量规律。在 4 个群体类型参试材料

中，幼林不挂果植株，无性系类型最少，只占 16.67%；自交类型最多，达 30.35%。由此提出在油茶自然林中，应加强肥水管理，以缓解大小年现象，促使提高林分产量。对分化较大的优良家系和杂交组合，可采取嫁接换冠改造低产林，达到快速增产的目的。

该项研究与国内同类技术比较，具有如下特点：①首次在普通油茶优良无性系选育的基础上，开展了以良种选育为目标的油茶种内杂交育种研究；②开展了系统选育研究与子代对比试验，即以亲本无性系作对照，综合考虑产量的经济性状的研究；③首次对油茶全同胞子代、半同胞家系和无性系等不同参试材料群体的产量性状进行深入系统研究；④对油茶林群体产量规律深入研究后提出，油茶林前期以营养生长为主，第五年进入投产期，十年后正式投产；为减少油茶产量的大小年明显现象，必须加强肥水管理。油茶营养叶以新叶为主，当年生新叶占 64.6%~67.8%，油茶叶果比为 10.8~12.9。

三、推广应用情况

该研究丰富了油茶杂交育种理论与应用技术，增加了油茶优良基因资源，揭示了油茶幼林的产量结构和结实规律，对油茶杂交育种与栽培研究具有重要的指导意义。项目结合国家和地方造林工程需要，采取对育种材料边鉴定、边示范、逐步推广的方式，将选育出的油茶优良育种材料，分别在湖南的浏阳、江西的新建、湖北的武汉、广东的龙川和广西的南宁等地建设示范林 308hm²，举办培训班 6 期，向生产单位提供杂交子代和优良家系、优良无性系半同胞种子 4t，良种苗木 35.6 万株。在湖南省油茶主产区以及江西、湖北、安徽、重庆等地辐射推广良种丰产林 2.03 万 hm²，产生了很好的社会与经济效益。

40. 灰毡毛忍冬(金银花)新品种选育及快繁技术研究

获 奖 时 间：2006 年
主 要 完 成 单 位：湖南省林业科学院
主 要 完 成 人 员：王晓明 易霭琴 宋庆安 唐效蓉 李午平
奖励类别及等级：湖南省科学技术进步奖 二等奖

一、概述

金银花是忍冬科忍冬属植物忍冬(*Lonicera Japonica* Thunb.)及同属多种植物，包括忍冬、灰毡毛忍冬、山银花、红腺忍冬等，是一种集药用、保健、观赏及生态功能于一体的经济植物，是国家名贵中药材之一。

我国是金银花商品化人工栽培面积最大的国家，主产于湖南、山东、河南等省，其中，湖南栽培总面积 1.8 万 hm²，产量和产值位居全国前列。现有栽培的品种多为原始的野生种，品种混杂，良莠不齐，产量低，干花产量仅 40~80kg/亩，有效成分含量不高，绿原酸含量仅 2%~4%，抗性和适应性较差，很大程度上制约了金银花产业的发展。同时品种的繁殖方法多采用常规的扦插与嫁接，易传染病菌，品种退化快，育苗周期长，繁殖系数小，特别是灰毡毛忍冬新品种常规的无性繁殖比较困难，无法满足金银花种植业需求种苗。

二、成果主要内容、经济技术指标

（1）首次发现花期花冠一直不开裂的金银花优良变异类型，选育出金翠蕾、银翠蕾和白云 3 个新品种，其每个花梗上平均有 27~31 个花管，产量高，定植第三年干花产量达 2601~3978kg/hm²，比普通灰毡毛忍冬高出 130.9%~172%；花蕾整齐，花质优，有效成分含量高，干花含绿原酸量 5.83%~

6.97%，比普通灰毡毛忍冬高出 34.64%～60.97%，是道地金银花优良品种"金丰一号"绿原酸含量的 2.02～2.42 倍；3 个新品种还具较强的抗病虫性和适应性。

（2）研究出了高效组培快繁技术，筛选出金翠蕾、银翠蕾、白云 3 个品种适宜的初代培养基、优化的继代培养基和生根培养基，攻克了金银花组培苗增殖缓慢，生根率低的技术难关。突破了组培苗移栽成活率低的技术瓶颈。组培苗增殖系数达 4.5，生根率 98%，成活率 94.8%。

（3）首次研究出金银花新品种组培苗"以苗繁苗"技术，缩短了育苗周期，大幅度地提高了繁殖系数，降低金银花组培苗生产成本达 30% 以上，解决了金银花组培成本居高不下的技术难题。

（4）是开展了配套的丰产、优质栽培技术研究，提出立地选择、密度控制、配方施肥、整形修剪、病虫害防治和合理采收等方面一系列先进合理的配套栽培技术，显著提高了金银花的产量与质量。

三、推广应用情况

目前金银花新品种已在湖南、河南、湖北、贵州、山东等地推广 5275hm²，年新增纯收入 9157 万元，取得了显著的社会、经济和生态效益。

41. 光皮树良种选育及其果实油脂资源利用技术

> 获　奖　时　间：2009 年
> 主要完成单位：湖南省林业科学院　湖南省生物柴油工程技术研究中心
> 　　　　　　　　中南林业科技大学　湘西自治州龙山县林业局
> 主要完成人员：李昌珠　蒋丽娟　李党训　李培旺　张良波　肖志红
> 　　　　　　　　张康明　向祖恒　李正茂　李　力　艾文胜
> 奖励类别及等级：湖南省科学技术进步奖　二等奖

一、概述

该项目重点光皮树的种质资源和遗传性状进行调查研究，建立了光皮树选育评价体系，选育出高产、全果含油率高的优良种源和优良无性系，制定光皮树培育技术规程，营建良种采穗圃和良种繁育基地。对光皮树果实油制取、精炼和转化为生物柴油新工艺进行了深入系统研究，开发出符合国家标准的产品，建立了中试生产装置，制定光皮树果实制油技术规程，为光皮树良种化、产业化奠定了坚实的基地。

二、主要内容

（1）首次采用 ISSR 分子标记结合选择育种技术，从 112 分材料中选育出矮化、果实高产、高含油的光皮树优良种源 4 个和优良无性系 6 个，并获得国家和省良种审定委员会审定。

（2）系统地研究光皮树果实生长发育规律、果实油脂形成和积累机理，绘制了光皮树果实生长发育曲线，探明了光皮树果皮高含油的机理，为光皮树采收和加工提供了科学依据。

（3）攻克了光皮树良种的嫁接和扦插繁殖技术，建立光皮树矮化、早实栽培的体系。嫁接成活率由原来的 50% 提高到 80% 以上，扦插成活率达 90% 以上；嫁接苗造林可提早成形，提前 3～5 年结果，2 年嫁接树结果株率则可达 40%，树体冠幅缩小 60%，树体由高大乔木向灌木型发展，制定了《光皮树培育技术规程》，有利于光皮树的标准化栽培和管理。

（4）创造性的采用微波、超声波辅助和 CO_2 超临界法对光皮树果实进行萃取方法比较，建立了光皮树果实油萃取最佳工艺；通过 L9(34) 正交试验研究确定光皮树油酯交换反应最佳工艺条件。

（5）首次采用三段式酶法固定床连续制取生物柴油技术转化光皮树油获得符合国家标准的生物柴

油，有效提高酯交换单程转化率达 10% 以上，建立一套 30t/年的中试生产装置，制定了《光皮树果实制油技术规程》，申请"一种生物柴油"专利。

三、推广应用范围

项目科技成果在山西润天化工有限公司转化，成果转化金额 260 万元；以光皮树优良种源和优良无性系为材料，在湖南的湘南、湘中和湘西等地建立良种采穗圃 40 公顷和繁育圃 60hm²，形成了年产接穗 1900 万枝、苗木 3000 万株的产能规模。并在"边选育、边鉴定，逐步示范推广"的策略指导下，并结合国家相关重大项目，如国家林业局与中石油开展的林油一体化、全国生物质能原料林建设等项目。在湖南省各地、江西、广西、湖北等省（区）建设光皮树示范林和辐射推广丰产林 7000hm² 左右，近 3 年累计新增产值 9252.00 万元。

42. 名优观赏树木组培及无土栽培技术引进

获　奖　时　间：2009 年

主要完成单位：湖南省林业科学院

主要完成人员：王晓明　陈明皋　李永欣　易霭琴　宋庆安

　　　　　　　余格非　刘帅成　曾慧杰　刘务山

奖励类别及等级：湖南省科学技术进步奖　二等奖

一、概述

该成果从美国引进名优观赏树木新品种及其组培和无土栽培技术，通过引进、消化、吸收和再创新，形成了新的快繁新技术。

二、主要研究成果

（1）引进了观赏价值高，适应性强的红果腺肋花楸、美洲冬青、金叶络石、红叶紫薇、金叶六道木等观赏树新品种。

（2）独创了"试管苗塑料杯单株一步移栽"技术，将组培苗移栽过程中的"炼苗、出瓶移栽、容器移栽"三道工序融为一体，简化了组培苗移栽工序，突破了观赏树组培苗移栽成活率低的技术瓶颈。

（3）研究出节能的全光照组织培养技术，节约生产成本 10%~15%。

（4）首次取得红果腺肋花楸、美洲冬青等组培苗瓶外生根技术，瓶外生根成活率达 96.5%，减少了组织培养生根培养这一环节，缩短了组培过程，降低了生产成本 20%~30%。

（5）获得了红果腺肋花楸、美洲冬青等组培苗以苗繁苗技术，显著缩短育苗周期，提高苗木繁殖系数，大幅度降低组培苗生产成本。

（6）建立了名优观赏树新品种高效组培规模化快繁技术体系，组培苗增殖系数由原来的 3.0 提高到 6.14，生根率由 80% 提高到 98.1%，移栽成活率由 75% 提高到 96.9%，攻克了观赏树组培苗生根率和移栽成活率低，生产成本居高不下的技术难关，组培苗生产成本降低了 37%。

三、推广应用情况

在项目实施期内，项目组和示范基地共培育名优观赏树新品种苗木 80.6 万株，该成果已在湖南长沙、邵阳、岳阳、益阳等地辐射推广 1875hm²，生产优质苗木 312.8 万株，实现产值 8132.7 万元，纯收入 5662.0 万元，经济效益显著。

43. 油茶高产新品种推广与高效栽培技术示范

获 奖 时 间：2009 年

主要完成单位：湖南省林业科学院　湖南省林业科技推广总站

　　　　　　　浏阳市林业局　攸县林业局

主要完成人员：陈永忠　彭邵锋　刘跃进　王湘南　杨小胡

　　　　　　　薛　萍　粟粒果　刘欲晓　王　瑞　刘益兴

　　　　　　　李党训　杨国东　喻科武　陈厚启　王德斌

奖励类别及等级：梁希林业科学技术奖　二等奖

一、概述

项目针对目前普遍存在的单位面积产量低，系统科学的栽培技术缺乏，林分老龄化严重、广适性优良品种少、良种化水平很低等油茶产业发展的技术瓶颈，将通过 40 多年的系统研究所选育出的湘林 1 号等 52 个油茶高产新品种，通过合理搭配将其推广到全国各油茶主产区，并研制出油茶高产新品系繁育技术及配套的高效栽培技术，加快了油茶良种化进程并实现产业化。

二、主要研究成果

（1）将选育出产油 $477kg/hm^2 \sim 872kg/hm^2$ 的 52 个油茶高产新品种按照适生栽培区域划分为 11 个品种群，有利于品种的推广应用，推动了油茶的良种化进程，营造推广示范林 2135 亩；

（2）提出了油茶采穗圃综合复壮技术，优化了油茶芽苗砧嫁接育苗技术，建立了油茶优良新品种规模化繁育技术体系；建立良种繁育基地 100 亩，培育苗木 220 万株，生产优良无性系穗条 619 万株；

（3）提出了油茶优良新品种高效栽培技术体系。通过攻克多项关键技术，使油茶高产示范林产量达 $1162.0kg/hm^2$，比优良品种的 $450kg/hm^2$ 提高 158.2%，为集约经营提供了技术储备。运用油茶养分循环和平衡施肥的原理，筛选出配方施肥技术，使产量提高 58.6% ~ 136.4%；研究了树体结构调控对油茶产量和含油率的促进作用，可增产 99.4% ~ 107.2%；筛选出促进油脂转化的植物生长调节剂，喷施植物生长调节剂，使鲜果含油率提高 11.2% ~ 22.4%，使种仁含油量提高 11.9% ~ 18.0%。

三、推广应用情况

项目实施期间，贯彻"边选育、边测定、逐步示范推广"的策略，将油茶高产新品种及配套高效栽培技术推广到中国湖南、江西、福建，泰国等各油茶主产区，共完成推广示范林造林 12 905 公顷；部分已进入丰产期。每年可利用芽苗砧嫁接优化技术繁育新品种苗木 3040 万株。在近 3 年中，应用该项目成果共实现产值 15.0 亿元，新增税收 1.80 亿元，出口创汇 2.4 万美元。该成果取得了巨大的经济、社会效益。

44. 油茶优良新品种规模化繁育体系研究与示范

获 奖 时 间：2010 年

主要完成单位：湖南省林业科学院　湖南省林木种苗管理站

　　　　　　　广西壮族自治区林业科学研究院　江西省林业科学院

　　　　　　　湖南省中林油茶科技有限责任公司　浏阳市林业局

主要完成人员：陈永忠　彭邵锋　马锦林　殷元良　李　江

　　　　　　　马　力　王湘南　王　瑞　张乃燕　龚　春

　　　　　　　孙建一　杨小胡　杨国东　李子元　粟粒果

奖励类别及等级：湖南省科学技术进步奖　二等奖

一、概述

项目组技术人员运用林木遗传育种、经济林栽培和土壤学等多学科技术原理，分析研究影响穗条产量、苗木产量的主要因素，重点攻克油茶采穗圃复壮和容器育苗技术等结点，首次研究出油茶芽苗砧、容器育苗集成技术和采穗圃综合复壮技术，制定了苗木质量分级行业标准，建立了油茶优良新品种规模化繁育技术体系，实现了良种苗木规模化快繁和标准化生产，推动了油茶产业良种化进程。

二、主要研究成果

（1）研究出采穗圃综合复壮技术。该技术使树冠恢复速度快，使原有采穗圃产穗量从原来的9500枝/亩提高了现在的25000枝/亩，枝条长度达20.5cm，枝条粗度达2.18mm，枝条叶片数达10片，分别比对照提高116.7%、38.0%、61.3%。这对充分利用原有采穗圃，短时间迅速提高穗条产量和质量具有十分重要的意义。同时，项目成功筛选出影响高接换冠的主要因素，大大提高了嫁接成活率，节省了穗条用量和生产成本。

（2）提出芽苗砧嫁接与容器育苗相结合的复合式育苗方法，建立了油茶优良新品种规模化繁育技术体系。通过使用芽苗砧嫁接与容器育苗相结合的复合式育苗方法，大大提高了合格苗的出圃率，平均亩产合格苗提高到10.5万株，比当前平均产量提高1.1倍，实现1年生苗上山造林，缩短了育苗时间1年，提高了造林成活率。

（3）首次研究出油茶穗条高效利用技术。1、2月采集的穗条经此技术处理于翌年3月进行扦插，成活率达80%，比同期扦插成活率提高60%，穗条使用率提高了33%。

（4）研究出油茶芽苗砧嫁接流水作业优化模式。通过调整人员分工配比，改芽苗砧嫁接传统作业模式为流水作业优化模式，简化了育苗程序，提高了嫁接效率，节省了育苗成本，嫁接量从原来的800株/（人·天）提高到现在的1500株/（人·天），效率提高87.5%。

（5）首次制定了油茶苗木质量分级行业标准。通过对油茶优良无性系、优良家系和杂交组合等油茶苗木培育过程和生长情况调查研究，依据当前油茶育苗现状和发展趋势与造林技术规程，制订了油茶相关苗木的质量标准和分级要求，通过科学地规范油茶苗木培育和应用，有利于促进了油茶生产的规范化、科学化、标准化。

三、推广应用情况

项目实施期间，坚持"产学研"相结合，根据油茶栽培区划，已将油茶优良新品种及规模化快繁技术推广到湖南、江西、广西、贵州等油茶省（区），共营造推广示范林3410hm²，部分已进入丰产期；利用油茶采穗圃综合复壮技术和复合式育苗技术培育良种穗条8820万枝，培育苗木1.23亿株。目前已举办技术培训班100余期，培训技术骨干和林农5万多人次，发放技术资料及光盘10余份。近3年，应用该成果共实现产值5.38亿元，新增税收1392万元。该成果取得了巨大的经济、社会效益。该成果推广应用前景广阔。

45. 湖南省退耕还林可持续经营技术与效益计量评价

获 奖 时 间：2010年

主要完成单位：湖南省林业科学院　湖南省退耕还林工作领导小组办公室

主要完成人员：陶接来　田育新　李书明　徐清乾　许忠坤

　　　　　　　刘正平　董春英　李锡泉　黄忠良　周小玲

　　　　　　　夏合新　吴际友

奖励类别及等级：湖南省科学技术进步奖　二等奖

一、概述

对湖南省退耕还林工程区进行了科学区划，采用立地控制、遗传控制、密度控制、生态控制对各主要树种造林管理技术进行了集成，筛选出 31 个优化造林模式，长期同步定位研究了退耕还林对生态环境、社会经济发展的影响，评价了工程碳贮量和生态服务价值。营造试验示范林 310 hm²，示范推广面积 74.04 万 hm²，辐射推广面积 48.028 万 hm²，一个生产周期总产值 13 686 190 万元，纯收入 5 761 850 万元，效益十分显著。

二、主要研究成果

（1）首次对湖南省退耕还林工程区进行了科学区划。根据退耕还林工程区地形地貌特点，首次将工程区划分为湘北区岳阳、益阳、常德、长沙 4 市共 31 个县（市、区），湘中丘陵区株洲、湘潭、衡阳、娄底 4 市共 20 个县（市、区），雪峰山区怀化、邵阳 2 市共 21 个县（市、区），南岭山区永州、郴州 2 市共 22 个县（市、区）和武陵山区张家界、湘西自治州 2 市（州）共 22 个县（市、区）五个类型区。

（2）科学优化造林模式。在类型区划、65 项研究成果集成的基础上，提出了"林竹、林果、林草、林油、林药、林漆"等 90 个优化模式，涉及主要造林树种 81 个，并在工程建设区广泛推广应用。这些模式主要采用了良种选育技术，标准化栽培技术，生态配置技术和产品采收、保鲜、加工等技术。在工程实施过程中，以适地适树、群众喜爱、市场前景好、综合效益高为原则，根据生长量、结果量、生物多样性、水土保持效果等进行综合评判，筛选出了适合不同类型区的生态型 19 个、经济型 5 个、生态经济兼用型 7 个优化造林模式。

（3）同步系统研究了退耕还林小流域小气候效应、降雨及水沙变化特征，不同退耕还林模式对坡面径流、泥沙及土壤理化性质的影响变化规律，以及退耕还林对土壤抗冲能力的强化效应；构建了小流域干旱指数模型、降水-径流模型、森林覆盖率-洪水要素模型；科学评价了湖南省退耕还林工程碳贮量和生态服务价值。系统地调查研究了退耕前后退耕户家庭恩格尔系数的变化，分析了退耕还林对我省森林覆盖率、劳动力的转移及耕地面积的影响、退耕前后退耕户收入结构的变化情况以及家庭经济的影响。

三、推广应用情况

2000～2008 年，全省推广利用项目中杉木、马尾松、毛竹、杉木+四川桤木、湿地松+枫香等 19 个生态型优化模式 64.311 万 hm²，柑橘、橙、柚、李、金银花+厚朴 5 个经济型优化模式 3.806 万 hm²，油茶、板栗、枣等 7 个生态经济兼用型优化模式 5.823 万 hm²。全省同时辐射推广 48.028 万 hm²，累计面积 122.068 万 hm²。经测产计算，全省退耕还林 2009 年度生态林新增产值 45.930 亿元，新增纯收入 18.372 亿元；经济林新增产值 10.822 亿元，新增纯收入 4.919 亿元；生态、经济兼用林新增产值 4.374 亿元，新增纯收入 1.988 亿元；以上三大类树种累计造林面积 122.068 万 hm²，2009 年累计新增产值 61.126 亿元，新增纯收入 25.279 亿元。退耕后农户家庭收入及结构发生了积极变化，森林覆盖率得到提高，退耕还林工程区社会、生态环境得到根本性的改善。

46. 承载型竹基复合材料制造关键技术与装备开发应用（协作）

获 奖 时 间：2011 年

主要完成单位：国家林业局北京林业机械研究所　南京林业大学
　　　　　　　湖南省林业科学院　镇江中福马机械有限公司
　　　　　　　中国林业科学研究院木材工业研究所　湖南恒盾集团有限公司

主要完成人员：傅万四　张齐生　丁定安　沈　毅　张占宽
　　　　　　　蒋身学　朱志强　周建波　王检忠　许　斌
奖励类别及等级：梁希林业科学技术奖　二等奖

一、概述

该成果属于木材加工与人造板工艺学及林业机械学科领域，课题组攻克了竹基复合材料难以应用于建筑结构、车船制造等承载型用途难关。

二、主要研究内容

开发了4种新材料、5项新工艺和7台（套）关键技术装备首次提出"竹材原态重组"理念，开发出2种竹材原态重组材料制造技术及关键装备；创新开发出竹质OSB的制造技术，竹质OSB承载性能优于《定向刨花板》最高等级OSB/4标准；首次研发出大规格竹篾积成材制造技术，承载性能优于《人造板及饰面人造板理化性能试验方法》标准；创新开发出竹材对剖联丝重组材料制造技术，承载性能优于《汽车车厢底板用竹材胶合板》标准。

三、推广应用情况

该成果获得发明专利7项、实用新型专利11项，制订行业标准3项，颁布实施企业标准2项；通过国家级产品、生产线检验、检测15项；出版专著1部，发表论文38篇。该成果在山东青岛国森机械有限公司等10多家企业推广应用，近3年直接新增产值55820万元，新增利润9127万元。

47. 微红梢斑螟和松实小卷蛾生物学特性及防治技术

获　奖　时　间：2013年
主要完成单位：湖南省林业科学院　湖南省森林病虫害防治检疫总站
　　　　　　　湖南省靖州苗族侗族自治县林业局　湖南省湘乡市林业局
主要完成人员：何　振　梁军生　颜学武　刘　敏　夏永刚
　　　　　　　喻锦秀　童新旺　王溪林　罗贤坤　周　刚
　　　　　　　陈跃林　谭新辉　廖正乾　张　烜　王　旭
奖励类别及等级：湖南省科学技术进步奖　二等奖

一、概述

微红梢斑螟（*Dioryctria rubella*）和松实小卷蛾（*Retinia cristata*）属中国传统森林害虫。2008年重大冰冻灾害之前，在湖南省未见有成灾记录，因此，对其生物学特性及防治也不了解。重大冰冻灾害之后，该虫迅速上升为突发性重大林业有害生物，2009~2011年年均发生200多万亩，涉及82个县（市、区），给湖南省松林特别是松幼林及种子园球果造成了极大的损失，广大林农造林积极性空前低落。2009年6月初，湖南省人民政府批准启动了《湖南省林业生物灾害应急预案》Ⅱ级响应，省林业厅随后组织有关专家进行了现场调研、会商后下达松梢害虫研究课题。项目通过研究微红梢斑螟、松实小卷蛾在湖南的生物学特性、生态学规律以及防治技术，为害虫的科学治理提供了重要科技支撑。

二、主要研究成果

（1）系统地开展了微红梢斑螟和松实小卷蛾在湖南的生物学特性研究，包括生活史及发生规律，发现微红梢斑螟在湖南年发生3~4代，松实小卷蛾年发生4~5代。丘陵区害虫发育进度比山区提早7~10d，编制了生活史表。

（2）创造性地研究了虫害发生与寄主、立地、植被群落多样性、温湿度等的关系。建立了以单株平均枯梢量和树龄为变量的林分虫口密度预测模型；明确了微红梢斑螟越冬代虫口密度与第1代虫口密度的关系。

（3）攻克了微红梢斑螟和松实小卷蛾防治难题，系统集成了包括无公害化学防治、生物防治、人工物理防治等为核心的松梢害虫综合治理创新技术体系。

（4）在微红梢斑螟和松实小卷蛾寄生性天敌昆虫研究方面，通过调查和饲养等共收集到寄生性天敌昆虫15种，病原真菌1种，其中5种为寄主新纪录。

（5）项目研究过程中，在省级以上刊物发表相关研究论文16篇，采用综合治理创新技术体系累计指导或推广防治受害松林面积445.4万亩，新增产值折合人民币13.362亿元，同时，生态和社会效益十分显著。

三、推广应用情况

2012~2014年推广应用情况如下：

1. 主要技术内容

（1）微红梢斑螟、松实小卷蛾虫情调查及虫口密度预测技术通过林间对角线抽样调查确定单株平均枯梢量，再通过林间虫口密度预测模型计算微红梢斑螟、松实小卷蛾的虫口密度。

（2）微红梢斑螟、松实小卷蛾综合防治技术在低密度虫口区开展生物防治和人工剪梢防治，以增加自然界中天敌数量和恢复当地生态平衡为主；在高密度虫口区以无公害药剂喷雾防治为主，然后再利用生物防治和人工剪梢防治达到虫灾不暴发的目的。

2. 主要效果

培训专业防治技术人员67人次，在岳阳县推广防治面积4万亩，示范防治区内虫口密度下降95%以上。节约防治费用150万元以上，预计3年共挽回间接经济损失1500万余元。

48. 凹叶厚朴优良无性系选育及无公害栽培技术研究

获 奖 时 间：2013 年
主要完成单位：湖南省林业科学院　中南林业科技大学
　　　　　　　湖南中医药大学　湖南敬和堂制药有限公司
主要完成人员：王晓明　蒋丽娟　裴 刚　宋庆安　马英姿
　　　　　　　陈奉元　蔡 能　李永欣　曾慧杰　杨硕知
　　　　　　　黄青柳　谢运河
奖励类别及等级：湖南省科学技术进步奖　二等奖

一、概述

该成果针对凹叶厚朴野生资源濒临枯竭、现有栽培品种产量低，栽培管理粗放、技术落后，品质差等问题，选育出高产、高含量活性成分凹叶厚朴优良无性系2个、建立规模化繁殖技术及配套的无公害栽培技术体系，取得了显著经济、社会、生态效益。

二、主要研究成果

（1）首次从凹叶厚朴中选育出高产、高含量活性成分的优良无性系'洪塘营10号'和'洪塘营7号'，栽植第11年，亩产干皮总重分别为1531.8kg和1678.3kg，比对照提高79.69%和96.88%；茎皮总厚朴酚含量分别为7.92%和6.78%，比对照分别提高81.65%和55.50%；根皮总厚朴酚含量分别为34.03%和29.38%。

（2）建立了优良无性系的高效快繁技术体系，嫁接成活率达到92%以上，全光照间歇喷雾扦插生根率为94.4%。

（3）研制出显著提高凹叶厚朴活性成分的高效增皮素，剥皮后使用增皮素的树，第2年再生皮厚2.58mm，其总酚含量达到3.77%，缩短了生产周期，提高了种植经济效益，实现了凹叶厚朴可持续再生利用。

（4）首次系统地研究了凹叶厚朴树体不同部位的厚朴酚、和厚朴酚、总酚含量及树皮厚度变化规律，并构建了凹叶厚朴主要活性成分含量及树皮厚度在树体不同部位的变化模型。

（5）研究了不同地理区域土壤矿质元素、配方肥种类及施肥量、修剪、环割等栽培技术措施对凹叶厚朴优良无性系主要活性成分含量、树皮厚度的影响，探讨凹叶厚朴活性成分含量与海拔、环境因子、地理位置、栽培技术措施之间的关系，提出凹叶厚朴优良无性系配套的高效无公害栽培技术，显著提高了厚朴产量与质量。利用该技术所生产的厚朴树皮经权威机构检验，均达到绿色药材标准。

三、推广应用情况

营建凹叶厚朴优良无性系丰产示范林300亩，直接经济效益540万元。辐射推广凹叶厚朴优良无性系及配套的无公害栽培技术3410hm²，新增产值18336.9万元，新增纯收入13265.9万元，取得了显著的经济效益。

49. 湖南油茶良种组合区划和标准化栽培

获 奖 时 间：2014年

主要完成单位：湖南省林业科学院　南京林业大学　湖南林之神生物科技有限公司
　　　　　　　岳阳市林业科学研究所　湖南省湘潭市林业科学研究所(湘潭市金鸡岭林场)

主要完成人员：陈永忠　彭邵锋　彭方仁　马　力　胡孔飞
　　　　　　　王　瑞　皮　兵　潘新军　廖德志　吴红强
　　　　　　　罗　健　唐　炜

奖励类别及等级：湖南省科学技术进步奖　二等奖

一、概述

项目针对我国油茶产业中良种配置不合理、栽培技术不系统、生产效率低、成本高等制约油茶产业发展的关键瓶颈。在国家科技支撑等项目的支持下，历时10余年，在油茶良种组合配置、磷素高效利用等方面取得了突破性成果，实现了油茶良种组合优化配置和栽培标准化。

二、主要研究成果

（1）针对湖省湘西中山低山丘陵盆地区、湘中丘陵区、湘北丘陵盆地区、湘南中山低山丘陵区、湘东丘陵区等5个主要产区气候与土壤特点，通过多点多年区试和授粉亲和力、配合力测定等研究，筛选出适合不同区域的油茶高产良种组合，创建湖南省油茶良种组合区划，实现了油茶良种组合优化配置。

（2）在掌握油茶适应低磷胁迫机理的基础上，选育出GL67和GL69两个磷高效型无性系，筛选出磷素活化剂和适合红壤区油茶林的磷源肥料，使土壤对有效磷固定率降低36.10%，植株磷素利用效率提高8.1%，建立了油茶磷素高效利用技术体系，攻克了我国南方红壤区有效磷缺乏、磷利用效率低等难题。

（3）研究提出适合湖南省油茶栽培分布区6种典型土壤的始果期和盛果期最佳NPK施肥配方，实现了油茶精确化施肥，有效促进植株营养平衡；首次从油茶自然林中分离了 N7-3 等 3 株油茶高效固氮菌株，固氮效能达 31.35mg/g，为固氮菌肥研制提供了材料和技术储备。

（4）创建了油茶良种早实丰产标准化栽培技术体系，重点研究覆盖保墒、配方施肥、树体培育等关键技术，建立标准化栽培规程，使造林成活率达 95%，第 3 年开花挂果率 99.1%，平均树高 1.55m、冠幅 1.88m²；造林后第 4 年产油 5kg/亩，第 5 年产油 12.3kg/亩，盛产期亩产油 62.58kg。

（5）首次研究油茶产地标识码编码结构、方法、赋码规则等，编制出湖南省油茶产地标识码，实现油茶产品原料产地的数字化管理，为进一步实现油茶产品质量全过程追溯提供技术储备。

三、推广应用情况

项目实施期间，利用成果关键技术在湖南、江西、广西等油茶产区建立油茶标准化栽培示范林 3.5 万亩，各类产品近 3 年累计新增利润 11830 万元，节约成本 1254 万元；辐射推广 30 万亩，按每亩增产果实 200kg，每亩节约造林抚育成本 140 元，则年新增产值可达 1.5 亿元，节约成本 0.42 亿元，取得了巨大的经济效益、社会效益和生态效益。

50. 金银花新品种"花瑶晚熟"选育及组培快繁技术研究

获 奖 时 间：2014 年
主 要 完 成 单 位：湖南省林业科学院　隆回县特色产业办公室
　　　　　　　　湖南未名创林生物能源有限公司
主 要 完 成 人 员：王晓明　蔡　能　陈建军　曾慧杰　李永欣
　　　　　　　　马社军　杨硕之　乔中全　王　惠　宋庆安
　　　　　　　　陈家法　李党训　王炎春
奖励类别及等级：湖南省科学技术进步奖　二等奖

一、概述

针对湖南省金银花产量与有效成分含量低、开花时间较为集中、花期重叠，不利于合理调配劳动力进行鲜花采收与加工等问题，选育不同成熟期、高产、高活性成分含量、高抗性的金银花新品种，研究其配套的组培快繁技术，解决金银花发展瓶颈的有效途径，提高了全省金银花生产水平和经济效益，促进了我省金银花产业可持续发展。

二、主要研究成果

（1）选育出的金银花新品种'花瑶晚熟'，具有高产、高活性成分含量、晚熟等优点。其花蕾较其他灰毡毛忍冬品种晚成熟 10 天左右，且花期长达 15~25d；干花产量达 378kg/亩，是普通灰毡毛忍冬的 3.5 倍；干花含绿原酸 8.86%，是普通灰毡毛忍冬的 1.92 倍，是道地金银花优良品种'金丰一号'绿原酸含量的 2.91 倍。

（2）建立了金银花主栽品种 ISSR 分子标记技术体系，获得了'花瑶晚熟'的 DNA 指纹图谱，可从分子水平鉴别金银花新品种。

（3）建立了'花瑶晚熟'的高效组培快繁技术体系，组培苗增殖系数达到 4.63，生根率达 97.92%，移栽成活率达到 96.5% 以上。实现了规模化组培苗生产，有利于金银花新品种的应用与推广。

（4）探明了金银花新品种'花瑶晚熟'组培过程中内源激素含量的变化规律及对组培苗增殖分化和生根的作用机理。

三、推广应用情况

该项目坚持边研究，边示范推广，在湖南隆回、怀化、汨罗等县市示范推广金银花新品种'花瑶晚熟'3.17万亩，新增产值 17 598.0 万元，新增纯收入 6759.3 万元，新增税收 879.9 万元；培育金银花新品种苗木 1200 万株，新增产值 3600.0 万元，新增纯收入 1800.0 万元，新增税收 180.0 万元；两项合计新增产值 21 198.0 万元，新增纯收入 8559.3 万元，新增税收 1059.9 万元，取得了显著的经济效益。

51. 非食用复合原料油清洁转化油脂基能源产品新技术与示范

获 奖 时 间：2015 年

主要完成单位：湖南省林业科学院　湖南省生物柴油工程技术研究中心
　　　　　　　中国科学院广州能源研究所　江苏大学

主要完成人员：李昌珠　袁振宏　林　琳　李培旺　刘汝宽
　　　　　　　张爱华　吕鹏梅　肖志红　张良波　陈景震
　　　　　　　吴　红　钟武洪

奖励类别及等级：湖南省科学技术进步奖　二等奖

一、概述

本项目在国家"863"和科技支撑等计划的支持下，历时近 10 年。针对当前生物油脂基能源产业所面临的原料成本高、单一原料持续供应难和工艺不易实现连续生产及二次污染等问题，以植物油脂及废弃油脂为复合原料，构建了原料广适性的模块化工艺系统，实现了非食用油脂基能源产品的清洁规模化生产。在油脂制备、预处理、生物甲酯和生物润滑油的开发等领域取得了突破性的成果。

二、主要内容

（1）复合原料理化性质评价、清洁高效制油及其预处理技术。通过检测方法研究，建立复合原料数据库，创建了其理化性质的快速检测技术。发明了高含油、多双键和羟基活性官能团植物油料的清洁、高效制油技术，发明了连续式低温压榨耦合多级逆流萃取制油技术与装备，实现了油料直接压榨以及油脂和高附加值产品的同步提取。

（2）创立绿色、连续和模块化生物甲酯生产技术。研制出新型静态混合活塞流反应器，结合自制的 CaO/Fe 纤维、KF/CaO/Ce 等固体碱催化剂，解决了生物甲酯规模生产过程中能耗高、连续性差和二次污染等问题。

（3）大跨度多级生物润滑油制备技术：选用钨硅酸作为催化剂，通过建立癸二酸与异辛醇酯化反应动力学模型，优化了反应的条件，使得癸二酸二异辛酯的转化率达 97.63%；采用极角点法进行混料设计，以复合非食用植物油脂、甲酯、癸二酸二异辛酯等改性油脂产品进行了基础油复配调制，研发出高档温度大跨度多级生物润滑油（−50~300℃）。

（4）开发出集低温性能改善、无灰热值增高等功效于一体的多功能核心助剂，创建了石化柴油−生物甲酯复配燃料的修饰改性及均相提质复配技术，改善复配产品的低温性能（冷滤点达−17℃）和氧化安定性，复配生物柴油 BD5 和 BD10 产品。

三、推广应用范围

本项目产品和技术先后在湖南未名创林生物能源公司和湖南金德意油脂能源有限公司等多家油脂化工企业推广应用，累计新增产值 19.22 亿元，新增利润 3.65 亿元，新增税收 1.46 亿元，为我国油脂基能源产品开发、提升产品竞争力及行业进步起到了重要的引领和支撑作用。

52. 高品质毛竹笋高效培育及高值化利用技术

> 获　奖　时　间：2015 年
> 主要完成单位：湖南省林业科学院　国际竹藤中心　桃江县林业局
> 　　　　　　　长沙市望城区林业局　临湘市林业局
> 主要完成人员：艾文胜　杨　明　孟　勇　漆良华　李美群
> 　　　　　　　欧卫明　曾　博　贺菊红　蒲湘云
> 奖励类别及等级：湖南省科学技术进步奖　二等奖

一、概述

湖南省为我国毛竹资源主要分布区，竹笋产业是竹产业的重要组成部分，但制约竹笋产业长足发展的高产、高质和高效等技术瓶颈问题仍未得到有效解决。基于以上情况，经过 10 多年努力研究，在提高毛竹春笋、冬笋产量和品质及高值化加工利用关键技术等方面取得了突破性成果，形成了从高品质毛竹笋高效培育及示范到高值化加工利用的整体技术和产业链；实现竹林产出和企业效益的大幅提高，为竹农致富、财政增效及企业转型升级提供了新途径，相关成果经国家及省部级验收鉴定，整体水平达到国际同类研究领先水平。

二、主要成果

（1）首次开展了高品质毛竹笋高效培育技术理论研究。揭示了毛竹笋在暗环境下生长及营养成分和品质的变化规律，以及施硒肥后毛竹硒元素的分布规律和赋存形态。建立暗环境下生长于温湿度变化模型和硒含量预测模型，为毛竹笋富硒及高品质培育研究提供理论基础。

（2）自主研发保温增湿毛竹笋专用双层袋和专用富硒肥。采用专用双层袋，能显著毛竹笋生长的温度和湿度，促进毛竹笋高、地径生长，降低了粗纤维含量，提高总糖含量和氨基酸含量。

（3）研究出高品质毛竹笋用林高效培育技术体系。利用专研富硒肥、以覆盖和套袋为主要技术措施，结合竹林经营实施结构、立地和遗传三大控制技术，实现珠算高产、高质和高效的可持续经营，首创了富硒毛竹算安全性评估指标体系和方法，提出从竹笋硒形态、重金属含量和硒含量控制等方面对富硒竹笋食用安全性评价。从覆盖时间、材料及比例等方面对覆盖技术进行了系统优化，制定相关技术地方标准，开展标准化示范，推进了毛竹高品质笋用林高效培育标准化进程。

（4）发明了毛竹笋富硒、保鲜、有机笋干生产和加工剩余物酿酒的方法和公益，形成了整体技术和产业链，大幅提高了加工效益，实现高品质毛竹笋的高值化利用。

三、推广情况

该项目成果在全省毛竹主产区推广应用 52 000 余亩，笋用竹林亩产增值大 2000 元以上，竹笋加工效益提高 50% 以上，累计实现效益 4.78 亿元以上，增加就业人数 10 000 余人。为湖南省竹笋培育和加工的发展起到了重要的示范带动作用，增强了竹林生态效益，促进了区域经济和社会发展。

53. 南方特色木本植物油料全资源高效利用新技术与产品

> 获　奖　时　间：2015 年
> 主要完成单位：湖南省林业科学院　江苏大学　中南林业科技大学
> 　　　　　　　湖南省生物柴油工程技术研究中心

主要完成人员：李昌珠　林　琳　刘汝宽　李　辉　崔海英

李培旺　周建宏　蒋丽娟　张爱华　吴　红

陈景震　皮　兵　王　昊　张良波　肖志红

奖励类别及等级：梁希林业科学技术奖　二等奖

一、概述

针对油料特点的全资源化利用系统技术，油料加工关键技术及装备落后、产品附加值不高、副产品利用率低，未形成全资源利用产业链。在国家"863"和科技支撑等计划的支持下历时18年，在油料可调控模块化制油、植物油基食品抗菌剂复配、甲酯连续生产转化和生物质成型燃料等技术领域取得了突破性成果，创新了三种油料植物全资源高效利用技术，构建了符合市场需求导向的多元化油脂基产品规模化清洁生产技术体系。

二、主要内容

（1）油料模块化调质制油新技术：研创出集预压装料、主压制油和顶升卸料等于一体的连续式PLC自动化冷态制油装备，再通过耦合"双亲"溶剂的兼容性萃取技术，集成了原料标准化调质预处理单元技术，创新出油料模块化调质制油技术体系。

（2）栅栏复配技术创制广谱生物抗菌剂：发明了基于植物油料活性组分（主要包括皂苷、柠檬醛和丁香酚等）与螯合剂、表面活性剂协同溶膜作用的栅栏复配技术，融合薄膜超声法创制出脂质体包覆型生物抗菌剂（GB15979-2002），可安全地直接作用于食品表面。

（3）非均相催化"预酯化-酯交换"两步法制备生物甲酯：基于低品质油脂原料酸值高的特性，研制出磁性碳基纤维固体酸及CaO/Fe纤维固体碱催化剂，构建了集无水脱胶、干法脱皂、甲醇闪蒸回收技术于一体的非均相催化"预酯化-酯交换"两步法技术体系，产品达到GB/T 20828-2007的要求。

（4）油料和林木加工剩余物耦合烘培成型技术：融合自主研创的可在低氧气氛和无流化助剂条件下稳定流化的木质生物质流化床烘焙反应装置，创制出集物料复合调制、流化床烘焙和成型环节于一体的原料广适性生物质复配成型燃料制备技术。

三、推广应用情况

项目实施期间，产品和技术先后在湖南林之神、永州山香和苏州瑞美科等多家企业推广应用，近3年累计新增产值60 812.60万元，新增税收5700.73万元，构建了符合市场需求导向的多元化油脂基产品规模化清洁生产技术体系，为我国油料能源全资源化利用开发、提升行业竞争力和推动行业进步起到了重要的作用。

54. 油茶林立体高效复合经营技术

获奖时间：2015年

主要完成单位：湖南省林业科学院　湖南省中林油茶科技有限责任公司

浏阳市林业技术推广站

主要完成人员：陈永忠　陈隆升　杨小胡　彭邵锋　彭映赫　王　瑞

马　力　王湘南　唐　炜　罗　健　张慧中

奖励类别及等级：梁希林业科学技术奖　二等奖

一、概述

该成果针对油茶林幼林期长达4~5年，前期投入大、投资回收期长等瓶颈难题。以提高油茶生产的经济、社会和生态三大效益为目标，根据不同立地条件的油茶林地，研究油茶林高效抚育技术、复合种养循环技术、生态庄园清洁生产技术等三类不同的油茶林经营模式与技术，建立了油茶幼林高效立体复合经营技术体系。

该研究获得技术规程 1 个，专利 1 项论文 9 篇，举办技术培训 30 余期，培训林农 3000 余人，在湖南、江西、广西、云南等地建立示范基地 7667hm²，产生巨大的经济、社会与生态效益，近 3 年增加就业岗位 2060 余个，新增产值 1.927 亿元，新增利润 0.55 亿元，新增税 0.23 亿元，增收节支总额 2.41 亿元。

二、主要研究成果

(1) 针对油茶幼林抚育成本高、难度大等特点，研发地表覆盖技术，研制出油茶幼林专用生态覆盖除草垫，获得专利 1 项，大幅度提高油茶造林成活率，平均造林成活率达 94.6%，并通过成本分析等综合比较提出了以生态覆盖垫除草、穴抚为主的生态抚育技术，制定技术规程 1 项。

(2) 建立了油茶林林–农、林–药、林–禽等复合种养技术体系；并首次创立了油茶林–农–禽(渔)–沼等油茶林生态庄园经营技术，实现农村地区的清洁生产，基地造林第五年平均树高 1.78m，冠幅 1.91㎡，单株挂果数 110 个，单株开花挂果率 100%，比对照提高 20.8%以上。每亩年增加利润 320 元，最高达 1705 元，解决了油茶林幼林期缺乏收入来源、投入成本高的难题。

(3) 首次提出了普通农户、种植大户、专业合作社、公司等四种油茶经营主体的适合经营规模，即普通农户 30–100 亩，种植大户 100–1000 亩，专业合作社 500–2000 亩，公司 2000 亩以上。研究出林–农(药)–禽、渔–沼或林–农(药)–禽、渔循环经营模式，林–农–禽复合种养模式，林–农(药)复合经营模式，单一经营等 4 种油茶林不同立体经营模式的适合发展区域及配置经营技术。

三、推广应用情况

在湖南林之神生物科技有限公司、江西星火农林科技有限公司、广西贺州春晖有限公司、云南陇川山茶茶油有限责任公司等 9 个单位应用该技术成果后均提高产值 700 元/亩，增加利润 200 元/亩，同时减少化学肥料的投入。在湖南、江西、广西、云南等地建立示范基地 7667 公顷，产生巨大的经济、社会与生态效益，近 3 年增加就业岗位 2060 余个，新增产值 1.927 亿元，新增利润 0.55 亿元，新增税 0.23 亿元，增收节支总额 2.41 亿元。

55. 《天赐之华》

> 获 奖 时 间：2015 年
> 主 要 完 成 单 位：湖南省林业科学院
> 主 要 完 成 人 员：陈永忠　王　瑞
> 奖 励 类 别 及 等 级：梁希科普奖　二等奖

一、概述

该书从历史、健康、生态和产业四方面深入挖掘了茶油(油茶)的文化底蕴与内涵，将茶油价值渊源与油茶的历史文化有机地融合在一起，以故事方式描述了油茶树深厚的历史文化内涵，梳理了与茶油有关的历史传承，讲述了茶油在引领健康生活方式的作用，以及在我国油茶产业发展、生态建设、林农致富中具有的重要意义。该书虽然有很强的专业性，但其文如涓涓细流，韵味悠长，其图则如视觉盛宴，缤纷斑斓。图文并茂，深入浅出，科普价值高。曾获第四届湖南省优秀科普作品。

二、主要研究成果

本书从历史文化、健康文化、生态文化和产业文化四方面总结了源远流长的茶油文化。

第一部分"油茶素描",描述了油茶树深厚的历史文化内涵。"油茶品格"揭示了油茶树善、美、健的文化品格;"茶油飘香"介绍了古老的榨油工艺和身为重要非物质文化遗产的榨油坊和背后的历史沿革。

第二部分"茶油传奇",梳理了与茶油有关的历史传承。"茶油故事"讲述了茶油背后一个个鲜为人知的历史传说;"茶油风情"分享了茶油在中国民间活色生香的民俗风情。

第三部分"茶油生活",讲述了茶油在引领健康生活方式的过程中发挥的作用。"健康新宠"发掘了茶油的本真、原味与天然;"闺中蜜恋"则向女性朋友讲述了茶油与美的不解之缘。

第四部分"油茶生态",思考了油茶作为大自然的一员的角色扮演。"花开烂漫"描述了油茶树在维护生态平衡过程中所起的作用;"绿满山林"分析了油茶树在退耕还林的伟大战役中的作用。

最后一部分题为"油茶产业",集中了作者近来年关于油茶产业发展的一些思考成果。"路在脚下"阐述了产业链建设对油茶发展的意义;"半分天下"探讨和总结了近年来以湖南为代表的油茶主产区产业的发展面貌。

三、推广应用情况

该书融入了众多生动有趣的故事,以散文化的笔调娓娓道来。因此该书选题虽然有很强的专业性,但可读性强,很适用于基层技术人员和广大群众阅读,有利于使更多的人认识、接受和支持茶油及其系列产品,科普价值高。

56. 竹材原态重组材料制造关键技术与设备开发应用(协作)

获 奖 时 间:2015 年

主要完成单位:国家林业局北京林业机械研究所 湖南省林业科学院

中国林业科学研究院林业科技信息研究所

中国林业科学研究院木材工业研究所 益阳海利宏竹业有限公司

主要完成人员:傅万四 周建波 余 颖 丁定安 张占宽

朱志强 孙晓东 卜海坤 赵章荣 陈忠加

奖励类别及等级:梁希林业科学技术奖 二等奖

一、概述

该项目属于农林非木质材料制造技术特色鲜明、延长产业链、培育竹产区新的经济增长点,带动了广大竹产区经济的发展,取得显著经济效益、社会效益和生态效益。

二、主要研究成果

首次提出"竹材原态重组"理念,开发出竹材原态多方重组材料及设备,力学强度满足《木结构设计规范》抗压强度等级 TC12 设计值要求;开发出整竹正多边形化面铣机、整竹纵向指接机、竹材原态多方重组成型拼接机 3 台(套)关键设备;开发出竹材弧形原态重组材料制造技术及关键设备;静曲强度(MOR//)达到 140MPa,弹性模量(MOE//)为 5800MPa,胶合强度 96MPa,其物理力学性能优于普通实木;开发出 CGPB-65SP 多功能竹材弧形重组高频拼板机、MBHC-9 竹材定型弧铣机、弹力式竹材去内节破竹机 3 台(套)关键设备。

三、推广应用情况

该研究成果在江苏省镇江中福马机械有限公司、湖南省益阳海利宏竹业有限公司和湖南恒盾集团有限公司等多家企业推广应用。

57. 酯/醇基燃料定向生物转化多联产关键技术集成与示范

获 奖 时 间：2016 年

主要完成单位：湖南省林业科学院　湖南未名创林生物能源有限公司　江南大学
湖南信汇生物能源有限公司　湖南省生物柴油工程技术研究中心

主要完成人员：刘汝宽　李培旺　孙付保　肖志红　李党训　张爱华
朱光宁　吴　红　李凌波　李　力　陈景震　张良波

奖励类别及等级：湖南省科学技术进步奖　二等奖

一、概述

该项目针对酯/醇基燃料及化学品产业发展中面临的产品价值低、转化效率不高及二次污染等问题，在国家"948"计划和自然科学基金等计划的支持下，历时 10 余年，以酯基/醇基燃料的生物转化作为主攻方向，在工业油脂制备、酯基/醇基燃料制备及高价值 1，3-丙二醇产品的开发等领域取得了突破性成果，构建了工业油料酶液化高效制备生物基化学品关键技术，实现了酯基/醇基燃料及生物基化学品的清洁生产。

二、主要内容

（1）发明工业油料"预榨-水酶法"联合工艺高效制油关键技术。明晰光皮梾木果、油桐籽等油料内含物组成及其在细胞组织内的分布特点，发明工业油料低温预榨技术与装备，创制基于预榨-水酶法的联合制油工艺，分级利用机械和生物法对细胞组织的双效破壁作用，实现制油温度低于 54℃，残油率小于 1.0%。

（2）创新工业油脂非均相酶催化酯交换生产脂肪酸甲酯（FAME）关键技术。基于大孔树脂及磁性多孔高分子微球的大容量吸附作用，研制出高负载型脂肪酶固定化技术，解决了脂肪酸甲酯化学法生产过程中能耗高、连续性差和二次污染的问题，实现非均相酶催化酯交换反应条件温和，产品符合 GB/T 20828 的要求。

（3）创制复合纤维素原料粗甘油常压蒸煮耦合生物发酵生产乙醇技术。创新粗甘油常压蒸煮复合纤维素原料（油料果壳+农作物秸秆）技术，定向脱除其中的木质素和半纤维素，脱除率近 80%；提高基质的纤维素酶可及性和水解力，实现 48h 酶解率达到 80% 以上，发酵乙醇浓度可达 70g/L，工业化应用实现节能 25%。

（4）研创副产物粗甘油生物发酵歧化生产 1，3-丙二醇（PDO）关键技术。创制离子交换树脂精制甘油技术，实现蒸煮后的粗甘油深度纯化，其浓度达 99% 以上；结合离子注入、紫外诱变，筛分出适用于甘油发酵的克雷伯氏肺炎杆菌（2e），实现甘油生物歧化生产 1，3-丙二醇，发酵温度为 30℃，转化率提升了 9.7%。

三、推广应用范围

产品和技术先后在湖南信汇生物能源公司、湖南未名创林生物能源有限公司等多家企业推广应用，构建原料油保障体系，满足企业生产对原料油的需求，并相应提供技术支撑，促进了油脂基能源产品和新材料新兴工链的快速发展。近 3 年累计新增产值 25485 万元，新增税收 2176.9 万元，取得了显著的经济、社会和生态效益。

58. 木竹全资源高值化利用技术与示范

获 奖 时 间：2016 年
主要完成人员：陈泽君　范友华　邓腊云　何洪城　王　勇
　　　　　　　马　芳　李志高　李　阳　胡　伟
奖励类别及等级：湖南省科学技术进步奖　二等奖

一、概述

该成果在引进国际先进农业科学技术计划（"948 计划"）和国家林业局公益性行业科研专项等计划的支持下，历时 11 年攻克了木竹大径材增稳增质防腐改性技术创新、木材小径材、木竹劣质材与加工剩余物清洁加工等全资源分级利用技术研究和新产品开发，研创了木竹大径材增稳增质防腐改性技术，研制出高强耐候零甲醛释放大豆胶黏剂及其环保细木工板等产品集成制造技术，发明了木竹纤维多层复合装饰板材制造技术，实现了木竹劣质材及其加工剩余物全资源高效增值利用；研发出室外材、胶黏剂、装饰板和室内地板等四大类 6 种产品，鉴定成果 3 项，获授权专利 5 项（发明专利 1 项），发表论文 23 篇（SCI/EI 收录 5 篇），制定企业标准 1 项。

二、主要研究成果

（1）首创了速生木竹真空–叠压浸渍密实化防腐改性技术，研发出密实化改性防腐室外材。以杉木为试材，优化配方为质量分数 20% 硫酸铝溶液、16% 硅酸钠溶液、3% 防腐剂及它助剂，采用真空–叠压浸渍技术，开发出密实化改性材与密实化改性防腐材。产品比对照密度增加 40% 以上，达 0.5g/cm^3 以上；尺寸稳定性提高 12% 以上；力学性能提高 15% 以上；防腐性能达到 LY/T 1636–2005 C4B 标准，使用年限在 25 年以上。改性药剂循环使用，达到环保要求。

（2）研制出高强耐候零甲醛释放大豆胶黏剂制造技术，开发出环保饰面细木工板等产品。通过分子设计和合成技术，研发出高强耐候零甲醛释放大豆胶黏剂制造技术，大豆胶湿态胶合强度满足 GB/T 9846.3–2004 中 II 类胶合板的要求，解决生物胶黏剂强度低、耐候性和耐水性差等关键技术；运用大豆胶黏剂，系统集成创新细木工板制造技术，创新杉木指接拼板工艺和低压保压热压工艺，解决传统细木工板甲醛污染的环保问题和"鼓泡"等技术难题，产品合格率提高到 99.5% 以上；开发的细木工板等产品，甲醛释放量为 0.2mg/L，仅为木材本身甲醛释放量值。

（3）发明了竹木纤维多层复合装饰板材制备技术，解决了木竹劣质材及加工剩余物高效增值利用技术难题；创建了竹木纤维与树脂开炼捏合和竹木纤维微发泡材料的无胶成型制造技术，解决了传统工艺竹木纤维易炭化及其复合材料难成型等关键技术。技术节能高效，生产单位立方米复合板材耗能约 54kg 标准煤，远低于生产单位立方米纤维板耗能 320kg 标准煤能源消耗水平。产品耐磨、防水和防腐，绿色环保无甲醛释放。

三、推广应用情况

相关成果技术在北京、湖北、湖南等 6 个地区就行了推广应用，新建示范生产线 7 条，可年产大豆基胶黏剂 6000t，形成了年产室外防腐材、细木工装饰板和木竹纤维地板三大类板材共计 7.4 万 m^3 的生产能力。项目研发的以木竹资源为主要利用对象的产品涵盖了防腐改性室外用木材、大豆蛋白胶黏剂细木工板、木竹纤维柔性地板、木竹纤维集成墙面、木竹纤维复合家具板等多种领域，产品具有绿色环保、节能高效的综合特点，构建了完整的木竹全资源高值化产业化应用技术体系，为实现木竹资源的高值化利用和打造"木竹加工"千亿产业做出了较大贡献。

59. 节能环保竹质复合材料高效制造关键技术及产业化（协作）

获 奖 时 间：2016 年

主要完成单位：中南林业科技大学　湖南省林业科学院

　　　　　　　湖南桃花江竹材科技股份有限公司

　　　　　　　益阳桃花江竹业发展有限公司

　　　　　　　湖南长笛龙吟竹业有限公司

主要完成人员：吴义强　李新功　李贤军　赵　星　丁定安

　　　　　　　薛志成　吴金保　伍朝阳　卿　彦　左迎峰

奖励类别及等级：梁希林业科学技术奖　二等奖

（略）

60. 松材线虫病可持续生物防控关键技术与示范

获 奖 时 间：2017 年

主要完成单位：湖南省林业科学院　湖南省森林病虫害防治检疫总站

　　　　　　　安徽省林业科学研究院　湖北省林业科学院

主要完成人员：颜学武　喻锦秀　董广平　戴立霞　何　振

　　　　　　　洪承昊　李晓娟　周　刚　夏永刚

奖励类别及等级：湖南省科学技术进步奖　二等奖

一、概述

松材线虫病是全球最重要的检疫性有害生物，也是我国最具传染性和毁灭性的林业有害生物。目前该病在我国呈现高速扩散的趋势，仅 2016 年全国就新增县级疫区 44 个，总数量达到 245 个，年造成经济损失高达 18 亿元。由于松材线虫病致病能力极强、扩散速度快、传播寄主——松褐天牛生活隐蔽，目前国际上并没有行之有效的防控技术。该项目在国家自然科学基金重点项目、国家"863"计划项目、国家科技支撑等项目的支持下，历时 8 年，以松材线虫病的可持续生物防控为主攻方向，在传播扩散机理研究、天敌寄生机理研究、抗松材线虫病马尾松无性系选育与应用、天敌产业化开发与应用等领域取得了突破性成果。

二、主要研究成果

（1）系统揭示了松材线虫病传播扩散及天敌可持续防控的关键基础理论。揭示了松褐天牛携带松材线虫传播的化学生态学机制、传播能力、迁移迁飞、产卵及蛀道规律，天敌寻找隐蔽性寄主害虫的行为机制与形式等方面的机理，为全面解决松材线虫病靶向性、可持续性生物防控的科学难题奠定了理论基础。

（2）首次发现松褐天牛天敌新种 2 个，中国新纪录种 1 个；创制了 5 个抗松材线虫病马尾松无性系。基于对松褐天牛天敌种类长期系统调查及优势种类筛选，发现了多种松褐天牛优良天敌，其中 2 个新种、1 个中国新纪录种。通过系统开展无性系人工接种松材线虫测定，筛选出"皖马抗 1-5 号"5 个抗松材线虫病马尾松无性系。

（3）创新了花绒寄甲、肿腿蜂等多种生物天敌的人工饲养关键技术。发明了花绒寄甲、肿腿蜂等天敌人工饲养的关键技术，天敌生产效率提升了5~8倍，成本降低了90%，从根本上解决了花绒寄甲难以人工规模化饲养的国际性难题。

（4）创制了松材线虫病可持续生物防控关键技术。综合利用生物防治学、化学生态学及物理学等相关技术，建立了"新造林或改造林以培育抗松材线虫病马尾松无性系为主，多种天敌林间应用为辅的可持续生态防控模式；不宜新造或改造的林地以多种天敌林间应用为主，高效诱捕器、引诱木为辅的可持续生态防控模式。通过在全国20多个省市的推广应用，松材线虫病致死松木减少量及松褐天牛虫口减退率均达80%以上。

三、推广应用情况

该项目发现天敌新种2个，中国新纪录种1个；开发抗松材线虫病马尾松新品种5个；11个天敌品种实现了产业化生产。产品和技术先后在湖南、北京、湖北、江西、安徽、浙江、新疆等全国20多个省市推广应用，近3年累计新增产值17.46亿元，取得了显著的经济、社会和生态效益。

61. 杉木良种选育及三代种子园建园新技术研究与应用

获 奖 时 间：2017年

主要完成单位：湖南省林业科学院　湖南省林木种苗管理站
　　　　　　　会同县林业科学研究所　攸县林业科学研究所

主要完成人员：徐清乾　张　䪨　殷元良　顾扬传　荣建平
　　　　　　　许忠坤　黄　菁　杨建华

奖励类别及等级：湖南省科学技术进步奖　二等奖

一、概述

针对湖南省杉木良种供不应求，杉木种子园建设无行业标准规范，传统种子园建园方式林相不整齐、无性系难以完全随机配置、砧木抚育、嫁接成本高的问题，该项目在国家科技支撑、农村领域国家科技计划等课题的支持下，历时20余年，开展了杉木二代优良家系选育、三代优树选择、容器嫁接苗培育技术、种子园建园方式创新和《杉木种子园营建技术规程》行业标准研制等研究，构建了杉木三代种子园分步式建园技术体系，为全省林业建设提供更多高世代杉木良种，进一步提升全省杉木良种水平夯实了基础。

二、主要研究成果

1. 选育40个杉木优良家系

为保障杉木三代优树选择广泛的遗传基础，满足三代种子园建园材料遗传多样性基本要求，选育出少节、红心、窄幅、耐瘠薄和通用5种类型杉木优良家系40个，通过湖南省林木品种审定委员会审定，定向选育拓宽了良种性状类型。优良家系木材密度、树高、胸径、材积遗传增益分别为5%、10%、15%、30%以上，家系遗传力分别为35.0%、44.5%、35.6%、35.8%，单株遗传力分别为33.4%、25.6%、27.5%、26.9%，优良性状高度遗传。

2. 完成《杉木种子园营建技术规程》行业标准1部

标准号LY/T 2542-2015，于2016年1月1日实施，填补了杉木种子园营建技术标准的空白。

3. 率先提出杉木三代优树选择方法和标准

规范了优树的形质指标，绝对、相对木材密度和生长量指标。在40个二代优良家系中选出三代优树 51 株，其中包括枝节稀少、心材深红、窄冠幅、耐瘠薄特性优树 26 株，该批优树在湖南杉木三代种子园建设中广泛应用。

4. 首创杉木三代种子园分步式建园技术体系

实现全园无性系随机配置，最大限度减少近交和自交。从 52 个组合中筛选出容器嫁接苗培育的最佳基质配比为：18%黄心土+73%黑龙江泥炭土+3%菜枯+3%糠灰+3%珍珠粉，最佳容器规格为高度 20cm、直径 17cm；从 27 个组合中筛选出最佳嫁接方法：地径 0.8～1.2cm 的砧木采用舌接、地径 1.2～1.6cm 的砧木采用切接或舌接、地径 1.6cm 以上的砧木采用切接。新技术成熟度高，建园效果优势明显。分步式建园方式相对传统建园方式：前 4 年树高、冠幅、林相整齐度、正冠率、保存率分别增长 25.8%、25.1%、48.5%、8.2%、3.3%，涩籽种子率减少 8.6%。节约 2 年园区用地，提高了土地利用率；建园前 4 年总成本减少 12560 元/hm²，成本下降率为 23.83%。

三、推广应用情况

该项目鉴定成果 1 项，制定标准 1 项，发表论文 11 篇，选育省级良种 40 个。良种和技术先后在会同县林业科学研究所、靖州苗族侗族自治县排牙山国有林场等多家单位推广应用，40 个杉木家系良种推广育苗 5270 万株，良种社会造林 2 万 hm²，采用分步式建园技术体系营建三代种子园 168.8hm²。近 3 年良种育苗直接经济效益 1317.5 万元，168.8hm²种子园营建总成本降低 212 万元，每年提供三代杉木良种 5064kg，预计种子园盛产期每年生产的良种造林将产生 30.6 亿元的利润，经济、社会和生态效益显著。

三 等 奖

1. SL-2 型叶湿自控仪

> 获 奖 时 间：1982 年
> 主要完成单位：湖南省林业科学院
> 主要完成人员：刘洪慈(1)
> 奖励类别及等级：林业部科学技术进步奖 三等奖

一、研究主要内容

(1)解决扦插苗木湿度及土壤湿度的自动控制加湿问题。

(2)通过模拟扦插苗木叶面的湿度，实现自动喷雾，解决加湿与控湿问题。

(3)自动控制苗圃、花圃及温室内的湿度或水分。

二、关键技术

(1)电路简单实用。

(2)电路上解决了不同水质的自动控制喷雾问题。

(3)电路上解决了不同湿度状态下的自动启控问题。创新点：模拟叶的设计与创新。通过调整模拟叶的不同角度，改变了集散水分的多少，从而实现了苗木、叶面、土壤、不同湿度条件下的自动启控。SL-2 叶湿自控仪是通过模拟叶面湿度来控制苗木、土壤、叶面水分是人工不可能坚持做到的一件事，是今后苗圃、花圃、温室内自动控制湿度、水分的一种理想装置。

2. XL-120 型育林运材车的研制

> 获 奖 时 间：1983 年
> 主要完成单位：湖南省林业科学院
> 主要完成人员：肖妙和 王子国
> 奖励类别及等级：湖南省科学技术进步奖 三等奖

湘林 XL-120 运材车是适合南方林区使用的一种新型运输车辆，对抚育间伐材的运输和伐区短途运集有较好的效果。该车设计合理，机动灵活、制动可靠、经济性好、对道路要求不高，适应山区林场育林运材用车。能在路面宽 2m，坡度 20°以下的林区行使；该车约 70%的总成及零部件是通用国产标准汽车或农机配件；该车百公里的燃油消耗量，比吨位相近的东风 12 型手扶拖拉机、北京 130 型汽车、跃进牌汽车、上海 58-1 型三轮汽车均低，比现时农村常用的手拖运输可节油 39%~67.5%。

3. 5ZHY-110 型油茶垦覆机的研制

> 获 奖 时 间：1984 年
> 主要完成单位：湖南省林业科学院 湖南零陵地区林机厂 湖南衡东县林业局

主要完成人员：范湘鼎　史美煌　董晓东

奖励类别及等级：林业部科学技术进步奖　三等奖

针对油茶山人工垦复作业劳动强度大、花费工时多、荒芜面积广等长期没有解决的问题，YK-24油茶垦复机系"逆转垦复犁"，在土壤耕作机中有一定的创新性，经过性能试验和生产试验，证明该性能良好，垦复工效比人工垦复提高 50~80 倍。该机也适用于其他林地抚育、造林整地以及农业耕翻稻板田、果园、生荒地等多种垦复作业，为我国油茶垦复机械填补了一项空白。

4. 杉木产区区划、宜林地选择及立地评价

获　奖　时　间：1984 年

主要完成单位：湖南省林业科学院

奖励类别及等级：林业部科学技术进步奖　三等奖

该成果主要内容：

(1)产区区划：按照杉木产区区划分为三带、五区、五个亚区、在此基础上提出了 16 片重点商品材基地的规划建议。

(2)立地类型划分：在产区之下又按照地貌、岩性、局部地带及土壤条件划分类型区（亚区）、组及立地类型，并按此逐级控制的分类系统，提出了在林场的应用办法。

(3)地位指数表编制：第一次编制了全国杉木(实生)地位指数表和区域性多因子数量化地位指数表，用来预测林分生长和林地生产力。上述三个技术内容是一个整体，可以为杉木商品材基地的布局和造林设计提供可靠的科学依据和具体方法，从而可避免杉木造林的盲目性，提高造林的成活率、保存率和林木生长量。

杉木产区区划及重点商品材基地规划建议已经作为全国及各省规划杉木商品材基地的依据之一．立地类型划分及立地评价已分别在江西分宜县、贵州黎平、锦屏县、福建松溪县等地的 4 个林场进行应用和验证。

运用该研究成果中提出的技术路线和方法，可避免或减少在杉木基地布局，造林地选择及设计育林措施上的盲目性，提高杉木造林的成效。

5. 杉木初级种子园的研究

获　奖　时　间：1984 年

主要完成单位：湖南省林业科学院

主要完成人员：陈佛寿　陈茂才　程政红

奖励类别及等级：湖南省科学技术进步奖　三等奖

1976 年起，对靖县杉木种子园中 45 个无性系和嫁接的 1.13 公顷初级种子园进行试验研究：①对 45 个无性系接株进行了连续 8 年的生长、开花、结实规律和产量、种子品质、抗性等定位观测；②营造了 20 多公顷子代测定试验林，进行遗传品质测定，掌握种子园的增产效益；③开展了 200 多个杂交组合的人工授粉试验等。种子园嫁接后的第 3 年开始开花结实，第 6 年进入盛果期，平均产种子

0.24kg/株、127.5kg/hm²，最高 150kg/hm²。通过早期生长测定，种子园种子平均单株材积比生产用种大 9%，其中有 14 个优良家系材积增益达 16.5%~38.8%，平均为 25.5%。筛选出 9 个全同胞家系，单株材积增益为 73.47%~81.6%。通过筛选出来的优良家系和优良杂交组合在靖县及其类似自然条件地推广。利用其优良无性材料建立了一代（生产性）种子园，在优良家系和优良杂交组合苗中，选出超级苗，建立了培萌圃，取其萌条扦插育苗造林。

应用靖州县杉木初级种子园的种子，已在会同、攸县、祁阳、靖州等地造林 2880hm²，筛选出来的 14 个优良半同胞和 9 个优良全同胞家系也已在湖南省应用，其中有 8 个优良半同胞家系参加了全国组织的区域试验。

在试验研究期间生产杉木良种 1500 多 kg，在县内外营造各种试验林、示范林、丰产林等 0.333 万余 hm²，对加速荒山绿化，增加森林资源起了重要作用。试验材料和数据对林木良种研究有重要价值。

6. 板栗早实丰产的研究

获 奖 时 间：1985 年
主 要 完 成 单 位：湖南省林业科学院
主 要 完 成 人 员：唐时俊　夏合新　杜森询
奖励类别及等级：湖南省科学技术进步奖　三等奖

湖南省板栗多实生繁殖，树体高大、产量低、结果迟、严重影响了板栗生产的发展。针对这一问题，湖南省林业科学研究所从 1975 年开始进行了板栗早实丰产的研究。经采取良种嫁接、合理密植、集约经营、培育早实丰产树形和群体结构等综合技术措施，营造了 3.24 亩试验林。1975 年定砧，1977年嫁接，1980 年起连续 3 年平均每亩产量 170.55kg，达到了早实丰产的要求。其中：1980 年平均170.75kg；1981 年平均亩产 69.7kg；1982 年平均亩产 271.2kg。另外的 1.06 亩试验林嫁接后第四年平均亩产也达到了 137.25kg。都是湖南省目前板栗早期丰产的最高水平。

7. 湖南板栗品种资源考察

获 奖 时 间：1985 年
主 要 完 成 单 位：湖南省林业科学院
主 要 完 成 人 员：唐时俊
奖励类别及等级：湖南省科学技术进步奖　三等奖

根据湖南省科委、湖南省林业厅 1991 年下达的湖南板栗品种资源考察任务，由湖南省林科所、中南林学院、邵阳地区林科所主持，祁阳县林业局、靖县林科所参加，在 1960 年中南林学院调查的基础上，自 1981 年至 1983 年在永顺、怀化、邵阳、常宁等 19 个县采用路线踏查、标准株的调查方法，对不同地理位置，不同立地条件的板栗地方品种进行了比较系统的调查。主要调查品种的经济性状、形态特征、开花结果习性及气象、土壤、植被情况。品种的划分以坚果的形态特征、大小，成熟期、树体结构及某些特殊的性状为依据，同时考虑群众的习惯名称，将全省板栗分为 16 个品种，即：它栗、结板栗、中秋栗、大油栗、双季栗、油光栗、油板栗、灰板栗、米板栗、黄板栗、毛板栗、小果油栗、小果毛栗、早熟油板栗、鸟板栗、香板栗。据调查资料综合分析比较，它栗、结板栗是湖南板栗优良品种，可以扩大栽培、推广应用；油板栗、双季栗、油光栗、黄板栗、灰板栗，具有一定的优良性状，经单株选优、品种比较及多点试验后，选出优种用于生产；米板栗、毛板栗、小果油栗、小果毛栗具某一方面的特殊性状，可作育种材料，在科研上有一定的价值。

8. 湖南油桐品种资源考察

　　获　奖　时　间：1985 年
　　主要完成单位：湖南省林业科学院
　　主要完成人员：李福生
　　奖励类别及等级：湖南省科学技术进步奖　三等奖

（略）

9. 提高赤眼蜂生活力及放蜂治虫效果的研究

　　获　奖　时　间：1985 年
　　主要完成单位：湖南省林业科学院
　　主要完成人员：童新旺　彭建文　马万炎
　　奖励类别及等级：湖南省科学技术进步奖　三等奖

　　1972～1984 年，先后在衡阳、湘潭、长沙等 9 个地市进行了松毛虫的试验，面积累计 39 万亩。根据检查，防治马尾松毛虫第一代卵寄生率一般为 50% 左右，最高达 80%。

　　应用赤眼蜂防治松毛虫的主要方面：①利用当地赤眼蜂防治松毛虫；②改进越冬保种方法，确保蜂种越冬；③选育生活力强的蜂种，避免多世代繁殖；④运用大空间繁殖蜂的技术，不经冷藏直接释放林间；⑤改进放蜂器，利于成蜂顺利羽化。

10. 2QT-50 型带土起苗机技术研究

　　获　奖　时　间：1986 年
　　主要完成单位：湖南省林业科学院
　　主要完成人员：朱尚君　刘小燕
　　奖励类别及等级：林业部科学技术进步奖　三等奖

　　2QT-50 起苗机项目于 1986 年由湖南省林业厅科教处下达，该机主要用于完成苗木地径在 8cm 以下，需要带土移栽的珍贵苗木的起苗作业。它以工程用 FC-1 型前翻斗车为底盘，工作机由树铲机构、升降机构、对中微调机构等六个总成组成，全套动作除开闭外均为液压操作驱动，起出的苗木带土球呈曲面圆锥体。该机机型小、结构紧凑、工作平稳可靠，操作轻便，生产效率高，劳动强度低，还可用于挖坑运输、喷药等多项作业。主要技术参数如下：

主机功率：8.82kW

土球直径：$D_{max} = 50cm$

土球高度：$H_{max} = 45cm$

最大起苗直径：$D_{max} = 8cm$

单株奇妙时间：60s/株

整机外形尺寸(长×宽×高) = 306mm×160mm×2110mm

11. 油茶炭疽病菌对油茶花果的浸染及早期防治

> 获 奖 时 间：1986 年
> 主要完成单位：湖南省林业科学院
> 主要完成人员：贺正兴　何美云　廖正乾
> 奖励类别及等级：湖南省科学技术进步奖　三等奖

油茶是我国南方主要木本油料树种。油茶炭疽病是危害油茶的主要病害之一，开展有效的防治研究是油茶生产中急待解决的重大课题。

炭疽病菌侵染油茶花器对幼果发病的影响研究，始于 1979 年 7 月上旬，在花芽分化明显时，用硫酸纸进行套袋，隔绝外来病菌侵染，作为花器侵染研究试材。试验用诱发、分离和接种方法，对于油茶炭疽病菌的早期侵染规律进行了深入探讨。试验结果证明了病菌冬前侵染潜伏期长，为主要侵染时期之一，在果实生育期中存在阶段抗病性差别。防治试验结果肯定了采用内吸杀菌剂多菌灵(50%，500 倍液)，早期喷药，防治效果可达 70%以上，并且效果稳定，经济效益明显。

该项研究在侵染和发病规律认识上有新的进展和突破，防治措施针对性强、方法简化、便于应用，达到了国内先进水平。

12. 马尾松地理种源试验(幼林阶段)

> 获 奖 时 间：1986 年
> 主要完成单位：湖南省林业科学院
> 主要完成人员：伍家荣　李午平
> 奖励类别及等级：湖南省科学技术进步奖　三等奖

(略)

13. 森林病虫普查(协作)

> 获 奖 时 间：1986 年
> 主要完成单位：湖南省林业科学院等
> 主要完成人员：彭建文(1)　李伯谦(3)
> 奖励类别及等级：湖南省科学技术进步奖　三等奖

(略)

14. 马尾松毛虫种群生命表及其初步分析

获 奖 时 间：1987 年
主要完成单位：湖南省林业科学院
主要完成人员：马万炎　彭建文
奖励类别及等级：林业部科学技术进步奖　三等奖

1979～1985 年，湖南省林科所在浏阳县对松毛虫种群变动规律进行了系统的研究，建立了我国第一个马尾松毛虫种群生命表。

（1）生命表的分析结果：影响第一、三代马尾松毛虫种群变动的关键因子是鸟捕食，第二代因林地生境不同而不同，松阔混交林以鸟捕食、纯松林一蚂蚁等捕食、地表裸露的疏残松林以爬迁和高温致死分别为关键因子。

（2）对马尾松毛虫抑制作用显著的有大山雀、白颊噪鹛、黄足举尾蚁、伞裙追寄蝇和松毛虫黑侧沟姬蜂等，对捕食松毛虫的 4 种主要鸟类已基本驯化成功，能引入林间捕虫，引进的灰喜鹊已能在当地定居和繁殖后代。

（3）初步建立了马尾松毛虫种群数学模型，经 x2 测验，理论值与实际值吻合，可供马尾松毛虫测报使用。

（4）对马尾松毛虫间歇性猖獗原因是：气候异常因子、食物、天敌等。

（5）马尾松毛虫的综合防治应以封山育林改善森林生态系统结构保护和招引天敌为基础，加强联防做好测报，把松毛虫控制在未扩散之前的虫原地中。

15. 马尾松毛虫虫源地分布调查及防治控制研究

获 奖 时 间：1988 年
主要完成单位：湖南省林业科学院
主要完成人员：马万炎　王溪林　李正茂
奖励类别及等级：湖南省科学技术进步奖　三等奖

为了以控制小块虫源地的方法来达到全面控制松毛虫灾害的目的。该研究首次提出建立人工虫源地（即在马尾松林中营造小块湿地作为人工虫源地）的设想，经实施效果甚佳。用调查小块虫源地来替代全面调查虫口，可提高工效 500 多倍，且能准确掌握虫情及时控制。

首次提出初生虫源地和次生虫源地的概念及区别标准。及时抓住松毛虫刚开始上升但还未扩散这一关键时机，对初生虫源地进行控制，可取得治一亩保千亩的最佳防治效果，这是今后防治松毛虫的新途径。1989～1990 年，浏阳县用控制小块虫源地（几亩至几十亩）的方法，两年总耗资仅 1.58 万元，就达到了全面控制虫灾的目的，保护了全县 100 多万亩松林免遭灾害，挽回林木生长量损失额 4150 万元，节省防治费 26.77 万元，合计 4176.77 万元，经济效益显著。

16. 板栗良种铁粒头、九家种、石丰引种试验

> 获 奖 时 间：1988 年
> 主要完成单位：湖南省林业科学院
> 主要完成人员：唐时俊　李昌珠　张康民　杜森询
> 奖励类别及等级：林业部科学技术进步奖　湖南省科学技术进步奖　三等奖

　　湖南板栗资源丰富，分布范围广，多实生繁殖，品种良莠不齐，树体高大，结构松散，结果迟产量低（实生树 8~10 年结果，15~20 年入盛果期，大面积亩产 20~25.5kg），针对板栗生产的实际情况，自 70 年代初，课题组从省内外引进 100 多个品种（单株），经几年的经济性状的调查、从中筛选出铁粒头、石丰、九家种 3 个初选良种，以优良的农家品种它栗作对照，进行小面积栽培、品比、多点试验。三个试验阶段历时 14 年，试验结果表明三品种具有树体结构紧凑、结实早、丰产性强，较耐贮藏、品质佳、适应性好等优良性状。其丰产区超过了原产地，超过了它栗，超过了南方栗单株选优的标准。综合性状已达到了良种的要求。

　　上述 3 个品种已在全省 50 多个县推广，近 4 年（1985~1988 年）推广的总面积可达 10 万亩，以小面积亩产的 70% 指标，比同面积它栗年增加收入 1242.64 万~2635.5 万元，比湖省一般的栗林增加 3569.03 万~8539.55 万元，促进了山区的开发和经济建设，产生了较大的经济和社会效益。

17. 小型异形胶合板生产线技术推广

> 获 奖 时 间：1988 年
> 主要完成单位：湖南省林业科学院
> 主要完成人员：张高一　谢香菊　尹起云
> 奖励类别及等级：湖南省科学技术进步奖　三等奖

　　采用高频介质热压成型与单板远红外干燥新技术，用于生产小型异型胶合板，在国内人造板工业中具有创新性。全部工艺流程中均使用电源，不使用蒸汽热源，大大节省了设备及基建投资。能利用短小料及劣质木材，提高木材的利用率。

18. 城步苗族自治县云马林场胶合板生产线单板干燥技术

> 获 奖 时 间：1988 年
> 主要完成单位：湖南省林业科学院
> 主要完成人员：谢香菊　黎继烈
> 奖励类别及等级：湖南省星火奖　三等奖

　　该胶合板生产线使用的木材原料为枫木，但在胶合板生产过程中，枫木单板干燥易开裂、翘曲，直接影响产品的等级率；为了解决这一加工缺陷，采用网带-热压联合干燥工艺是行之有效的措施。

　　技术原理：采用普通胶合板压机干燥枫木面板，在热压板上垫金属网，枫木单板分别装入热压机各层热压板的金属垫网上，利用热压机的热压板闭合干燥单板，使单板在一定压力下进行强制加热干

燥，单板是处于抑制状态下干燥，干燥后的枫木面板表面光滑平整。

采用喷气式网带干燥机干燥芯板，单板干燥效率高，质量好。

19. 湖南林副产品加工利用现状及发展方向研究

　获　奖　时　间：1988 年
　主 要 完 成 单 位：湖南省林业科学院
　主 要 完 成 人 员：夏合新　石之林　瞿茂生
　奖励类别及等级：湖南省科学技术进步奖　三等奖

该项成果对湖南省 43 个林区县和有关部门进行了大量的调查研究工作，资料较全，数据可靠。提出优先开发松香、楠竹和香料植物的战略措施，对合理开发利用湖南省林区资源，活跃山区经济具有重要的实用价值。

湖南林副产品加工利用现状及发展方向的调查研究从宏观着眼，通过大量收集资料，综合国内外林副产品加工的最新成果和水平实地考察了主要产品资源和加工现状，通过系统分析研究，提出了湖南生活上应着重发展松树、楠竹、油茶、五倍子、白蜡、杜仲、山楂、阔叶树种、山区小水果、食用菌、山苍子、乌柏、木瓜和某些天然香料植物、等 14 种林副产品的加工利用。

该研究根据林业六大区的资源优势，提出了各区最适宜发展的林副产品项目和利用前景。为因地制宜开发利用林副产品资源提供了依据。

该项研究具有很大的潜在经济价值，当成果转化为生产力之后，现有林副产品加工利用的落后状况将得到巨大的改善，并为湖南山区经济的振兴，有不可低估的重要作用。

20. 马尾松球果处理工艺

　获　奖　时　间：1988 年
　主 要 完 成 单 位：湖南省林业科学院
　主 要 完 成 人 员：刘少山　方勤敏
　奖励类别及等级：湖南省科学技术进步奖　三等奖

马尾松是我国南方主要用材树种。由于马尾松球果采果困难，不易得籽，种子产量远不能满足生产需要。该项研究抓住球果鳞片开裂的关键问题，提出了马尾松球果处理新工艺方案：鲜球果预干（使球果含水率降至30%以下）→球果松鳞→球果干燥开裂（干燥温度60±3℃，干燥时间8h 左右）→脱籽→种子去翅→清选得籽。迳过生产性试验，证明在生产中切实可行，具有生产周期短，种子质量好，加工成本低的特点，还可以应用于处理国处松、樟子松等同类球果。该工艺 1989 年获国家发明专利。

21. 杉檫混交林研究（协作）

　获　奖　时　间：1988 年
　主 要 完 成 单 位：湖南省林业科学院等
　主 要 完 成 人 员：张传峰(2)
　奖励类别及等级：林业部科学技术进步奖　三等奖

该项目为国家"七五"重点科技攻关项目，参加地区有广西、广东、湖南、湖北、四川，营造各类混交林近 10 万亩，混交类型 30 多个，经过 10 年试验研究，选择了杉木+檫木混交模式，该模式利用了杉木早期耐阴、根系浅，檫木生长快、阳性、根系深的互补性，营造针阔混交模式充分利用了水、土、光热等自然资源，模式结构稳定，增益显著。

22. 赤眼蜂生产质量及应用技术标准

获　奖　时　间：1989 年
主 要 完 成 单 位：湖南省林业科学院
主 要 完 成 人 员：童新旺　倪乐湘　劳先闪
奖励类别及等级：湖南省科学技术进步奖　三等奖

应用赤眼蜂防治虫害不污染环境、不破坏生态平衡、对植物无药害、对人畜无毒害、对害虫无抗性，治虫效果好，70 年代初，湖南省就大量应用赤眼蜂防治林业害虫，取得显著效果。由于应用时受气候、环境、特别是人为因素影响较大，防治效果往往不稳定。为此，特制定赤眼蜂生产质量和应用技术标准，作为检查、验收依据。

该标准适用范围：当前生产和应用赤眼蜂的国营企事业单位，集体农林场，个体承包户均可按本"标准"执行。

该标准制定程序按赤眼蜂生产应用过程编制，在内容上避免繁杂，突出影响生产质量和应用的关键因子及部分技术措施。在制定质量指标时，参考了国内现有的指标数据，并根据实践检验，修订了新的标准，增加了新的内容，以保证标准的准确性和先进性。如对蜂卡质量、卵的贮藏温度标准等都作了新的规定。

该标准根据十几年的实践，规定在适宜放蜂的林地，每亩释放 5 万~10 万头为宜，并首次提出适宜放蜂区的放蜂模式，以便于农村基层单位应用。防治效果定为 50%为理想。

23. 白跗平腹小蜂生物学特性及利用

获　奖　时　间：1989 年
主 要 完 成 单 位：湖南省林业科学院
主 要 完 成 人 员：倪乐湘　童新旺
奖励类别及等级：湖南省科学技术进步奖　三等奖

1984~1988 年以来，首次摸清了白跗平腹小蜂种群消长规律，不仅发现白跗平腹小蜂是松毛虫卵期的优势种之一，而且为人工利用白跗平腹小蜂使混交林害虫不易成灾提供了依据。

全面系统的对白跗平腹小蜂的生物学特性进行了研究，为人工利用提供了科学理论依据。

在利用途径和林间放蜂方面，通过多次试验证明白跗平腹小蜂具有较好的防治效果，特别是与赤眼蜂混放效果更佳，可提高效果 20%~30%。

对放蜂量寄主密度和寄生率之间的关系进行了研究，编制了放蜂模式。在林间寄主缺乏时。采用人工补充寄主卵的方法，节省了大量人力、物力。

24. 人工补充寄主卵对松林内卵蜂种群消长影响

> 获 奖 时 间：1989 年
> 主要完成单位：湖南省林业科学院
> 主要完成人员：彭建文　马万炎　王溪林　左玉香
> 奖励类别及等级：湖南省科学技术进步奖　三等奖

湖南省林科所从 1979 年起开始，在浏阳县选择 3 种不同生态类型的松林，用柞蚕卵和松毛虫卵作寄主进行人工补充寄主卵试验，经过连续 3 年的试验研究，摸清了松林内卵蜂种群的消长规律，发现松林内卵蜂全年有两个自然寄生高峰，即 5 月中旬至 6 月下旬和 9 月中旬至 10 月中旬。这两个高峰期与马尾松毛虫第一、三代卵期相吻合，为人工补充寄主提高松毛虫卵期寄生率提供了可行性理论依据。

人工补充寄主的最高寄生率达 69.07%，比对照提高 5.5 至 16.2 倍，在逐步改善林地生境的基础上，在各代松毛虫卵期前 10~15d 进行人工补充寄主，可代替室内繁蜂和放蜂，且能在林间一次同时繁殖多种优质卵蜂，比室内繁蜂释放更为优越，为卵蜂的繁殖利用开辟了一条新的途径。

该试验研究报告于 1984 年在《昆虫学报》发表后，引起国内外同行专家的重视，1986 年又被"第二届国际赤眼蜂及其他卵蜂学术交流大会"选为大会论文。

25. 杉木速生丰产林标准

> 获 奖 时 间：1990 年
> 主要完成单位：湖南省林业科学院
> 主要完成人员：许忠坤　陈　孝　程政红
> 奖励类别及等级：湖南省科学技术进步奖　三等奖

1984~1986 年，调查总结了湖南杉木栽培和良种选育经验，收集了 14 个主要杉木产区县 684 块标准地材料，运用省内外杉木立地类型划分、立地指数表、密度管理图、种子园遗传改良、杉木种源试验等方面的成果，参照造林技术规程和湖南苗木标准，拟定出《湖南省杉木速生丰产林标准》初稿，先后 3 次邀请 17 个单位 30 多位林业专家对其进行讨论和征求意见。该标准为生产单位规定了杉木速生丰产林的培育目标和生长量指标，明确了为达到相应指标而必须采取的主要技术措施，也为各级林业部门造林规划、设计施工、投资概算和检查验收提供了科学依据。标准实施后每年可净增产值 1.05 亿元。

26. 湖南省檫树种源选择的研究

> 获 奖 时 间：1990 年
> 主要完成单位：湖南省林业科学院
> 主要完成人员：肖国华(2)
> 奖励类别及等级：林业部科学技术进步奖　湖南省科学技术进步奖　三等奖

该项成果是为了解檫树各地理种源的遗传变异规律，优良种源选择，区划种子调拨区，为各造林区选择生产力高的种源提供依据，开展了采种、育苗和造林等试验。湖南省的试验点分设在沅陵、长沙和攸县等地。供试材料分布在 10 个省（区），3 次试验共有 27 个种源参试，共营造试验林 220 亩。试验结果经统计分析和模糊数学的综合评判，评选出 10 个适合于湖南省造林的优良种源，平均增产效益为 17% 以上。该项目研究设计合理，研究手段先进，资料齐全，数据可靠，经济效益显著，对发展檫树生产有重要的意义。

27. 国外松枯梢病原因及防治方法研究（协作）

> 获 奖 时 间：1990 年
> 主 要 完 成 单 位：湖南省林业科学院等
> 主 要 完 成 人 员：贺正兴（1）　廖正乾（3）　韩明德
> 奖励类别及等级：林业部科学技术进步奖　湖南省科学技术进步奖　三等奖

经 4 年多的研究，基本摸清了国外松枯梢病发生情况和发生原因，即在全省各栽培区均有发生。其发生主要原因据调查结果统计微红梢斑螟危害占 52.90%，干枯型生理病害占 22.88%，松梢小卷蛾危害占 14.30%，松色二孢菌侵染所致病害占 10.01%。并对微红梢斑螟、松色二孢菌侵染所致病害和火炬松干枯型枯梢均作了较为系统地深入研究，并取得较大进展。在微红梢斑螟研究中，探明了该虫在湖南火炬松上发生世代、生态习性等，为防治提供了理论依据。防治试验取得较好效果。即在第一代幼虫发生期用 2.5% 溴氰菊酯 2000 倍喷雾防效可达 64.81%，50% 甲胺磷 500 倍喷雾防效为 61.96%。在松色二孢菌发生规律研究中探索出此菌在湖南一年只有一次发病高峰期，侵染的关键时期为 3~5月，突破了前人报道的一年春秋两次发病高峰期的结论，使防治时期和次数减少，效果提高。

火炬松干枯型枯梢的研究结果初步确定为生理原因引起，这属首次发现的一种新的病害，并初步探明该病表现症状、发生特点及发生规律。

该项研究所得成果为国外松枯梢防治提供了科学依据。

28. 板栗良种区域化试验

> 获 奖 时 间：1991 年
> 主 要 完 成 单 位：湖南省林业科学院
> 主 要 完 成 人 员：唐时俊　李昌珠　张康民　夏合新
> 奖励类别及等级：林业部科学技术进步奖　湖南省科学技术进步奖　三等奖

1983 年，开始进行板栗良种区域化栽培试验，历时 8 年。试验点分设在湘西北半山区的石门、湘中丘陵区长沙、湘南丘陵区桂阳、湘西南山区城步，它们分属于 3 个不同的林业地域区划。其生态条件具有典型性、代表性。供试材料从原始材料圃筛选出，共 16 个品种参加试验。田间设计采用 4×4 平衡格子，4 株单行小区，5 次重复，共营造试验林 48 亩。整地和培管采用当地大田相同的水平。几年来，对参试品种产量和其他经济性状共 17 项指标进行了调查、观测。试验结果证明，板栗品种间、试验点间单位冠幅面积产量存在着极显著的差异，良种有其适生的环境条件，不同生境的区域有其最佳的品种组成。只有实行良种区域化栽培，才能同时充分发挥其优良的种质和区域自然条件的优势，达到丰产、优质、投资少、产出高的栽培目的。

经产量方差分析、显著性检验，多重比较，经济性状的聚类分析、数据经计算机处理，评选出全省和不同区域的最佳品种组成，平均增产效益在 37.27%～143.76%。

29. 赤眼蜂放蜂新技术的研究

获　奖　时　间：1991 年
主要完成单位：湖南省林业科学院
主要完成人员：童新旺　刘洪慈　倪乐湘　徐志刚
奖励类别及等级：湖南省科学技术进步奖　三等奖

1986～1990 的 5 年中，在了解和国内外对该项目研究动态的基础上，结合我国实际，摸清飞机释放赤眼蜂的必要性和理论依据。先后开展赤眼蜂计生率与放蜂量、虫口密度之间相关模式的研究；通过探式赤眼蜂寄生率与放蜂包的挂放高度、害虫卵块高度之间关系得出赤眼蜂寄生率的高低关键是放蜂包的挂放高度与害虫卵块高度必须吻合的结论；明确了蜂包挂放密度越大，寄生率越高。

根据上述基础理论，通过大量的研究和筛选工作，最后选定为半球形菊花状的放蜂包，随即研制完成了蜂包制作的全部机械。

通过民航"运五"飞机和自制遥控释放赤眼蜂防治松毛虫的实践，证明飞机放蜂速度快、效果好、成本低。填补了我国利用飞机释放赤眼蜂治虫的空白。

该课题的研究还完善了早期地量放蜂和补充林间寄住的理论，提出了早期释放赤眼蜂同时加补充寄住的技术措施，可以达到常规放蜂的效果，可实际运用。

30. IHTS-60 型马尾松球果处理设备研究

获　奖　时　间：1991 年
主要完成单位：湖南省林业科学院
主要完成人员：刘少山　方勤敏
奖励类别及等级：林业部科学技术进步奖　三等奖

1HQ-60 型球果干燥机是根据球果处理新工艺（专利号 87101749.0），在参考国内外现有农林用烘干机的基础上，针对我国南方林区的特点研制出来的一种小型可拆迁式干燥机。该机与现有球果干燥机比较，具有生产效率高，处理效果好，节省劳力和燃料，劳动强度轻等优点。该设备主要用于马尾松等针叶树球果的烘干取种，也可以用于油茶籽、油桐籽、竹笋、木耳、辣椒等其他农林副产品的干燥加工。

主要技术参数：
工作温度：60±3℃
生产周期：8h 左右
加工量/次：500kg（1HQ-60）
　　　　　　350kg（1HQ-40）
燃料消耗量：28kg/h（干材）
风机型号：4-72-11HQ 3.6A
配套电动机：3kW
重量：2.725t（1HQ-60）
　　　　2.225t（1HQ-40）

外型尺寸(m)：5.128×5.096×1.827(1HQ-60)

3.828×5.096×1.827(1HQ-40

31. 浙、湘、赣毛竹低产林改造技术推广(协作)

获 奖 时 间：1991 年
主要完成单位：中国林业科学研究院亚热带林业研究所
                  湖南省林业科学院等
主要完成人员：张康明(2)
奖励类别及等级：林业部科学技术进步奖　三等奖

该成果依据森林生态学和竹林结构学的观点，区分不同立地—生长级别的低产竹林类型，以调节竹林结构为基础，实施以改善竹林结构和竹林生长条件相结合的配套技术，经过多年改造，示范林实际面积达1.245万亩，竹林立竹度达到每亩均186～270株，竹林单产达1470kg/亩以上，超过规定指标，进入中产并接近丰产林标准，采用参观、技术培训、技术咨询、技术指导等方式将该技术推广到南方大部分林区，目前已扩展到15个县32.47万亩竹林，累计产值7093.4万元。

32. 杉木、檫树光合特性及其混交林光合生产力的研究

获 奖 时 间：1992 年
主要完成单位：湖南省林业科学院
主要完成人员：吴立勋　徐世凤　张传峰
奖励类别及等级：林业部科学技术进步奖　三等奖

该课题是林业部"六五"科技攻关项目及"七五"重点项目，研究工作历时6年。

该项研究首次将树种的光合特性与林分群体的物质生产结构、光能分布、光合生产力纳入统一的物质生产系统，对各冠层和林分总体光合生产力进行计算和分析，从而揭示了冠层和林分生产力差异的生理、生态原因，为解决林业生产实际问题提供了理论依据，为群体结构和光能分布的调整提供了关键环节，避免过去对于人工混交林林分群体的种内、种间关系调整的主观性和盲目性。研究在国内处于领先地位。

该项研究属基础研究，应用前景广泛，可根据树种光合速率的年变化及新叶生长规律制定林地土壤及水肥供应措施；根据树种的光合特性制定造林密度、混交林的混交比例及配置方式、抚育间伐的开始年限及强度、人工整枝强度等营林配套技术措施；根据光合速率与比叶重的紧密相关关系为杉木提供良种选育生理指标；为杉木、檫树的生态学研究提供科学理论依据。

33. 油茶优良无性系繁殖技术研究(协作)

获 奖 时 间：1992 年
主要完成单位：湖南省林业科学院等
主要完成人员：王德斌　陈永忠
奖励类别及等级：湖南省科学技术进步奖　三等奖

由湖南省平江县林业局与湖南省林科所同共研究完成，将油茶芽苗砧嫁接技术实施大田规模化繁育，先后生产油茶优良无性系嫁接苗 551.67 万株，成活率达到 80.8%；采用芽苗砧嫁接苗造林，当年成活率达 95% 以上，第三年开始挂果，第六年亩产油 33.56kg，平均每亩增益 197.7 元。实现了油茶早实丰产的目标。

34. 杉木种子园主要种实病虫害研究

> 获 奖 时 间：1993 年
> 主 要 完 成 单 位：湖南省林业科学院
> 主 要 完 成 人 员：韩明德　彭建文
> 奖励类别及等级：湖南省科学技术进步奖　三等奖

经过 3 年多的系统研究，基本摸清了杉木种子园危害种实的主要害虫有长角岗缘蝽、暗黑松果长蝽、杉木扁长蝽、杉小绿叶蝉。对这 4 种害虫发生规律和生物学特性进行了观察和研究，还找到了具有抗虫性的优良无性系，为防治害虫和良种选育提供了理论依据。

从种类调查中发现，有两种为湖南新记录种，一种经叶蝉分类专家鉴定，定为新种。

在杉木扁长蝽观察中发现了只在每年 8 月，成虫从旧果转移到当年生球果上栖息危害，在此期间进行喷药，防治效果可达 80% 以上。

在杉小绿叶蝉发生规律的研究中，探索出此虫在自然界中，一般每年出现两个高峰期，即 5~7 月和 9~10 月，此时进行防治，效果达 90% 以上。

该课题研究所得成果为杉木种子园种实害虫的防治提供了理论依据，并具有明显的经济效益和社会效益；同时也充实和丰富了科研和教学内容，具有较高的学术水平和应用价值。

35. 毛竹残败林更新复壮技术推广

> 获 奖 时 间：1993 年
> 主 要 完 成 单 位：湖南省林业科学院
> 主 要 完 成 人 员：张康民　冯菊玲　刘益兴
> 奖励类别及等级：湖南省科学技术进步奖　三等奖

该项目是 1982 年湖南省科技厅推广项目，在项目执行中各单位按照毛竹残林复壮的主要措施进行工作，在推广"增加密度，林地垦复、修山去杂，合理砍伐，适当施肥，合理钩梢"等技术措施的同时，突破了原技术成果范围，首次在推广过程中研究增加了笋材两用林培育复壮技术，并首次提出在残林复壮竹林内应当留 10% 左右阔叶树、用材树以提高生态效益，并明确提出增加密度与林分胸径是残林复壮的最经济合理的可靠措施，并通过推广收到了显著效果。

该项目全面超额完成了项目下达的各项指标，原计划任务 1.85 万亩，实际推广 43.32 万亩，原任务指标规定亩产由 500kg 提高到 1000kg，实际提高亩产到 1470.9kg，每亩度增产达 913.12kg，仅竹材一项增加效益 5076.13 万元，若按投入产出计，不同经营水平以毛竹残林复壮经营利用率最为 1：6.3，即投资 1 万元经 4~6 年即可获利 6.4 万元，并为持续高产打好基础，这也正是毛竹残林复壮技术能很快大面积接广，为各级领导和群众接受的重要原因。

36. 马尾松富根壮苗培育技术

> 获 奖 时 间：1993 年
> 主 要 完 成 单 位：湖南省林业科学院
> 主 要 完 成 人 员：伍家荣（2） 谭著明（3） 唐 萍（6） 汤玉喜（7）
> 奖 励 类 别 及 等 级：湖南省科学技术进步奖 三等奖

为达到富根壮苗的目的，连续两年在马尾松苗木生长过程中进行截根处理和密度试验，结果表明生长 3 个月以上的大苗比芽苗切根移栽效果更好；在所有圃地上的苗木截根均不显著影响苗木地径和苗高生长，其主要效果在于增加苗木吸收根的数量；截根的时间尤以 8 月中旬效果最为突出；一年生马尾松苗木的密度以控制在 6 万~8 万株/亩为宜。

该项成果提出通过控制苗木密度，提高苗木粗度；通过截根增加苗木须根数量等措施，以提高苗木质量和提高造林成活率。对苗木截根方法、截根时间和深度作了比较系统的研究，解决了富根壮苗的关键技术，取得了突破性进展。

该试验可操作性强，易于转化为生产力，应用于生产效果显著，对提高造林成功率和实现马尾松集约经营有重大意义。

37. 湖南林业科研现状及其发展方向的研究

> 获 奖 时 间：1994 年
> 主 要 完 成 单 位：湖南省林业科学院
> 主 要 完 成 人 员：袁正科 夏合新 瞿茂生 石之林 郭翠莲
> 奖 励 类 别 及 等 级：湖南省科学技术进步奖 三等奖

科学研究是第一生产力。该项目从湖南省林业现代化建设需要出发，紧密联系生产和科研实际，开展湖南省林业科研理状和发展方向调研、选题正确。

该研究历时 3 年，收集上千份情报和科研管理材料，掌握了大量的第一手资料。从研究课题、论文、受奖成果的结构和组成等林业科研现状的分析入手、探讨了湖南省十余年来林业科学研究的成功经验、存在问题及其产生的原因；预测国内外林业科研发展趋势和研究方向的新思路、符合湖南省林业科研的实际。论文就林业科学研究的立题原则、攻关技术、研究方向、研究内容，如：林业科研成果拼接组装技术研究，林术良种化系列技术研究，林木短轮伐期定向培育技术研究、脆弱生境特征与森林植被恢复技术研究等精辟见解均值得采纳。

38. 水蚀地主要造林树种生态适应性

> 获 奖 时 间：1994 年
> 主 要 完 成 单 位：湖南省林业科学院
> 主 要 完 成 人 员：袁正科 夏合新
> 奖 励 类 别 及 等 级：湖南省科学技术进步奖 三等奖

该课题针对湖南"水蚀地"（近于裸地或光板地）面积大，水土流失严重，造林困难，开展研究水蚀地造林树种生态适应性。该项研究历经 4 年，在全省 28 个县水土流失区合理布点，外业和内业工作扎实。

该项研究基本摸清了省内最难治理的水蚀地域的生态环境因子，首次提出 21 个造林树种与土层厚度的生态适应性极限值，在研究方法上有所创新，定量分析 9 个树种在不同浅土层与胸径生长之间的相关性和排序，应用数量化理论和多元分析法，评价了立地因子与树种生长的关系，方法先进；同时，提出造林树种对水蚀地的适应性及组合类型。该项成果为水蚀地上造林先锋树种选择提供了科学依据。这正是当前长江中上游水土流失区造林工作中的薄弱环节和亟待解决的关键问题。

该项研究技术难度大，研究方法新颖，学术思想先进，取得了突破性的进展。采用的技术路线正确，内容翔实，数据可靠，通过定性和定量相结合的分析，有很强的系统性和综合性，得出了正确的结论。可在生产实践中推广应用，对指导生产实践有重大的价值。

39. 杉木经营数表的编制（协作）

获 奖 时 间：1994 年
主 要 完 成 单 位：湖南省林业科学院等
主 要 完 成 人 员：陈　孝（3）
奖励类别及等级：林业部科学技术进步奖　三等奖

（略）

40. 湿地松、火炬松种源试验研究

获 奖 时 间：1995 年
主 要 完 成 单 位：湖南省林业科学院
主 要 完 成 人 员：龙应忠（2）
奖励类别及等级：湖南省科学技术进步奖　三等奖

本项研究总结了 1981 年 7 个点经 8 年试验和 1983 年 17~18 个点经 6 年湿地松、火炬松种源试验结果。试验结果为我国南方松优良种源及树种选择（包括进口种子的产地选择）提供了科学依据，对湿地松、火炬松的改良也提供了丰富且产地清楚的材料，可适用于改良代种子园。

试验采用随机区组设计和方差分析，采取了树种与种源对比同时进行，试验设计合理，田间处理措施规范，生长观测记载翔实，数据统计分析正确。

总结了各地近 8~10 年湿地松、火炬松种源试验结果，提出湿地松、火炬松地理变异规律；设立种源试验点 35 个，分布于 13 个省（区），共造种源试验林 2300 亩，并建立了基因库，为国外松树木改良提供了产地清楚的繁殖材料。

该项研究于 1989 年经林业部科技司主持通过鉴定，在国内同类研究中达到先进水平。并列入 1990 年林业部科技兴林 100 项推广成果之一。"七五"以来湖南省发展国外松林 150 万~180 万亩，种源材积增益率为 10%，10 年累计经济增益 1.2 亿元，年增益 1200 万元。

41. 油茶"寒露籽"优良无性系选育及其脂肪酸组成的研究

> 获 奖 时 间：1995 年
> 主 要 完 成 单 位：湖南省林业科学院
> 主 要 完 成 人 员：陈永忠 王德斌 苏贻铨等
> 奖励类别及等级：湖南省科学技术进步奖 三等奖

油茶"寒露籽"是普通油茶的一个早熟类型，全国各油茶产区均有栽培。为湖南的湘北、湘西和湘西南的主栽类型。寒露籽油茶具有成熟早，产量稳定，含油率高，抗病性强等特点。课题组从 20 世纪 70 年代始，率先对油茶寒露籽优良无性系进行了系统选育工作。经连续 4 年测产和对主要经济性状测定，并首次考察了各无性系的油脂脂肪酸组成，依照全国油茶协作组制定的优良无性系评选和鉴定的标准和方法，参考营养保健学观点综合分析了油脂脂肪酸组成，最后评选出湘林 104 等 9 个寒露籽优良无性系。连续 4 年平均亩产油 34.88~64.32kg，比参试无性系平均值增产 20.1%~121.5%，各项经济指标优良，脂肪酸组成比较合理，基本不含有芥酸。同时，利用这些无性系进行了推广示范，建立采穗圃 380 亩，先后向生产单位提供穗条 29.2 万支，已造林 4720 亩。

目前可提供所选育出的油茶良种及其成熟的油茶良种苗木繁育技术和油茶良种配套丰产栽培技术、油茶繁育和栽培管理技术咨询、培训等。

42. 湖南省主要经济树草种栽培类型区研究

> 获 奖 时 间：1995 年
> 主 要 完 成 单 位：湖南省林业科学院
> 主 要 完 成 人 员：夏合新 付绍春 周 刚 杨 红 袁穗波
> 奖励类别及等级：湖南省科学技术进步奖 三等奖

湖南地域辽阔，气候温和，雨量充沛，植物种类繁多。尤其经济树种、草种是人们长期以来作为食用、药用、用材和直接经济收入的重要来源。从长江防护林工程的范围考虑，因地制宜，合理布局主要经济树种草种，特别是选择适合本地区最适宜的经济树种草种，是成功建设长江防护林工程的根本保证。为了解决这一问题，课题组结合国家"八五"科技攻关项目开展了该项研究。在研究工作期间，获取了洞庭湖水系 90 多个县（市）的气候、土壤、地貌等资料，获得各类原始数据材料 810 多份，数据 3 万多个，还有针对性的进行了调查与研究，然后应用主分量分析，对湖南省 26 个主要经济树种草种进行了定性和定量分析。

（1）该研究采用了主分量分析等现代分析方法，结合定性分析，研究了影响湖南省主要经济树种、草种栽培分区和生长的主导因子和限制因子，首次将多经济树种、草种划分出最适宜栽培区、适宜栽培区和较适宜栽培区。

（2）该研究提出丘岗山地目前最佳树种和草种，为完成洞庭湖水系丘岗山地综合开发总体规划提供了科学依据。社会和经济效益显著，可以在生产中推广应用。

（3）该研究选题紧密结合生产实践，技术路线正确，分区合理，资料齐全，数据可靠。

43. 滩地林业综合开发与灭螺关系的研究

获 奖 时 间：1996 年
主要完成单位：湖南省林业科学院
主要完成人员：吴立勋(1) 程政红(2)等
奖励类别及等级：湖南省科学技术进步奖 三等奖

该项成果首次将滩地林业的综合开发与滩地灭螺综合治理这两个相距甚远的学科，在滩地的综合治理与开发上有机地结合起来。在理论上初步解决了滩地造林灭螺防病的机理，在生产实践上为有螺滩地的综合治理和开发提供了配套营林技术和管理措施，且操作性强，切实可行。在洞庭湖区兴林灭螺工程中得到大面积推广应用，推广面积 6.9971 万亩，其中易感地带 4 万亩，活螺框出现率、活螺密度、感染螺密度均下降 92% 以上，野粪密度降为 0，小白鼠感染率下降 93.8%，居民感染率下降 55.6%，湖区每年可减少血吸虫病人 3440 人，血防效益 2832 万元。同时可以美化环境、调节气候、增加作物产量、防浪护堤，每年可节约防汛材料费 88.9 万元。木材和间种平均年总产值 5256.8 万元，年利税 4765.39 万元，项目年总产值 8177.7 万元，年利税 7686.29 万元，取得了显著的灭螺防病社会效益、经济效益和生态防护效益。

该项研究成果居国内同类研究的领先水平。

44. 生态经济型防护林体系功能经营区、经营类型及防护林类型配置技术研究

获 奖 时 间：1996 年
主要完成单位：湖南省林业科学院
主要完成人员：冯菊玲(1) 袁穗波(2) 袁正科(5)
奖励类别及等级：湖南省科学技术进步奖 三等奖

该研究指导思想明确，技术路线正确，研究方法科学。在大量调查研究基础上确定样本单元与指标体系，开展防护林功能、类型分区，研究层次清晰，技术资料丰富、完整和翔实。采集标准地 299 块，获得数据 100 多万个。划分的洞庭湖 8 个防护林功能经营区、漤水流域 7 个防护林功能经营类型等是切合实际的，对湖南省及有关省区长防林工程建设有指导意义。

该研究为了解决湖南省生态经济型防护林体系的配置技术，从宏观总体出发，在区域-经营类型-防护林类型-树种四个层次上进行了系统研究，提出的防护林功能经营区、经营类型及防护林类型的概念，具有创新性和先进性。运用星座图分类，应用定量与定性相结合的方法来研究防护林功能经营区，以及对林地防护能力和林地土壤肥力进行评价等，有突破性进展，在国内外均未见报道，达到国内同类研究的领先水平。

该研究解决了长江防护林体系工程建设中的关键技术，并且详细论证分析功能经营区及类型的具体的生态-经济条件，具有较大的应用价值，可直接应用于生产。

45. 亚流域防护林系统水文效益计量评价技术研究

> 获 奖 时 间：1996 年
> 主要完成单位：湖南省林业科学院
> 主要完成人员：李锡泉（1）　张传峰（3）　张玉荣（5）　张建梅（8）
> 奖励类别及等级：湖南省科学技术进步奖　三等奖

建立了树冠截留量、枯落物和林地调蓄水量的三个计量模型，提出了以亚流域为单元的森林水文效益计量模型和方法。阐述了森林总蓄积的增加有明显减少亚流域河沙含沙量、削洪调枯、减少河流径流量的作用。同时还指出降水量、降水强度对河流水文要素的作用大于森林，随着时间的加长，有些效应加强，有些效应弱化。

成果提供的主要技术服务形式为以流域为单元的森林水文效益计量模型和方法。

46. 环湖丘岗综合治理与开发模式研究

> 获 奖 时 间：1996 年
> 主要完成单位：湖南省林业科学院
> 主要完成人员：吴立勋（2）　程政红（4）
> 奖励类别及等级：湖南省科学技术进步奖　三等奖

该研究通过生物、工程措施，改善丘岗地生态环境，提高立地质量及土地生产力，形成生态环境与土地生产力的良性循环，创造性地将环湖丘岗这一农林过渡、人为活动频繁地带的大规模、产业化开发与综合治理相结合提供了一整套营林技术措施。根据丘岗地立地条件的差异性，分别设计不同的开发治理模式，对各模式的水土流失情况、水分及养分动态进行定点监测和分析，总结出相应的动态模型，为模式的进一步优化提供了理论依据。

通过治理，地表径流减少了，泥石流失减少了，有机质及速效氮、磷、钾等营养成分的流失减少了，氮、磷、钾全量流失也减少了，土壤结构改良、肥力提高。4 个试验点总面积 3489 亩，年总产值 352. 38 万元，纯收入 258. 36 万元，其中多种经营纯收入 63. 99 万元。以干鲜果为主的丘岗开发试验示范，带动了各试点干鲜果生产，对当地农村产业结构的调整和经济发展起到了积极的推动作用。全省辐射面积 83. 9 万亩，年产量 23. 9 万 t，年产值 4. 4 亿元。

该项目研究既取得了巨大的经济效益，又达到了十分显著的治理效果，为广大丘岗区生态环境的改善，系统功能的恢复，生物多样性的提高找到了一条有效的途径，具有广阔的应用前景。

47. 湿地松、火炬松和马尾松种实病害防治研究

> 获 奖 时 间：1996 年
> 主要完成单位：湖南省林业科学院
> 主要完成人员：贺正兴　韩明德
> 奖励类别及等级：湖南省科学技术进步奖　三等奖

该课题以科研、生产、管理三结合方式，4年来通过系统、深入的实地调查研究。在虫害方面，查清了3种松树害虫7种，天敌昆虫3种。害虫中以微红梢斑螟和松梢小卷蛾为主，揭示了这两种害虫的生物学特性和发生规律，找出了防治关键时期和有效的综合防治方法，累计试验防治湿地松种子园4400多亩，防治效果达96%以上。更可贵的是经试验筛选，发现有3个湿地松无性系，3个马尾松无性系对种实害虫抗性较强，为这3种松树的良种选育积累了有科学价值的资料。

在病害方面，摸清了这3种松树种实病害种类、危害情况和发生主要因素。并找出有效防治对策，这些内容均为国内首次研究。

课题研究密切结合生产实际，经济和社会效益显著，居国内同类研究领先水平。

48. 湖南省竹材加工的现状建议与对策

获 奖 时 间：1996 年
主要完成单位：湖南省林业科学院
主要完成人员：巩建厅 史美煌
奖励类别及等级：湖南省科技信息成果 三等奖

我国竹林资源十分丰富，竹林面积约占世界的1/5，居世界第二位。湖南省竹林面积占全国总面积的17%，居全国第二位。

该本研究对全省几百家竹制品加工企业进行了广泛地调研，发现企业生产的竹制品单一，一个共同的问题是竹材利用率低，仅为20%～40%，数量巨大的加工余料未被有效利用，且大量堆积而成公害。

对策：竹加工企业生产的产品应多元化，并有竹碎料板加工生产线(竹碎料板可全竹利用)。

49. 湘中丘陵小集水区生态经济防护林体系布局技术研究

获 奖 时 间：1997 年
主要完成单位：湖南省林业科学院
主要完成人员：夏合新 付绍春 周 刚 贺军辉
奖励类别及等级：湖南省科学技术进步奖 三等奖

本研究经过5年协作攻关，营建了生态经济型防护林体系布局试验示范林2184亩，成活率和保存率均在90%以上。设置生态效益定位观测测流堰2个，径流场4个，小气象站1个，出色和超额地完成了国家科技攻关任务。

研究了湖南衡南县黄塘村3.27km^{2}的封闭式小集水区的环境背景和社会经济特点，运用数量化理论，为我国长江中上游湘中丘陵营建生态经济型防护林林种和树草种配置与布局的规划设计提供了科学依据。运用土壤肥力和树种草种生态适应性的理论与实践，将一个生态自然村落科学地划分五个生态经济类型区，并将146块调查小班进行分类，具有特色与创新。

在实施过程中，把调整的优化林种结构配置到山头地块，同时适地适树定位到小班，成功地开展了生态经济型防护林体系布局的营建和经营管理，使森林覆盖率由原来6%提高到61%以上。

该项研究成果全面系统，可操作性强，技术路线正确，观测和统计方法先进，资料完整，数据可靠为丘陵乡镇提供了示范样板，对长江中上游同类地区防护林工程建设具有广泛的应用价值和指导意义。

50. 秃杉自然分布区的研究

获 奖 时 间：1997 年
主 要 完 成 单 位：湖南省林业科学院
主 要 完 成 人 员：程政红（1）　侯伯鑫（2）　肖国华（3）　唐　平（4）　贺果山（6）
奖励类别及等级：湖南省科学技术进步奖　三等奖

该项目为国家林业局"七五""八五"攻关项目。采用多学科的研究方法，对国家一级保护植物秃杉的起源、分化、残遗的历史进行了深入研究。首次提出：秃杉起源于晚白垩纪东亚环太平洋地区，我国东北、日本、俄罗斯西伯利亚东部是起源中心及早期分化中心，现代分布区是第四纪冰期后的残遗中心区；秃杉在我国历史上曾广泛分布，目前间断分布不是因气候等生态因素，而是因长期砍伐利用而不注意保护的人为因素造成的；秃杉在杉科植物中起源最晚，退化相应较慢，是生态适应幅度较杉木宽的主要原因之一，为秃杉扩大栽培提供了重要科学依据。成果达到国内同类研究领先水平。

51. 湖南省马尾松产区区划

获 奖 时 间：1997 年
主 要 完 成 单 位：湖南省林业科学院
主 要 完 成 人 员：李午平　伍家荣　李　冬　汤玉喜　唐效蓉
奖励类别及等级：湖南省科学技术进步奖　三等奖

该项研究在大量调查研究的基础上采用聚类结合定性分析，掌握了湖南省马尾松地理分布原因和影响生长分布的主导因子，进行了生态类型划分，并根据地貌类型组合、植被类型与马尾松林分生产力等，将全省划分为 5 个产区、11 个小区，其分布依据和原则正确，分区及各区生产力的评价准确，符合湖南省实际，成果已在生产中广泛应用，产生了显著的经济效益。

该研究紧密结合生产，技术路线正确，研究方法先进，资料齐全，数据可靠，结论可信。

该项成果科学性、实用性强，填补了湖南省空白。在紧密结合湖南自然条件和生产应用方面的研究居全国领先水平。

52. 火炬松人工林结构模型和火炬松、湿地松经营数表编制的研究

获 奖 时 间：1997 年
主 要 完 成 单 位：湖南省林业科学院
主 要 完 成 人 员：童方平　吴际友　龙应忠　胡蝶梦
　　　　　　　　　郭光复　余格非　艾文胜　周劲松
奖励类别及等级：湖南省科学技术进步奖　三等奖

通过提出火炬松人工林的结构模型和火炬松、湿地松的经营数表，进而为湖南及邻省科学规划火炬松、湿地松丰产林基地，以及火炬松、湿地松的高效经营管理提供了科学依据。

应用该项研究成果，可科学地进行造林规划，制定合理的营林措施，确定林分经营周期和进行林分生长量的预测及森林资源清查，合理评估营造火炬松、湿地松人工林的经济效益。

53. 优良农家品种：巴陵籽油茶丰产示范（协作）

获 奖 时 间：1997 年
主要完成单位：平江县林业局　湖南省林业科技推广总站
　　　　　　　湖南省林业科学院
主要完成人员：苏贻铨(5)
奖励类别及等级：林业部科学技术进步奖　三等奖

课题组在巴陵籽自然群体中，选择优良单株，采其种子、枝条作为繁殖材料，建采穗圃 100 亩。应用"芽苗砧"嫁接法繁殖无性苗，将巴陵籽优良个体转化为无性系利用，在岳阳、平江、长沙、安化、临武营造区域试验林 2921 亩。在平江培育苗木 2225 万株，协助全国 56 个县建立育苗基地，培育苗木 2300 万株，在平江推广造林 3.52 万亩。应用"撕皮嵌合"嫁接法，对低产林进行换冠改造，在平江改造低产林 3.6 万亩。巴陵籽良种及丰产技术已推广应用于湖南所有的油茶低改县及全国 56 个县。

该项目的实施，摸清了巴陵籽油茶的生态生物学特性及经济性状，区划了巴陵籽油茶的栽培区域，为巴陵籽油茶的推广和发展提供了科学依据。

54. 火炬松、湿地松建筑材、纸浆材多性状综合选择的研究（协作）

获 奖 时 间：1997 年
主要完成单位：湖南省林业科学院（排序第六）
奖励类别及等级：林业部科学技术进步奖　三等奖

多性状综合选择和评定技术研究：①在火炬松种源试验林中，选择出生长、材质兼优的火炬松优良种源 5 个，树高大于平均数 10% 以上、胸径大于平均数 5% 以上、纸浆得率大于平均数 5% 以上，种源号为：L-19、L-6、RL-16、L-16、271-82；②在湿地松单亲子代林中，选择出生长、材性兼优的湿地松优良家系 10 个，这 10 个家系材积生长量均比对照大 32% 以上，家系号为：Ⅱ-101、0-508、0-609、2-46、0-510、0-464、0-1027、Ⅳ-47、0-373、7-77；③在种源林、子代林、种子园无性系中，选择出生长、材质兼优的单株，形质指标优且材积大于 4 株优势木 10% 以上，纸浆材得率大于平均优势木 5% 以上。

无性系繁殖技术研究：火炬松、湿地松建筑材、纸浆材材料扦插成活率达 80% 以上。

种子园经营管理和种子丰产技术的研究：①提出了种子园遗传去劣疏伐技术，使种子园遗传增益（材积）提高到 23.47%，木材比重的遗传增益提高 3.6%；②提出了种子园内开展了环剥、开甲、施肥促花、喷激素和化学物质技术，使种子园平均增产 50% 以上。

该项研究成果居国内同类研究的领先水平。

55. 马尾松丰产林技术在"世行"造林中的推广应用研究

> 获 奖 时 间：1998 年
> 主 要 完 成 单 位：湖南省林业科学院
> 主 要 完 成 人 员：谭著明(1)　唐效蓉(3)　曾万明(5)　李午平(6)
> 奖励类别及等级：湖南省科学技术进步奖　三等奖

该项目对世行造林项目中马尾松工业用材林基地建设必须解决的优化栽培技术问题立题，针对性强，起点高，技术路线正确，试验设计合理，资料翔实，结论正确。

该项目采取边研究边推广，行政措施与技术措施相结合的方法，首次大规模综合组装应用全国马尾松近 20 年来良种选育、立地选择和丰产栽培经营技术方面的 10 多项最新成果，在湖南 25 个县(市)内营造马尾松工程林 10 433.19hm²，平均保存率达 94.9%，平均树高为部颁标准的 120.5%，7 年生时每公顷立木蓄积为部颁标准的 173.3%，通过马尾松经营综合技术的推广应用，全省马尾松世行项目所造林分比部颁标准增加蓄积量 76 580m³。经济、社会、生态效益显著。

该项目首次应用对密度效应最敏感的"树冠面积指数"确定了马尾松不同密度林分进入群体生长阶段及郁闭状态的时序差异，其结果对指导马尾松工程造林具有重要意义；在理论上论证和提出了"以个体为中心的幼林修技抚育技术"，这有利于改善马尾松幼林的经营管理水平和提高林分的干形；首次报道了马尾松-马褂木这一混交类型，并提出了 5∶2 行状混交的最佳模式，这对扩大马尾松混交树种范围，改善马尾松林分结构稳定性，具有积极意义。

56. 低山丘陵区庭园林业生态结构模式研究

> 获 奖 时 间：1998 年
> 主 要 完 成 单 位：湖南省林业科学院
> 主 要 完 成 人 员：贺赐平(1)　李二平(2)　丁定安(5)
> 奖励类别及等级：湖南省科学技术进步奖　三等奖

发展庭园经济对广大农村脱贫致富奔小康，具有非常重要的作用。

在全省调查研究的基础上，以一个村为研究单元，对生态农业进行综合系统可持续利用规划，采用综合配套技术，首次提出了南方庭园生态林业配置的 6 种模式，并筛选出了试验点的经济效益最佳优化模式。经过 8 年多的研究，使当地生态环境质量得到显著改善，对湖南省丘岗山区的开发和庭园生态林业的发展具有重要的示范作用。

该项目 6 种庭园生态林业模式实施后，平均产值达 7.57 元/m²，最高达 11.88 元/m²。全村经济收入由 1988 年的 81.56 万元，提高到 456.97 万元，为试验前的 5.60 倍；林业产值占总产值的比重从 7.17%提高到 33.84%。重点示范户年收入达 39 807 元，人均 19 903.5 元。该开发模式在桃源县覆盖面达 82%，并辐射到周边县市及省区，经济效益显著。

该项研究实施后，到小苏村参观学习的国内外人士达 3 万多人次，有 12 个省市的记者前来采访、宣传报道，在国内外产生了良好的影响。

该项研究在农村具有广泛的推广应用价值。

57. "氢氧气焊、气割、电焊机"的中式研究

获 奖 时 间：1998 年
主 要 完 成 单 位：湖南省林业科学院
主 要 完 成 人 员：董晓东　袁　巍　刘京丹　肖妙和
奖励类别及等级：湖南省科学技术进步奖　三等奖

本产品将水电解得到氢氧混合气体，以此高温燃气对金属进行焊割。由于创造性的采用高新电力电子技术和电化学新材料，它具有节能、无污染、焊割量高、操作简便、安全可靠，使用成本低等特点，是对传统乙炔-氧气焊割设备的重大革新，效益显著，已批量投产。其主要性能达到国际水平，整机性能处于国内领先地位。

取得国家专利一项，专利号 ZL96234846.5。

58. 山地林区采种设备的研制

获 奖 时 间：1999 年
主 要 完 成 单 位：湖南省林业科学院
主 要 完 成 人 员：方勤敏　刘小燕　刘少山　肖妙和
奖励类别与等级：林业部科学技术进步奖　三等奖

针对我国山地林区采种特点，研制出一套先进又实用的上树采种方法和设备。设备重量轻、操作方便、安全性和可靠性好，作业不损伤母树和种子，并可一机多用，能适用多种树种果实的采摘，采摘效率比传统方法提高 3~5 倍。

采用叶轮旋转击落、刀片旋转切断及一机配多种采摘头的新方式，在国内首次实现在同一采摘杆上同时进行长度和角度的调节，实现采摘杆的随意伸缩和采摘角度的灵活控制，大大提高树上采种作业的适应性。并采用多极组合梯方式，与树干定位合理可靠，用户可根据树干、树形任意组合成不同高度的组合梯，组合高度高达 25m，最大作业直径 8.2m。

59. MX-A 型装饰用木线条加工机研制

获 奖 时 间：1999 年
主 要 完 成 单 位：湖南省林业科学院
主 要 完 成 人 员：刘小燕　方勤敏　巩建厅　肖妙和　谢香菊
奖励类别及等级：林业部科学技术进步奖　三等奖

MX-A 型木线机（专利号 ZL95237233.9）采用单动力源、主轴与刀盘结合为一体，简化了装卸刀工作，主要用于完成各种材质、各种形状及各种规格的装饰用木线条的成型加工，它具有生产效率高、加工面光洁度高、几何形状精确、性能稳定可靠、操作维护简便、造价低廉、造型美观等特点，是加工装饰木线理想的专用设备，亦可用于木材压刨加工。

60. 湘菌 1 号菌根真菌对马尾松、湿地松育苗和造林技术研究与应用

获 奖 时 间：1999 年
主要完成单位：湖南省林业科学院
主要完成人员：廖正乾(1)　龙凤芝(2)　徐永新(4)　董春英(5)
奖励类别与等级：湖南省科学技术进步奖　三等奖

筛选出新的菌种。"湘 1 号菌根真菌"是该课题组筛选出的新菌种，是在充分利用本地资源基础上研制成功的，填补了我国在分离、筛选、培育和利用本地资源方面的空白。"湘 1 号菌根真菌"的大面积使用效果与从美国引进的 PT 菌剂效果相近。

研制了新工艺。为了分离培养新的菌根真菌制剂，研制了一套新的、与之相适应的生产工艺。采用这套新的生产工艺其培养效果要明显优于其他工艺。

应用效果明显。采用"湘 1 号菌根真菌"培育马尾松、湿地松苗木与对照区相比，菌根化苗木分别提高 38.35％和 14.07％；地径粗分别增加 50％和 25％，采用该苗木造林，其成活率比对照区提高 5.5％~22.73％；生长量分别比对照区提高 13.51％和 12.68％，效果与从美国引进的 PT 菌剂相近。

推广应用面积大，经济效益显著。"湘 1 号菌根真菌"已推广应用到湖南省的 14 个县(市)，共造林 15 万多亩。节省了大量肥料、农药、人力，加快了苗木的生长，获得了很好的社会、生态和经济效益。

61. 中亚热带次生林成林规律及经营技术研究

获 奖 时 间：1999 年
主要完成单位：湖南省林业科学院
主要完成人员：张灿明(1)
奖励类别与等级：湖南省科学技术进步奖　三等奖

该项目由湖南省科委 1991 年下达(编号 92-06-07 专项)。有关种群动态分析的固定样方观测最早可追溯至 1968 年。工作是在 60 年代至 80 年代长期积累基础上，结合 90 年代全面的面上调查而进行的，资料丰富，研究涉及面广，出色地完成了省科委下达的任务。

通过对大量调查资料分析，对区域内主要群落类型中的优势种群间联结、环境梯度、种群动态预测等进行了系统分析；全面地对次生林类型进行了合理划分；从种群生态学角度深入剖析了中亚热带12 个典型优势种群的动态规律。首次系统全面地从种群层次揭示了中亚热带次生林成林的内在规律，为合理经营次生林提供了科学依据。

应用多种先进的科学定量化研究方法，对次生林成林规律的演替过程进行了定量分析，结果可信，以"生态对策"等研究为基础提出的经营措施具有特色，成果达到国内同类研究的领先水平。

在全面分析的基础上，提出了中亚热带天然次生林以资源保护、生态保安、生物多样性保存为主，以资源利用为辅的方针。所提出的改造天然次生林三条原则和八项措施可操作性强。

62. 黄脊蝗及防治技术研究

获 奖 时 间：1999 年
主要完成单位：湖南省林业科学院
主要完成人员：张贤开　左玉香
奖励类别与等级：湖南省科学技术进步奖　三等奖

开展了黄脊竹蝗生物学特性的研究。研究了跳蝻上竹期、跳蝻出土历期、产卵量及虫粪大小与虫龄、虫粪体积与虫龄、排粪数量及与虫龄大小的关系。

开展了产卵地与其生态因素关系的调查研究。人工模拟产卵地招引成虫集中产卵的试验，填补了国内空白，招引效果好，省工、省时、省经费。筛选出竹蔸注射的方法和效果好、药效期长的两种农药以及探索出在产卵地内竹株注射防治上竹跳蝻的方法和技术，具有操作简便、不受气候条件影响、防治效果稳定、对人畜天敌和环境无污染等特点。

对全省竹蝗主要发生地县开展了产卵地面积与竹蝗发生面积相关性的调查研究，制定了产卵地面积与 3~4 龄跳蝻发生面积、产卵地面积与成蝗发生面积、3~4 龄跳蝻面积与成蝗发生面积以及产卵地面积与成蝗为害面积的数学关系式 4 个，便于预测预报和制定防治对策。

该项目紧密结合生产实际，成果技术适用性强，已在桃江、桃源、益阳市资阳区、汉寿、会同、安化、靖州等 12 个县累计推广 11 万亩，防治效果好，增收节支 1991 万元，具有显著的经济、生态和社会效益。成果整体水平居领先水平。

63. 林地持水保土特性及土壤改良技术研究

获 奖 时 间：1999 年
主要完成单位：湖南省林业科学院
主要完成人员：吴建平　田育新　袁正科　黄云辉
奖励类别与等级：湖南省科学技术进步奖　三等奖

项目创造性地将不同类型天然林的生物因子与土壤理化特性结合起来进行研究，并揭示了相互依存的关系。

首次较全面地分析提出了天然林土壤剖面结构、养分及物理—水文特性值在天然林系统及其地域、森林类型、母质间的分布规律及其差异性。

提出了森林生态、生物特性因子与土壤养分和理化特征值之间的相关性。

森林生物量因子与天然林土壤特性的关系；运用多因子分析方法，确定总孔隙度、非毛管孔隙度是土壤物理性能中的两个主要因子。丰富了森林土壤学的内容。

64. 湖南省丘陵区人工混交林类型选优及混交机理的研究

获 奖 时 间：1999 年
主要完成单位：湖南省林业科学院
主要完成人员：张玉荣(1)　吴立勋(3)　陈双武(4)　刘帅成(5)
奖励类别与等级：湖南省科学技术进步奖　三等奖

该研究对 50 多个混交类型进行初试，筛选出 12 个混交类型进行中试，营造试验林 199.7hm²，全面研究了混交林的树种及立地选择、营林技术、林分生长规律和混交树种间的关系；成果填补了国内相关研究的 2 项空白；推广造林 1.6 万 hm²，新增产值 6787.2 万元，新增收入 6499.2 万元，具有较好的经济和社会效益。

65. 南方丘陵严重水土流失区综合治理开发技术模式研究（协作）

获 奖 时 间：1999 年
主 要 完 成 单 位：湖南省林业科学院（排序第二）
主 要 完 成 人 员：袁正科（3）
奖励类别与等级：湖南省科学技术进步奖 三等奖

（略）

66. 湘中丘陵（红壤）混交林类型及选择技术研究

获 奖 时 间：2000 年
主 要 完 成 单 位：湖南省林业科学院
主 要 完 成 人 员：夏合新
奖励类别与等级：湖南省科学技术进步奖 三等奖

该项目针对湘中红壤丘陵立地条件较差的区域，开展混交方式、混交类型，混交比例等混交造林技术的研究。

项目经过 8 年的系统研究，较深刻地揭示了林木生长和土壤等因子的内在联系、混交林中树种间相互作用的机理；在考虑树种混交的同时，又考虑了造林密度的影响以及应采取的其他技术措施，对于指导湘中红壤丘陵区及条件类似的其他地区营造混交林具有重要的意义。同时，对于丰富混交林研究的理论也具有很大的价值。

首次以生态、产业、市场三大体系来作为评价混交林类型及经营类型的指标体系。研究证明在 2 湿地松+1 赤桉混交林中，湿地松比湿地松纯林生长率和材积要大 0.5 倍以上，湿地松、南酸枣混交林的高生长和粗生长比湿地松纯林高 2.13 倍；在土壤蓄水量变量分析与差异比较中，阔叶树比例多的混交林比阔叶树种比例少的混交林土壤蓄水量显著，1 湿地松+1 枫香、2 湿地松+1 枫香混交林地土壤蓄水量最佳；对于林地养分状况，湿地松+南酸枣>湿地松+大叶桉>湿地松+赤桉>湿地松+枫香混交林，而混交林地养分明显高于湿地松纯林，这些对类似地区混交林的营造有重要的参考和指导作用。

该研究通过混交林的营造与类型选择，林相生长整齐，长势良好，地被植物得到恢复，有效地控制了湘中丘陵红壤母质裸露地区的水土流失，改善了生态环境，有显著的生态、经济、社会效益，推广前景广阔。

该项成果总体上居国内领先水平，在混交方式下营养物质的循环和传递途径及以生态、产业、市场综合评价标准选择混交类型与经营类型研究方面达到国际先进水平。

67. "三岩"造林困难地段造林绿化技术研究与示范

获　奖　时　间：2000 年
主要完成单位：湖南省林业科学院
主要完成人员：张康民　李昌珠
奖励类别与等级：湖南省科学技术进步奖　三等奖

湖南的造林困难地类主要分布在"紫色砂页岩""石灰岩""钙质页岩"的石质裸露山（丘）地，其土层小于 20cm，立地条件很差，造林十分困难，故称之为"三岩"造林困难地类。1991 年湖南省林科院开展了"三岩"造林困难地段造林绿化技术研究与示范。其任务是：（1）"三岩"造林困难地造林绿化树种选择；（2）"三岩"造林困难地造林绿化模式研究；（3）"三岩"造林困难地整地方式研究，选择出适合"三岩"造林困难地的适生树、草种、适宜的造林绿化模式和配套技术措施以及整地方式等。

全面系统地以土种为立地单元开展了树种选择工作。通过对 28 个树、草种的生长对比试验，评选出了适宜困难造林地生长马桑、芦竹、苦槠、栓皮栎、牡荆等树种，评选出了有发展前景的树种柏木、铅笔柏、藏柏等。

在试验林中研究和评价了 16 个造林绿化配置模式，评选出了 6 个造林配置模式，提出了相关的综合配套造林技术，较好地解决了这一地类长期没有解决的造林绿化技术难题。

该项目区内造林绿化植被覆盖度由 3%～20% 增加到 60%～95%，有效地保持了水土，有利植被的恢复与生长。

68. 枇杷引种与丰产栽培技术研究

获　奖　时　间：2000 年
主要完成单位：湖南省林业科学院
主要完成人员：文二华　刘益兴　胡立波　董春英　贺赐平
奖励类别与等级：湖南省科学技术进步奖　三等奖

该项目对引种枇杷的生物学特性、生态适应性和经济性状进行了系统的研究。在引进品种中，筛选出了适宜湖南低山红壤土、石灰岩、钙质页岩地区最佳品种 4 个，其产量高于对照90.8%，单果重是对照的 2.5～3 倍，增产效益显著。其中'白梨''大房''太城四号'为湖南省首次引种栽培。

该项目在引种枇杷试验进行品种评价的同时，在栽培上对不同土壤上的培育技术进行了系统研究，提出了最佳品种的优质、丰产、高效配套栽培技术，为推广应用提供了技术基础。

石灰土和钙质土均为湖南造林困难地，该研究在这类土地上引种枇杷成功，是一个突破，为"三难地"造林提供了新的经济树种并为提高该地区造林经济效益开辟了新途径。

该项成果达国内同类研究先进水平，其中在"三难地"经济树种引种方面达国内领先水平。

69. 鹅掌楸属种源变异规律及区域保存技术研究

获 奖 时 间：2000 年
主要完成单位：湖南省林业科学院
主要完成人员：李锡泉（1） 董春英（3）
奖励类别与等级：湖南省科学技术进步奖 三等奖

鹅掌楸属植物包括马褂木、北美鹅掌楸和杂交马褂木三种树木，都属古老孑遗植物。由于其特殊的分布格局，在自然条件下繁殖力低，致使家庭衰退，种群稀少，个体数量下降；且3个树种都具有生长快、适应性广、材质优良、树形美观的特点。因此，开展鹅掌楸属植物研究，无论是收集保存和开发利用，都具有重大意义。

该研究历时9年，收集了马褂木4个、北美鹅掌楸5个、杂种1个、杂种无性系3个，进行对比试验。通过全面系统的研究，研究结果表明：种/种源间生长量差异显著，种/种源间物候年际、地域差异显著，种源地海拔、纬度、降水对种源生长量有影响；鹅掌楸属濒危的主要原因是由于群体岛状分布、种群小、群落结构不合理、空间分布不重叠，致使群体内花粉传播限制所致；马褂木比北美鹅掌楸更原始。

该研究首次开展了珍稀濒危树种种/种源试验，将种源试验扩大到属；首次提出了解除鹅掌楸属濒危状态的方法与措施。不仅具有重大的学术价值，而且对于这3个树种的保存、引种和开发利用有重要的指导作用。

70. 马尾松板方材脱脂保色技术研究

获 奖 时 间：2000 年
主要完成单位：湖南省林业科学院
主要完成人员：黄 军（1） 肖秒和（3） 陈泽君（5） 刘小燕（6）
奖励类别与等级：湖南省科学技术进步奖 三等奖

采用化学和物理方法，对马尾松板方材进行处理，脱脂率能够达到75%，产品性能指标达到家具材料的要求，产品颜色与未处理材基本一致，产品处理成本控制在150元/m³左右，目前已在湖南、湖北、广西等地广泛应用。

71. 松毛虫质型多角体病毒（J–DCPV）杀虫剂防治马尾松毛虫技术推广应用（协作）

获 奖 时 间：2000 年
主要完成单位：湖南省林业科学院等
主要完成人员：董炽良（4）
奖励类别与等级：湖南省科学技术进步奖 三等奖

（略）

72. 黄脊竹蝗集中卵地的识别和防护技术推广应用(协作)

获 奖 时 间：2000 年
主要完成单位：湖南省林业科学院(排序第三)
奖励类别与等级：湖南省科学技术进步奖　三等奖

(略)

73. 国外松多世代遗传改良及培育技术(协作)

获 奖 时 间：2002 年
主要完成单位：湖南省林业科学院(排序第二)
主要完成人员：龙应忠(2)
奖励类别与等级：广东省科学技术进步奖　三等奖

(略)

74. 火炬松纸浆材优良家系选择与应用技术研究

获 奖 时 间：2003 年
主要完成单位：湖南省林业科学院
主要完成人员：吴际友(1)　童方平(4)　龙应忠(6)　艾文胜(8)　龚玉子(9)
奖励类别与等级：湖南省科学技术进步奖　三等奖

掌握了火炬松家系生长和材性等性状间的遗传变异规律及相互关系，丰富了林木选择育种的理论，为选择火炬松纸浆材优良家系提供了坚实的理论基础。

提出了火炬松家系主要经济性状最低选择年龄，这一选择年龄的确定在国内尚属首创，可缩短育种周期，并节省大量的人力、物力。

采用生长和适应性作为选择的主程序，而将材性改良作为次程序的育种路线，并利用指数选择法对火炬松纸浆材家系多性状进行选择。选出了 21 个生长和材性兼优的火炬松家系。

提出了与纸浆材优良家系相配套的育林技术，使良种显现出最大的增产潜力。

利用纸浆材优良家系进行示范推广造林，并以净现值、内部收益率对其经济效益进行了评价，增产效益显著。

75. 洞庭湖湿地特性与保护性林业利用技术研究

获 奖 时 间：2004 年
主要完成单位：湖南省林业科学院
主要完成人员：袁正科(1)　袁穗波(2)　龚玉子(4)
奖励类别与等级：湖南省科学技术进步奖　三等奖

将洞庭湖的宏观演变深入到湿地斑块的形成过程、发生发展规律及其相关因素对湿地形成、发育、演变作用的研究，根据洞庭湖的实际建立湿地分类系统，并提出成因—生态—植被的湿地分类原则。从以往湿地单个内容的植物调查深入到洞庭湖湿地植物区系组成、分布区类型、地理属性、生态类群、演变模型、植被分类、群落特性、生物生产量、利用价值与用途等系统而较全面的研究。

提出了低湿地林的要领，研究了水情对植被分布和林木生长的影响；以地表水和地下水为主导因子划分了湿地造林立地条件类型；研究了大批树种的耐水淹能力，划分了4个耐水等级、提出洲滩和退田还湖地造林的36个树种、湿地造林的关键技术、"退田还湖"区"开沟抬垄"造林技术组合。

提出了农田林网和护堤防浪林设计技术参数，湿地农林复合经营模式分类系统，设计与培育了窄带小网格和防浪林优化结构；选出优化农林复合结构。

测算了三峡工程运行后给湿地水文情势带来的变化，研究了它给湿地洲滩发展、生物多样性和珍稀候鸟带来的影响。

研究了林网与防浪林的效能。

该研究在洞庭湖湿地特性、植被分类、保护性林业利用关键技术和湿地演变、植被演替规律，采用水文判断地段淹水时间等方面有创新性和突破性。

76. 红花檵木新品种选育和新品种类型的划分

> 获 奖 时 间：2005 年
> 主 要 完 成 单 位：湖南省林业科学院
> 主 要 完 成 人 员：候伯鑫　林峰　李午平　王晓明　余格非　宋庆安　易霭琴
> 奖励类别与等级：湖南省科学技术进步奖　三等奖

该项目为省林业"九五"科技攻关重点项目。湖南是珍贵园林观赏植物红花檵木的中心产区，苗木生产面积3500hm²，年销售额3.49亿元，产品销往全国20多个省市，出口日本、韩国、新加坡，成为全省花卉苗木产业的品牌产品。项目依托湖南红花檵木品种资源丰富的优势，建立了品种基因库；研制了《红花檵木品种分类系统检索表》，命名了3大类15个类型41个品种；选育出'大叶红'等10个国家级优良新品种，并提出配套的苗木规模化繁殖及标准化生产技术。成果达到国内同类研究领先水平，获省首届花博会科技成果奖一等奖、全国第六届花博会科技成果奖一等奖、省科学技术进步奖三等奖。累计推广新品种苗木3.83亿株，推广面积2400hm²，新增产值4.11亿元，新增利税2.1亿元，经济、社会、生态效益十分显著。

77. 板栗贮藏保鲜新技术

> 获 奖 时 间：2005 年
> 主 要 完 成 单 位：湖南省林业科学院
> 主 要 完 成 人 员：李昌珠（1）　唐时俊（2）　王晓明（4）　周小玲（6）
> 奖励类别与等级：湖南省科学技术进步奖　三等奖

系用保鲜新技术贮藏板栗，坚果风味与鲜果基本一致，营养成分与采收时相近，市场畅销，售价高。经检测无任何农药残留。且新技术简便易行，成本低、效果好，既适合产地贮藏，又适合城市规模贮藏，产生了显著的经济、社会、生态效益。

推广与研究相结合，在以下几个方面有创新：

(1)采用栗苞与坚果同时进行的复合保鲜方法，首次解决了板栗常温保鲜的技术难题，大大地增加了板栗的保鲜量，提高了效率、降低了成本，使板栗保鲜规模化成为可能。

(2)自主研发的板栗专用保鲜剂，通过优化组成成分，增强针对性，使保鲜效果更好，操作更为简便易行；现已申请了国家专利并获得了国家重点新产品证书，可在湖南及其他南方省份推广应用。

以上两项研究属国内领先水平。

该项成果解决了南方板栗常温保鲜的难题，对农民增收有很好的现实意义。

78. 福建柏良种选育及栽培技术研究

获 奖 时 间：2006 年
主 要 完 成 单 位：湖南省林业科学院
主 要 完 成 人 员：侯伯鑫 程政红 林峰 余格非
奖励类别与等级：湖南省科学技术进步奖 三等奖

该项目为国家"九五""十五"科技攻关重点项目。福建柏是我国南方特产的珍贵装饰材树种，该项目通过南方 7 省(区)共 19 个种源、48 个家系的地理种源试验，选育出适宜湖南栽培的优良种源 10 个、优良家系 14 个，其材积遗传增益分别达 16.09% ~ 88.70%、15.19% ~ 184.80%；通过育苗和造林试验，总结出易于推广的育苗和营造林技术；首次发现福建柏主花期在秋季，为种子园花期管理和杂交育种提供了理论依据。该研究成果达到国内领先水平，获湖南省科学技术进步奖三等奖。全省推广良种造林 6100hm^2，较一般造林每公顷增产木材 10m^3，新增总材积 6.1 万 m^3，新增总产值 6100 万元，经济、社会、生态效益十分显著。

79. 林业高效系列专用肥中试生产与示范

获 奖 时 间：2007 年
主 要 完 成 单 位：湖南省林业科学院 湖南天玮有机肥有限公司
主 要 完 成 人 员：袁巍 皮兵 李洁 姜芸 吴建平 董春英 程宁南
奖励类别与等级：湖南省科学技术进步奖 三等奖

林业有机高效系列专用肥，是湖南省林科院经过多年研究开发的科研产品。获得 2002 年国家重点推广新产品称号(编号：2002ED770021)。是 2003 年国家星火计划(编号：2003EA169006)及农业科技成果转化资金计划(编号：03EFN216700294)项目支持的重点推广产品。目前已形成桉树、杨树、桤木、马尾松等用材林树种及板栗、油茶、柑橘、楠竹等经济林树种，8 大系列专用肥。该产品根据树种生物学特性、需肥规律，并结合不同立地条件，采用有机、无机的最佳营养配置、生产工艺及添加剂相结合的工业化生产技术，兼顾速效与缓效、大量与微量元素的有机结合。氮、磷、钾养分总含量达 15% 以上，有机质含量达 20% 以上。施用方便，可作基肥和追肥，基肥穴施，追肥沟施。具有提高产量、增强抗性、培肥土壤，达到速生、丰产、优质的优良效果。

80. 岳阳市城市森林建设研究

获 奖 时 间：2008年
主要完成单位：湖南省林业科学院
主要完成人员：吴际友（1） 程政红（2） 程 勇（9）
奖励类别与等级：湖南省科学技术进步奖 三等奖

系统地研究了城市森林网络构建植物，提出了城市森林植物具备的5大功能性。在对城市森林植物进行功能性研究的基础上，系统地研究了城市森林植物的滞尘能力、挥发性物质抑菌能力、释放低分子化合物量、负离子效应及吸收有害气体能力等生态保健功能。并提出了城市森林优良植物应具有生态保健、观赏、抗逆、经济和文化等5大功能。

选出了适于岳阳市城市森林建设的220种植物，提出了城市森林建设植物选择的原则，即适地适树原则、生态保健功能优先原则、乡土树种为主的原则、生态经济原则及生物多样性原则，提出了以乔木为主体、向空间要效益的指导思想。

科学地将岳阳市城市森林建设划分为6大功能区，即道路林网功能区，生态休闲功能区，机关、学校、医院及居民小区绿化美化功能区，农田防护林网功能区，防浪护堤与水土保持林网功能区，生态修复功能区等。

提出了城市森林建设植物材料的7种配置模式。即生态景观型模式、生态防护型模式、生态保健型模式、生态经济型模式、科普教育林模式、人文景观林模式、近自然林群落模式等，为城市森林建设提供了科学依据和典型示范。

建立了城市森林建设评价指标体系。

该项研究将城市森林建设技术体系与推广示范体系相结合，已在岳阳市等城市森林建设中推广应用，产生了显著的生态、经济、社会和科技示范效益。

81. WA 水性异氰酸酯胶黏剂及竹结构层积材、竹定向刨花板关键技术集成研究

获 奖 时 间：2008年
主要完成单位：湖南省林业科学院
主要完成人员：黄 军（2） 余伯炎（6） 丁定安（7） 谭 健（8） 艾文胜（9）
奖励类别与等级：湖南省科学技术进步奖 三等奖

1. WA 水性异氰酸酯胶黏剂研究首次采用苯乙烯对主剂进行共聚改性，交链剂首次采用扩链和封闭的生产工艺对 PAPI 进行综合改性研究，使其产品性能指标达到日本 JAS 结构材胶黏剂的要求，该产品不含甲醛，是真正的绿色环保胶黏剂。

2. 竹结构层积材研究。通过对毛竹进行初加工处理，形成一定规格和精度的竹片，首次采用自制的复合型防腐、防虫、阻燃药剂对竹片进行综合处理，效果好，技术先进；利用自主研发的胶黏剂，通过对其热压工艺进行系统的研究，生产的竹结构层积材产品其胶合强度、弹性模量、静曲强度等性能指标均超过常见针叶树种，符合日本 JAS 结构层积材性能要求。该技术路线合理先进，产品甲醛释

放量达到 E_0 级，该产品国内外尚无研究报道。

3. 竹定向刨花板研究。首次对竹定向刨花板生产工艺进行研究，主要研究内容为竹刨花的规格、热压工艺、施胶工艺等，其生产工艺合理、先进，产品性能指标超过木定向刨花板的标准，且产品甲醛释放量达到 E_0 级，该产品国内外尚无研究报道。

82. 油料树种光皮树遗传改良及其资源利用技术

> 获 奖 时 间：2009 年
> 主要完成单位：湖南省林业科学院　中南林业科技大学
> 主要完成人员：李昌珠　蒋丽娟　李培旺　张良波
> 　　　　　　　李 力　肖志红　刘汝宽
> 奖励类别与等级：梁希林业科学技术奖　三等奖

一、概述：

"油料树种光皮树遗传改良及其资源利用技术"是湖南省林业科学院等单位自"八五"以来，承担重点项目"燃料油植物研究与应用技术"、国家重点攻关项目"植物油能源利用技术"、国家"863"项目"能源植物及液体燃料利用新技术研究示范"、国家科技支撑"能源植物的高效培育"等系列研究成果的集成，项目研究涉及林木遗传育种、森林培育、植物生理和生物技术等多个学科与科研领域。

二、主要内容：

采用形态标记和种源试验对光皮树进行研究，光皮树具有丰富的遗传多样性，种源表现有明显的地理差异，其中湖南、江西两地的种源果实含油高达 30% 以上，产量高，抗性强；而广西的则表现为材质好。

首次制定比木法+综合评分法选择光皮树优株标准体系，并对江西、湖南和湖北 3 个主要产区自然分布的野生光皮树群落进行调查，经预选、初选选出 112 株优株，经复选后，得到 35 株复选优株材料，最后获得 16 株光皮树决选优株。

攻克了光皮树无性系繁殖技术，嫁接成活率由原来的 50% 提高到 80% 以上，扦插成活率达到了 90% 以上，实现决选优株进行无性化，利用 ISSR 分子标记对选育出的光皮树无性系进行鉴定，引物 AG91515 和 AG91503 就可将 15 个无性系和对照相互区别，并建立了 ISSR 识别卡。

通过形态解剖和显微观察，系统地研究光皮树果实生长发育规律、果实油脂形成和积累机理，绘制了光皮树果实生长发育曲线，探明了光皮树果皮高含油的机理以及光皮树油脂肪酸成分，为光皮树的定向培育、采收和加工提供了科学依据。

通过种质资源调查、良种选育标准制定、优株选择和无性系测定，筛选出具有高产、果实高含油、矮化、早实、遗传稳定的优良种源 4 个，制定了《光皮树培育技术规程》，有利于光皮树的标准化栽培和管理。

三、推广应用情况：

以光皮树优良种源和优良无性系为材料，在湖南的湘南、湘中和湘西等地建立良种采穗圃 $40km^2$ 和繁育圃 $60km^2$，形成了年产接穗 1900 万枝、苗木 3000 万株的产能规模。并在"边选育、边鉴定，逐步示范推广"的策略指导下，结合国家相关重大项目，如国家林业局与中石油开展的林油一体化、全国生物质能原料林建设等项目。在湖南省各地、江西、广西、湖北等省（区）建设光皮树示范林和辐射推广丰产林 $7000km^2$ 左右，近 3 年累计新增产值 9856.00 万元。

83. 翅荚木遗传多样性及引种培育研究(协作)

获 奖 时 间:2009
主要完成单位:丽水市林业科学研究院 浙江省林业科学研究院
中南林业科技大学 湖南省林业科学院
广西壮族自治区林业科学研究院等
主要完成人员:柳新红 何小勇 袁德义 李因刚 童方平
刘跃钧 何 林 周全连 吕明亮 苏冬梅
龚自海 叶荣华 王军峰 谢建秋 葛永金
奖励类别与等级:梁希林业科学技术奖 三等奖

一、概述

采用田间试验和实验观察分析相结合的方法,全面系统地开展了翅荚木遗传多样性和引种培育研究。对翅荚木全分布区实地调查,收集引进种源 10 个,揭示了翅荚木种源苗期的生长特性和变异规律;筛选出翅荚木抗寒种源 3 个;研究了不同种源光合作用的日变化、季节变化、光响应、CO_2 响应及其与环境因子之间的响应规律,建立了翅荚木的 ISSR-PCR 反应体系,系统研究了翅荚木不同种源的遗传多样性,明确了种群遗传结构及其变异规律;提出了翅荚木组织培养、扦插等快速繁殖技术和高效培育模式;分析了翅荚木的木材材性和种菇适应性,提出了翅荚木多用途利用途径。成果推广辐射浙江、广西、湖南、广东、福建等省(区),生态、经济、社会效益良好。

二、主要研究成果

(1)通过对翅荚木全分布区实地调查,收集引进种源 10 个,通过苗期试验和区域造林试验,揭示了翅荚木种源苗期的生长特性和变异规律;采用独立标准方法选出 11 株优树,并建立了翅荚木种子园。

(2)通过不同种源的幼苗低温诱导、枝条冷冻处理和恢复生长试验等抗寒性研究,结合不同种源的形态解剖特征以及叶片各保护酶抗寒生理特性,综合评价了各种源的抗低温胁迫能力,筛选出湖南通道、贵州兴义、广西忻城 3 个翅荚木耐寒种源,湖南通道种源还可以在浙西南地区试验。

(3)研究了不同种源光合作用的日变化、季节变化、光响应、CO_2 响应及其与环境因子之间的响应规律;不同种源的翅荚木的耐阴能力依次为广东英德种源≈湖南江华种源≈广东翁源种源>广西桂林种源>湖南通道种源>贵州兴义种源。

(4)利用 ISSR 分子标记,建立了翅荚木的 ISSR-PCR 反应体系,系统研究了翅荚木不同种源的遗传多样性,结合田间试验观察明确了种群遗传结构及其变异规律;各种源多态位点比率(PPB)由大到小的顺序为:忻城、江华>英德>靖西>通道>兴义。

(5)提出了翅荚木组织培养、扦插等快速繁殖技术和高效培育模式,分析了翅荚木的木材,胸径生长过程曲线为:$D = 63.5227/[1+EXP(3.2283-0.156181t)]$,高生长过程方程:$H = 15.0327/[1+EXP(2.9488-0.591215t)]$,单株材积生长方程:$V = 0.729212/[1+EXP(6.2472-0.379235t)]$。

(6)开展了翅荚木栽培食用菌试验,提出了翅荚木多用途利用途径。用翅荚木制作的袋料香菇较杂木菌棒较轻,但其生物转化率达到 109.38%,添加部分翅荚木木屑的生物转化率为 110.96% ~ 109.56%,因此,翅荚木适合作为菇木树种进行发展。

三、推广应用情况

项目成果已经推广辐射浙江、湖南、广西、广东、福建等省(区),生态、经济、社会效益良好。

在浙江省松阳、兰溪等地营建了翅荚木良种示范基地 14hm²，在湖南省怀化、长沙、江华，福建省顺昌等地建立了推广示范基地 101hm²，每年可新增产值 143.5 万元，新增利润 98.86 万元。在浙西南松阳县引种的翅荚木胸径、树高和立木蓄积量均极显著地大于马褂木、南酸枣、香椿等乡土速生树种。项目还培养了大量的林业专业人才，形成博士论文 1 篇，硕士论文 2 篇，发表专业论文 17 篇，并被广泛引用，为翅荚木的深入研究和开发利用提供了科学依据，预期将进一步提高社会各界对翅荚木的认识，对该树种的保护和综合利用具有积极推动作用。

84. 湘林-90 等 5 个美洲黑杨杂交新无性系选育

获 奖 时 间：2012 年

主 要 完 成 单 位：湖南省林业科学院　中国林业科学研究院林业研究所
　　　　　　　　　君山区林业局　汉寿县林业局　沅江市林业局

主 要 完 成 人 员：吴立勋　汤玉喜　张绮纹　吴　敏　张旭东
　　　　　　　　　徐世风　孙启祥　周金星　唐　洁　张大智
　　　　　　　　　邓树德　李永进　林建新

奖励类别与等级：湖南省科学技术进步奖　三等奖

一、概述

针对环洞庭湖区杨树生产中存在的育种群体与生产群体单一、良种更新换代慢、生产良好化程度低、林分生产力水平不高等制约杨树产业发展的技术瓶颈问题，对 230 个杨树无性系、优树、人工及天然授粉实生苗等材料进行苗期选择、无性化繁殖、平湖区多点栽培试验及选育研究，同时通过田间试验与人工模拟试验相结合，开展了美洲黑杨优良无性系配套应用技术研究。

二、主要研究成果

首次从 2 个新配置的美洲黑杨杂交组合（*Populus deltoides* ‘55/65’ ×*P. deltoides* ‘W07’、*P. deltoides* ‘W10’ ×*P. deltoides* ‘2KEN8’）中选育出 XL-90、XL-77、XL-75、XL-92、XL-101 等 5 个速生性强、综合表现突出的优良新无性系。对选育的 5 个美洲黑杨新无性系在不同立地环境下的生长动态、生长适应性和遗传稳定性，材性性状变异规律，光合生理特性与苗木生长的关系，扦插育苗和苗期生长规律等进行了系统研究，为优良新无性系推广应用提供了依据；遵循育种与环境相统一的技术路线，立足于洞庭湖区季节性淹水滩地这一立地特点，对美洲黑杨杂交新无性系耐涝性选择潜力、评价指标体系及方法进行了研究，为水漫滩地造林品系选择提供了依据；建立了美洲黑杨 ISSR-PCR 优化反应体系，获得了 5 个美洲黑杨新无性系及亲本的 ISSR 特异性分子标记，为新品种遗传鉴定及品种权保护提供了有效手段。3 试点 8 年生材积均值较上一代良种中汉 17 提高 23.1%～38.0%，5 个杂交新无性系单位面积蓄积达 1.30～1.55m³/（亩·年），按 10 年轮伐期计算，XL-90 比中汉-17 每亩增产 2.8944m³，增加产值 3387.29 元，按每年推广造林 10 万亩，每年可新增产值 4141.4 万元；项目经济、生态、社会效益显著。

三、推广应用情况

湘林系列美洲黑杨杂交新无性系在湖南杨树造林中得到大面积推广应用。其中 2008～2016 年，举办新品种培训班 6 期，培训 600 多人次，湘林系列杨树良种推广至湖南、湖北、安徽、江苏等长江中下游地区造林 200 余万亩。同时，滩地应用耐水湿新无性系造林，防浪护堤、抑螺防病等生态、社会效益显著。

85. 锑矿区废弃地植被恢复技术及应用研究

获 奖 时 间：2013 年

主要完成单位：湖南省林业科学院　湖南环境生物职业技术学院

湖南农业大学　湖南省冷水江市林业局

主要完成人员：童方平　龙应忠　姚先铭　揭雨成　杨勿享

徐艳平　李　贵　宋庆安　易霭琴　石文峰

佘　玮　杨　红　邢虎成　陈家法　邓德明

奖励类别与等级：湖南省科学技术进步奖　三等奖

一、概述

项目系统研究了冷水江锑矿区重金属污染的分布特征、土壤理化特性与肥力等级、现有植被及群落特征，发现锑矿区存在着严重的 Sb、As、Cd、Hg 和轻度的 Pb、Zn 复合污染，碱解氮缺乏，有效磷极度匮乏。通过对锑矿区适生性试验、土壤改良等研究，筛选出了适应性强、且生长快的构树、臭椿、栾树、楸树、大叶女贞、翅荚木等6个树种和草本植物苎麻，并探明了施用土壤改良剂提高矿区造林成活率的效应及其作用机理，构建了锑矿区废弃地植被快速恢复与重建的技术体系。成果累计推广21.639 万亩、辐射推广面积达 170.0 万亩，新增产值 14.34 亿元，固碳 455.65 万 t，价值 4.38 亿元，推广应用的经济效益十分显著，所造林矿区生态环境明显改善。

二、主要研究成果

(1)在锑矿区筛选出了适应性强、生长快的构树、臭椿、栾树、楸树、大叶女贞、翅荚木等6个树种和草本植物苎麻。在锑矿区废弃地，6个树种的造林保存率均在90%以上，且构树、栾树、翅荚木的年树高生长量在 0.7m 以上，臭椿、大叶女贞年树高年生长量在 0.5m 以上，4 年生构树郁闭度为0.75，在较短时间内即可恢复矿区的植被。

(2)检测出构树等 8 种锑矿区重金属复合富集植物，富集重金属的总体特征为：叶>茎>根。锑矿区废弃地 4 年生构树整株可富集 Sb41.13mg、Zn67.33mg、Pb14.16mg、Cd1.99mg、Hg0.57mg、As4.56mg、Cu8.45mg，2 年生大叶女贞整株可富集 Sb3.16mg、Zn15.69mg、Pb1.71mg、Cd0.34mg、Hg0.14mg、As1.19mg、Cu1.12mg，苎麻每年可从土壤中转移 $Sb930mg/m^{-2}$、$Cd33.6mg/m^{-2}$、$As31.34mg/m^2$，富集系数和转运系数都大于1，可以通过去除地上部分移去重金属，实现土壤修复。

(3)在锑矿区进行了土壤改良试验，合理施用土壤改良剂(每株或每穴 200g)可显著提高林木的造林成活率(平均提高 38.4%以上)。研究了土壤改良剂对重金属形态的影响，发现土壤改良剂显著降低As、Cd、Hg、Pb 的生物有效性，减轻重金属污染物对植物的胁迫作用，这是土壤改良剂促进林木生长发育和提高树木造林成活率的重要机理。

(4)选用构树、臭椿、栾树、楸树、大叶女贞、翅荚木阔叶树种和苎麻等草本植物，创建了乔木田草本的立体配置模式，造林初植密度为 111～135 株/亩，结合土壤改良技术，构建了锑矿区废弃地植被快速恢复的技术体系。在不需客土的情况下即可在 4～6 年的时间内使林地郁闭度达0.75以上，林地覆盖度达95%以上，快速恢复锑矿区植被和实现生态重建，且无二次环境污染。

三、推广应用情况

项目组在娄底、衡阳、花垣等地矿区废弃地营造生态恢复林 21.64 万亩，辐射推广面积达 170.0万亩。所营造的生态恢复林节省土地整理费用达 17.71 亿元(以往造林须铺上 20～50cm 的客土层)，培育各种苗木 3375 万株，所营造的 21.639 万亩生态经济型林新增产值 14.34 亿元，新增利税 2.49 亿元，经济效益十分显著。

通过测算，所营造的 21.639 万亩生态恢复林固定 CO_2 371.2 万吨，按目前国内碳交易价格 118 元/t 计算，则折合产值为 4.38 亿元。

通过植物的富集作用，使重金属富集在林木中，避免重金属污染农田、江河水质，确保区域生态环境的安全、国土安全和水资源安全，对于提高造林地区的森林覆盖率、有效保持水土，绿化、美化以及促进区域社会经济可持续发展具有重大的社会意义。

86. 环洞庭湖防护林体系建设技术（协作）

> 获 奖 时 间：2013 年
> 主要完成单位：湖南省林业外资项目管理办公室　湖南省林业科学院
> 主要完成人员：戴成栋　陈朝祖　欧阳硕龙　侯燕南
> 　　　　　　　吴秋莲　杨　楠　马丰丰
> 奖励类别与等级：湖南省科学技术进步奖　三等奖

一、概述

采用工程建设与科学研究相结合，科技推广与深化研究相结合，野外监测与面上调查研究相结合，定位与半定位相结合，宏观控制与定点研究相结合，定量与定性研究相结合，以林学、生态学、生态经济学、水土保持学原理和"参与式"理论为指导，运用系统的思想和先进的数学方法，以环洞庭湖防护林体系建设工程实施区为研究对象，以优化模式为重点，通过环洞庭湖防护林体系布局、防护林营建及优化模式选择、优化模式营林措施、主要建群种生物量模型构建、优化模式生态系统结构与功能、防浪林林冠结构与防浪效果、管理技术体系及可持续发展评价等研究途径，全面而系统地研究了环洞庭湖防护林体系建设技术。

二、主要研究成果

（1）采用"自然条件限制因子–区域生态健康指示因子–人类活动影响因子"等因素，将洞庭湖区划分为 4 个一级生态区、10 个生态亚区和 31 个生态功能区。借助模糊层次分析法，对环洞庭湖区防护林体系进行科学、合理的布局。

（2）根据影响防护林质量的各项因子归纳为 2 个类目 9 个关键指标因子，采用层次分析法对其进行综合分析与评判，从 67 个造林模式中筛选出了防浪林 3 种、水源涵养与水土保持林 15 种、封山育林 2 种等 20 种造林优化模式，定位研究了优化模式的结构与功能，为营建高效防护林提供了科学依据。

（3）根据环洞庭湖防护林群落和树种分布的特点，系统构建了环洞庭湖防护林主要建群种生物量模型，并在对防浪林的林冠结构与防浪效果进行了系统研究，揭示了防浪林防护效果与林分结构特征的规律，为营建防浪林提供了科学依据。

（4）系统分析了环洞庭湖区的生态足迹，定量评价了环洞庭湖防护林体系的生态服务价值。

（5）成功引进和运用国外参与式林业的先进理念，结合环洞庭湖区生态、经济与社会特点，创新推广了一套科学完整的"项目管理技术体系"。

三、推广应用情况

2000～2010 年，湖南省推广利用项目中的 3 种防浪林优化模式 11685.2hm²、15 种水源涵养与水土保持林优化模式3873.7hm^2、2种封山育林优化模式7028.1hm^2，共22587hm^2。2010年新增产值11.30亿元，新增纯收入4.67亿元。

2000~2010年，岳阳市推广利用项目中的3种防浪林优化模式3763.1hm^2、12种水源涵养与水土保持林优化模式3617.1hm^2、1种封山育林优化模式647.7hm^2，共13945.6hm^2。2010年新增产值6.98亿元，新增纯收入2.89亿元。

2000~2010年，常德市推广利用项目中的3种防浪林优化模式3029.5hm^2、7种水源涵养与水土保持林优化模式216hm^2、1种封山育林优化模式462.7hm^2，共3708.2hm^2。2010年新增产值1.86亿元，新增纯收入0.77亿元。

87. 原竹对剖联丝展开重组材工艺技术及关键装备

获 奖 时 间：2014年
主要完成单位：湖南省林业科学院 益阳海利宏竹业有限公司
主要完成人员：丁定安 孙晓东 彭 亮 丁渝峰 余 颖
　　　　　　　卜海坤 刘锐楷 李 阳 刘伟利 胡 伟
　　　　　　　范友华 杨 雯 何合高
奖励类别与等级：湖南省科学技术进步奖 三等奖

一、概述

项目为木材科学与技术、竹质工程材料、林业加工机械设备学科领域竹材加工利用新技术及新装备的成果。项目来源于2008年湖南省科技厅下达的"原竹对剖联丝展开重组材工艺技术研究"项目（[2008]NK3134），2009年12月完成科技成果鉴定。2010年，该项目成果获得中央财政技术林业科技推广示范基金项目（[2010]TK40）的资助，2013年，国家林业局科技司组织专家完成项目推广的验收。

二、主要研究内容

项目针对中国木材供需矛盾和优质木材短缺的问题，利用湖南省竹资源大省的优势，以竹材高效利用为目标，首次提出将原竹筒定宽破分后，把竹片阴阳交错剖裂，形成多块既能展平又能竹丝条条相连的竹丝片，作为一种新型竹基结构单元体，并研发出改善竹青竹黄胶合性能的方法，极大程度地保留了竹材有效竹肉成分；研制了竹材联丝展开铣平机、原态竹材多级密细辊剖展开铣刨机等关键装备；提供了一种竹材的高效利用新工艺及系列关键装备，为竹产业发展提供了重要科技支撑。

主要成果如下：（1）原竹对剖联丝展开技术：利用竹材顺纹剪切强度低等特性，采用物理机械方法，制造出竹材联丝展开竹片单元体。该工艺技术提高竹材利用率到85%以上，提高小径级竹材利用率到80%，直接降低生产成本约15%。（2）改善竹青竹黄胶合性能技术：利用物理方法，通过多级滚压辊使竹块的竹青竹黄面上布满密集的、纵横交错的裂隙，这些裂隙有助于竹青竹黄表面的张力的减小，增加了胶液的渗透性能；竹材胶合性能有很大提高。（3）降低竹材内应力技术：利用竹材热塑性特点，采用高温软塑化处理技术，改变了竹材组织结构的物理特性，降低了竹材储能模量，使竹材内应力减低，提高了材料稳定性。（4）展开竹片整张化热压成型技术：依据竹材维管束热压产生部分塑性变形的原理，采用预热、分段施压工艺，搭配合理的施胶方式，制造了对剖联丝重组集成材。

该产品可广泛应用于竹砧板、竹家具、竹地面装饰材料、竹木复合材料等，产业化和市场需求前景广阔。依托该项目研究的生产工艺技术，相继研制了弹力夹紧式去内节破竹机，竹材联丝展开铣平机、原态竹材多级密细化辊剖展开铣刨机及竹青竹黄辊裂机等关键装备，该套装备科技含量高，都已运用于产业化生产，加工效果良好。

三、推广应用情况

项目通过科技成果鉴定 2 项；国家发明专利授权 1 项，实用新型专利 6 项，其中专利转让费 41.55 万元；制定竹砧板企业标准 1 项，发表论文 2 篇。项目遵循提高竹材利用率，降低竹材加工成本，发展湖南省竹材产业，达成解决木材供需矛盾的原创目标，推广了对剖联丝重组集成材加工工艺。项目成果分别在省级林业产业龙头企业——湖南益阳海利宏竹业有限公司、湖南中集竹木业发展有限公司等 6 家进行推广应用，取得了良好的经济效益和社会效益。共新增产值折合人民币约 4.71 亿元，新增利润 6200 多万元，新增税收 5600 多万元。中国可推广该项目的竹加工企业有 1500 家左右，预计可为中国竹产业年新增产值 30 多亿元，产业前景非常广阔。

88. 湖南省油茶害虫危险性等级及其主要害虫防控技术

获 奖 时 间：2015 年
主要完成单位：湖南省林业科学院
主要完成人员：周　刚　李　密　何　振　夏永刚
　　　　　　　颜学武　张刘源　喻锦秀
奖励类别与等级：湖南省科学技术进步奖　三等奖

一、概述

油茶虫害普遍发生，严重影响着湖南省油茶产业的发展。油茶害虫种类及其危险性等级不明确，加上主要虫害的防治研究进展较慢，频繁出现利用高毒农药防治油茶害虫的现象，不仅导致害虫的"3R"现象，而且引发食品安全和生态安全问题。本项目在湖南省科技厅科技计划项目[2009MC3135]与湖南省林业厅科技项目[XLK201102]两个课题的大力资助下，经过 6 年的努力，对湖南省油茶害虫的种类、分布特点、发生规律及主要害虫的防控技术等方面进行了系统的研究。成果通过湖南省科技厅和省林业厅的验收和鉴定，居国际先进水平。

二、主要研究成果

系统摸清了湖南省油茶害虫类群组成，并编写了湖南省油茶害虫名录。记录油茶害虫 199 种，发现 2 个新种、5 个湖南新记录种和 14 种油茶新记录害虫。

明确了湖南省油茶害虫潜在种类及其地理分布情况。发现以前未被定义为主要害虫的茶角胸叶甲、广西灰象、茶小卷叶蛾、茶长卷叶蛾等 9 种害虫发生面积较大，危害程度较高；并利用地理统计软件就主要害虫在湖南省的分布情况进行了统计，研究了其发生和扩散的规律性。

系统阐明了湖南省油茶害虫发生的季节性及其对不同类型油茶林的适应性。

系统研究了茶角胸叶甲和广西灰象的生物学特性，明确了茶角胸叶甲在油茶幼林的空间分布型及扩散规律，为防治提出了新的思路。

首次对湖南省油茶 172 种害虫的危险性进行了等级划分。明确湖南省油茶频发性成灾害虫 3 种、偶发性成灾害虫 9 种，其余均为油茶一般性或者低危性害虫。

对危害油茶的主要害虫——茶角胸叶甲、广西灰象的生物学特性和无公害防治技术进行了研究。

首次编写了湖南省油茶有害生物原色图鉴、主要害虫检索表、主要害虫防治历。

三、推广应用情况

项目实施期间，坚持"产学研"结合，采用"科研部门+行政主管部门+油茶栽培大户+油茶公司"通力合作的模式进行，成果分别为湖南省森林病虫害防治检疫总站及各地(市)林业局应用并推广到相关油茶公司、油茶合作社和油茶种植大户，应用面积 280 余万亩，该技术已充分得到了全省各级林业管理部门、广大油茶公司、油茶合作社和油茶种植大户的验证，有效地减少了油茶害虫带来的经济损失及其防治成本，对于科学、有效地防控油茶主要害虫的进一步蔓延危害、保护林农切身利益、维护生态安全具有重要意义，产生了显著的生态效益、经济效益和社会效益。

89. 优质速生树种黧蒴栲遗传改良及集约栽培技术

获 奖 时 间：2016 年

主要完成单位：湖南省林业科学院　广西壮族自治区林业科学研究院

怀化市林业科学研究所　广西壮族自治区国有黄冕林场

主要完成人员：童方平　李　贵　刘振华　蒋　燚　陈云峰

黄荣林　张　华　陈　瑞　唐　娟　王国晖

奖励类别与等级：湖南省科学技术进步奖　三等奖

一、概述

针对我国针叶林多、阔叶林少的林种结构性矛盾和十分突出的木材供需矛盾、进口高达 45% 的木材安全问题，采用大田试验与室内测试、分析相结合的方法，利用数量遗传学、林木育种、森林培育、森林经营和分子生物学理论和技术，在全国开展了黧蒴栲(亦称大叶栎)天然次生林分布区域内优树的选择技术研究，以湖南、广西、广东等省(区)52 个黧蒴栲半同胞家系为基本材料，确定了黧蒴栲天然次生林优树的选择技术与标准，揭示了黧蒴栲半同胞家系生长、材性等性状的遗传变异规律，估算了其遗传参数，建立了黧蒴栲生长、木材密度等多性状综合选择指数模型，提出了黧蒴栲芽苗截根培育富根苗，通过合理施肥培育黧蒴栲壮苗，利用富根壮苗加剪叶造林新技术。

二、主要研究成果

(1)解密了黧蒴栲半同胞家系生长性状的遗传密码，揭示了黧蒴栲半同胞家系生长、材性等性状的遗传变异规律。黧蒴栲半同胞家系生长性状受较强遗传控制，广义遗传力 0.715~0.7539；纤维宽度、木质素受中等遗传控制，遗传力 0.3985~0.4942，而材性指标木材密度、纤维长度、纤维素等指标则受较弱遗传控制，广义遗传力 0.1916~0.2939。

(2)建立了黧蒴栲生长多性状综合选择指数模型($I = 0.4480 \times X1 + 0.5395 \times X2 + 0.5762 \times X3$)，综合评选了 6 个黧蒴栲生长、材性优良的半同胞家系(PG07、RS09、RS08、PG08、TD01、PG10)，其材积、木材密度增益分别为 156.33%~391.78%、12.70%~25.22%，增益效果十分显著。

(3)利用 AFLP 分子标记技术，对黧蒴栲半同胞家系的遗传多样性进行了分析，证明半同胞家系的遗传多样性达 78.85%，具有较大的遗传改良潜力，为开展黧蒴栲优良新品种的改良提供了依据。

(4)在全国黧蒴栲天然次生林分布区域内开展了优树的选择技术研究，确定了黧蒴栲天然次生林优树的选择技术与标准。树高应超过优势木平均树高的 11%，胸径应超过优势木平均胸径的 22%，材积应超过优势木平均材积的 64%，同时确定了黧蒴栲为我国南方地区的优良乡土树种。

(5)提出了黧蒴栲富根苗培育、通过合理施肥壮苗培育及剪叶造林新技术，可大幅提高造林成活率 38.17 个百分点，还可提高幼林生长量；栽培模式为：初植密度为每亩 110 株，整地规格为 50cm×50cm×40cm，每穴施复合肥 0.25kg 作基肥，第 2 年抚育时加施复合肥 0.25kg，采用 2、2、1 抚育模式。黧蒴栲的数量成熟龄为 25 年，而工艺成熟龄则在 27 年以后，树干中下部木材材性较好，适宜用作优质用材。

三、推广应用情况

在湖南、广西等地推广营造鬒蒴栲优良家系人工林461.81万亩，平均成活率达93.88%，9年内增加鬒蒴栲木材蓄积量952.17万平方米，增加产值达57.13亿元。鬒蒴栲树干作为优质用材以外，其枝叶为优质纤维燃料，营造的人工林可年产生物质燃料310万吨，产生经济效益达9.3亿元，可满足近42万户农村居民（以4口之家为标准）的生活用燃料，可确保51.67万亩的森林免遭破坏。所营造的461.81万亩鬒蒴栲人工林固定$CO_2$6470万t，按目前国内碳交易价格118元/t计算，折合产值为76.34亿元。因此项目综合收益达133.47亿元，其推广应用的社会、经济效益十分显著。

90. 山茶优良种质培育与应用关键技术

获　奖　时　间：2016年
主要完成单位：湖南省林业科学院　湖南省中林油茶科技有限责任公司
主要完成人员：彭邵锋　陈永忠　王湘南　马　力　陈隆升
　　　　　　　王　瑞　黄忠良　彭映赫　杨小胡　罗　健
奖励类别与等级：梁希林业科学技术奖　三等奖

一、概述

针对上述技术瓶颈，项目通过系统研究山茶种质的生物学性状以及适应性等特性指标，选育出2个茶花新品种，5个优良山茶种质，结合层次分析法，构建了山茶种质观赏利用价值综合评价指标权重系数体系；通过系统研究山茶种质芽苗砧嫁接、扦插繁殖、大树高接换冠、大树移栽等繁殖技术，建立了山茶规模化繁殖技术体系，实现了山茶种质的规模化繁育；提出了大树移栽截干复壮和营养复壮技术，配制出树体损伤修复填充剂，为山茶景观大树培育与维护提供了技术储备。

二、主要研究成果

（1）从浙江红山茶和滇山茶自然授粉后代选育出'湘水粉彩''素颜'2个茶花新品种。'湘水粉彩'花色为玫红色，玫瑰重瓣型，花径大，抗寒性较强；'素颜'花色白色，边缘略带粉韵，半重瓣型，中型花，清雅秀丽，叶片较小，植株紧凑。

（2）从种质资源库中选择21个观赏性较好的山茶种质材料，系统开展了树体、叶片、花、果等观赏性状以及耐高温性、耐寒性、抗病性等方面的研究，引入和应用层次分析法，构建了山茶种质花、果、叶单指标评价模型和观赏利用价值综合评价模型，选育出XSC0、XSC1、XSC2、XSC5、XSC7等5个山茶优良种质。

（3）集成和创新了山茶芽苗砧嫁接、高接换冠、大树移栽、小苗嫁接、扦插等繁育技术，建立了山茶种质快速繁育技术体系；芽苗砧嫁接成活率达93.3%，平均苗高33.6cm，平均地径4.7mm。

（4）研究出大树高接换冠培育山茶景观大树技术体系，平均嫁接成活率90.7%；研究出大树移栽截干保活技术和基于营养复壮的保活促根技术，提出山茶大树古树树体损伤修复技术，筛选出合适修复配方材料，大树移栽成活率达96.7%。

三、推广应用情况

项目实施期间，从2010年至2013年累计培育和应用各种山茶品种壮苗3270万株，新增产值2.54亿元，新增利润1.133亿元。通过示范带动，培植和应用各类山茶品种苗木4800万株，已经在湖南及周边省（区）辐射推广，为当地提供就业机会5400个，为林农增收1.19亿元。

91. 闽楠高效培育关键技术与应用

获 奖 时 间：2017 年

主要完成单位：湖南省林业科学院　湖南省永州市金洞林场
湖南省林产品质量检验检测中心

主要完成人员：陈明皋　廖德志　黄守成　唐爱民　文卫华
董春英　黄小飞　奉向阳　李　艳

奖励类别与等级：湖南省科学技术进步奖　三等奖

一、概述

闽楠高效培育关键技术与应用项目历经 16 年持续的科技攻关和应用实践，通过大田试验与室内测试分析及多点中试与推广应用，在关键技术方面取得重大突破，实现了闽楠高效培育。该成果针对闽楠苗木培育技术及丰产栽培关键技术缺乏等技术瓶颈，提出富根壮苗培育技术，开展闽楠高效培育技术支撑研究，采用边研究边推广应用的技术路线，满足了市场急需，避免了闽楠高效培育汇总的盲目性和片面性，缩短了培育周期，综合效益十分显著，符合国家政策支持和现代林业要求，具有广阔的推广应用前景。

二、主要研究成果

提出了闽楠富根壮苗培育技术，制定并颁布了地方标准《闽楠苗木培育技术规程》，缩短了苗木培育周期且显著提高了苗木质量，突破了闽楠造林成活率低的瓶颈。

掌握了闽楠无性繁殖生根规律和闽楠无性系成年及幼年阶段插条生根能力的变异规律，选出了生根率达 80% 以上的 3 个无性系；提出了闽楠扦插繁殖关键技术最佳组合。用闽楠富根壮苗技术造林成活率达 95% 以上。

选出适于湖南的闽楠优良种源和家系，为湖南闽楠高效培育提供了良种。

研究表明：龙山、桑植、金洞种源为闽楠优良种源，造林材积增益达 12% 以上；PB17、PB9、PB12 家系为闽楠优良家系，造林材积增益达 30% 以上。

探明了闽楠需肥规律，为科学施肥提供了依据。

开展了闽楠人工林地表覆盖试验、混交试验、坡位、密度与海拔等与其生长关系研究，为闽楠高效培育提供了技术支撑。

(1)闽楠人工林地表覆盖研究表明：土壤保水能力地膜覆盖>枝叶覆盖≥杂草覆盖>清耕处理>自然生草覆盖，杂草、枝叶是闽楠人工林地表覆盖较为理想的材料。

(2)对 12 年生闽楠与木荷混交试验林研究表明：闽楠与木荷不同混交比例间的生长量无显著差异。闽楠造林宜采用块状混交，即选择土壤条件较好的地块种植闽楠。

(3)对 12 年生不同坡位的闽楠试验林研究表明：闽楠生长受坡位的影响显著，下坡位闽楠树高、胸径生长量分别是上坡位生长量的 161%、149%，应选择在中、下坡造林。

(4)提出了适宜的造林密度：高立地条件造林密度为 1665～1995 株/hm^2，中立地条件造林密度为 1995～2505 株/hm^2。

(5)首次划分了闽楠栽培垂直分布区域，海拔 200～600m 为闽楠最适宜栽培区。

三、推广应用情况

该项目成果已在生产中广泛推广应用，在永州、株洲、常德、娄底、长沙、张家界等地开展中试示范，并于 2013 年列入中央财政林业科技推广项目[湘林计[2013]26 号文件]，同时在湖南省木材战略储备项目、珍贵树种培育项目、世行贷款造林项目等重大工程项目中推广应用，取得了显著的综合效益和科技示范效应。

92. 紫薇优良新品种选育及高效繁育技术研究与示范

获 奖 时 间：2018 年

主要完成单位：湖南省林业科学院　长沙湘莹园林科技有限公司

主要完成人员：王晓明　李永欣　陈明皋　曾慧杰　蔡　能
　　　　　　　乔中全　王湘莹　刘伟强　宋庆安　余格非

奖励类别与等级：梁希林业科学技术奖　三等奖

一、概述

该成果针对我国紫薇不育品种、彩叶品种、观赏价值高的品种比较缺乏以及苗木繁育效率低、生产成本高、丛枝病防治困难等制约紫薇苗木产业发展的技术瓶颈问题，探明了不育紫薇的机理，发现了紫薇杂交育种性状遗传规律，突破了组培快繁、嫩枝扦插、夏季嫁接等关键技术，选育出紫薇优良新品种 13 个，建立了高效繁育技术体系，丰富了我国紫薇优良种质资源，促进了花卉产业的发展。

二、主要研究成果

(1)首次研究探明了紫薇'湘韵'的不育机理是由花粉败育导致的雄性不育和胚囊败育导致的雌性败育共同作用形成的，为紫薇新品种选育奠定了新的理论基础。通过分析紫薇杂交后代与父本、母本的性状，发现父本基因在叶色性状遗传上可能占主导地位，母本基因在花色性状遗传上占主导地位，为紫薇定向杂交育种提供了新的理论依据。

(2)选育出花色艳丽、观赏价值极高的紫薇优良新品种 13 个：首次发掘紫薇不育的优良基因资源，选育出 1 个不育新品种'湘韵'，填补了国内外不育紫薇品种的空白；在国内率先选育出 6 个紫叶紫薇新品种'火红紫叶''紫韵'等，填补了我国紫薇紫叶品种的空白；选育出国内首批紫蓝色花紫薇新品种'紫精灵'、大红色花新品种'红火球'、'红火箭'等 6 个品种，极大地丰富了我国紫薇优良品种资源。并构建了 38 个紫薇品种 DNA 指纹图谱，为紫薇品种的鉴别和亲缘关系分析提供了技术手段和依据。

(3)研究出紫薇组培快繁技术，突破了组培苗增殖缓慢、移栽成活率低的技术瓶颈，增殖系数达到 5.0 以上，实现了组培苗规模化生产；探明了紫薇扦插过程中内源激素调控生根的机理，建立了紫薇高效嫩枝扦插育苗技术体系，简化了扦插工序，降低生产成本 30.0%，成活率达 94.7%；首创紫薇夏季嫁接新技术，成活率提高到 90.0% 以上，破解了紫薇夏季嫁接成活率极低的技术难关，延长紫薇嫁接时间 3 个月以上。

(4)从紫薇患丛枝病植株中分离出病原体为类菌原体和真菌，率先研发出紫薇丛枝病高效防治药剂和防治技术，有效治愈率达到 92.2%，减少了经济损失，显著提高了紫薇苗木生产的经济效益。

三、推广应用情况

该成果共选育出紫薇优良新品种 13 个，其中 5 个品种获得植物新品种权，4 个品种通过国家林业局(现国家林业和草原局)、湖南省林木品种审定委员会审定(认定)；获得专利授权 2 项。紫薇优良新品种和高效快繁技术示范推广到湖南、江苏、浙江、广西、四川、山东、河北、河南等 25 个省(区、市)。近 3 年新增产值 121 990.4 万元，新增纯收入 59 446.23 万元，新增税收 6075.5 万元，取得了极显著的经济、社会和生态效益。

四 等 奖

1. 白僵菌对马尾松毛虫致病机制及生态学研究

获 奖 时 间：1986年
主 要 完 成 单 位：湖南省林业科学院
主 要 完 成 人 员：龙凤芝　杜克辉　彭建文
奖励类别与等级：湖南省科学技术进步奖　四等奖

1983~1985年连续3年进行了白僵菌对马尾松毛虫致病机制的研究。研究证明白僵菌主要通过体壁侵染和消化道侵染两个途径使松毛虫感菌致病。侵染过程为分生孢子在体表或消化道内吸水萌发长出芽管，随后分泌酶素溶解体壁几丁质，并不断生长菌丝，破坏体壁几丁质及上皮细胞或肠壁细胞而进入体腔，继而破坏血细胞及其他组织器官细胞，最后菌丝穿出体壁，使虫尸长满菌丝而发白。

松毛虫感菌后，各器官组织发生病理变化和引起保护反应。首先是孢子和菌丝侵入脂肪体、消化道、马氏管和绢丝腺体发育繁殖，破坏组织细胞，使着色力降低，丧失机能。血液内的变化较明显，凡是菌丝和芽生孢子侵入体腔的部位，血细胞增多，显现出噬菌保护反应。但由于白僵菌的芽生孢子迅速增殖及产生毒素，血细胞被破坏成为白僵菌的营养物质，同时，白僵菌繁殖时产生的草酸钙结晶和卵孢霉素等毒素使血液变性，并使刚死虫尸腹壁呈现红色。

感菌虫和虫尸体腔内外，白僵菌连续不断产生和萌芽孢子，长出芽管和生长菌丝，循环增殖，各器官组织以致整个虫尸逐渐被分生孢子、芽生孢子、内生孢子、厚垣孢子、节孢子和菌丝等充满，最后干僵发白。

2. 灰喜鹊驯养、繁殖与利用

获 奖 时 间：1990年
主 要 完 成 单 位：湖南省林业科学院
主 要 完 成 人 员：马万炎　彭建文　王溪林
奖励类别与等级：湖南省科学技术进步奖　四等奖

湖南省林科所于1984年从山东、安徽两省引进了一批灰喜鹊（松毛虫的重要天敌）雏鸟。在浏阳市沙市乡进行人工驯养利用试验，通过连续6年的研究，驯养利用和繁殖均获得成功。基本摸清了灰喜鹊的生活习性，越过了人工饲养、驯化、越夏三关。1987年又突破了人工繁殖难关。近三年内共繁殖出雏鸟113只，并向有关单位进行了推广。

摸索出了在我国南方人工驯养和繁殖灰喜鹊的几项关键技术。用开水淋巢杀虱灭螨；在营巢树树干上设置防蛇罩，防止蛇等天敌上树捕雏；在鸟巢附近悬持红灯，驱赶夜出性敌害。采取这些措施，使雏鸟存活率提高到88.9%。

为提高灰喜鹊的繁殖数量，采用人工促进亲鸟一年繁殖两窝。即把巢内发育15天的雏鸟及时取出，与亲鸟隔离进行人工饲养，促使亲鸟进行第二次营巢产卵。

改进了饲养方法，以效养为主，尽量减少人工饲喂，可节省开支，降低成本。

据测定，灰喜鹊的治虫效果也很显著，每只鸟平均一天可捕食 2 龄松毛虫 965 头或成虫 199 头。对林间的松毛虫等害虫起着明显的抑制作用。

3. 赤眼蜂寄主卵新种源开发研究

> 获 奖 时 间：1991 年
> 主要完成单位：湖南省林业科学院
> 主要完成人员：彭建文　周石涓　姜　芸　徐永新　唐红伍
> 奖励类别与等级：湖南省科学技术进步奖　四等奖

1986 年"赤眼蜂寄主卵新卵源开发研究"被列入国家"七五"攻关项目。经过 4 年的试验研究，从 4 科 7 种中选定马桑蚕为南方赤眼蜂寄主卵源。并在保靖建立 1 个简易制种站，饲养基地由 3 个县扩展到 7 个县，年产鲜茧 20 余万斤。

几年的试验研究表明：①马桑茧在湖南湘西自然气候环境下一年可繁殖 3~4 代；人工合理安排制种适时投放喂养可达 8~10 代；②其卵粒小，虽然单卵出蜂量少于柞蚕 40 头，但每公斤卵出蜂量比柞蚕高 522 万头；③马桑蚕卵繁殖赤眼蜂，寄主卵内近亲交配率明显低于柞蚕卵繁蜂，且赤眼蜂个体健壮，均匀，无效蜂少于柞蚕卵，扩散力强，林间扩散范围超过 24m；④马桑蚕卵和柞蚕卵繁蜂都有同等防治效果，绝对寄生率马桑蚕卵卡稍优于柞蚕卵卡，且马桑蚕卵繁蜂成本比柞蚕低 12.41%。试验结果证明：马桑蚕是赤眼蜂的优质卵源，具世代多，单雌平均产量高，卵粒大小适中，防治效果好等优点。赤眼蜂喜寄生，一般寄生率达 82%~87.3%。因而，可成为南方赤眼蜂寄主卵新的卵源。

此外，马桑萌芽力及适应性强，分布较广，且发叶早，落叶晚，为发展马桑蚕提供了丰富的饲料资源；马桑蚕茧丝是优质绢纺原料，其蛹的含油率为 14.6%，粗蛋白 66.6%，还含有丰富的无机矿物质元素，微量元素和多种维生素，可为轻、化工、医药、食品、饲料提供原料，具有广阔的综合开发前景。

4. 南方主要树种引种试验（协作）

> 获 奖 时 间：1993 年
> 主要完成单位：湖南省林业科学院等
> 奖励类别与等级：湖南省科学技术进步奖　四等奖

（略）

5. 中亚热带森林林冠截获水分规律及其模型研究

> 获 奖 时 间：1997 年
> 主要完成单位：湖南省林业科学院
> 主要完成人员：袁正科(2)
> 奖励类别与等级：湖南省科学技术进步奖　四等奖

1. 该研究对 19 种林分进行了单行观测和模型研究，积累了 5000 余张的自记记录，取得 10 万余个数据，观测试验设计科学合理，资料处理均有所创新。

2. 该项研究在理论上有所突破，采用数理统计方法对 6 种曲线进行选优，并从理记上进行推导，证实了中亚热带逐时树冠截留模型为幂函数模型，树干径流模型为对数模型。同时对模型中的林分特性和生长特性的参数进行了分离，这可以用于不同林分树冠截留，树干径流能力的比较，方法简便易行，易于操作，实用性强。并且对林内外雨量进行了谐波分析，研究了森林对降水波动影响的信息规律，具有新颖性。用非线性、非平衡动力学方法对林冠和降水相互作用的机理进行了理论分析，并对森林和降水作用的振动机理进行了探讨，这是一种新的尝试。

3. 计量观测表明，亚热带的森林能使降水提前，这项发现，不但具有重要的生态意义，在森林水文特征研究中，也有重要的理论价值。

该项研究工作量大，实用性强，理论上有所突破和发现，为防护林的功能结构选择和评价提供了科学依据。因此，该研究在 19 种林分的林冠截留的研究方面达到了同类研究的国内领先水平。

6. IQLS-50 林木种子精选机

获　奖　时　间：1998 年
主要完成单位：湖南省林业科学院
主要完成人员：陈泽君　刘小燕　刘少山
奖励类别与等级：湖南省科学技术进步奖　四等奖

采用多层往复振动筛选和负压精选相结合，配有独特的自动筛选装置，精选后种子净度达到 98%，结构紧凑，操作简便，造价低，生产率高。

确定了适合于松类种子筛选的振动频率及振幅，按照物料的几何尺寸进行分离，用圆孔筛清除大杂物，用长孔筛清除小杂物；按物料的漂浮速度不同使用负压气流分选，将杂物及瘦小、干枯和空壳种子分离。使用弹性橡胶球达到自动清筛的目的；可调的负压吸风头，适用于不同种类的种子选种要求。列入林业部"九五"时期 100 项重点推广项目之一。

7. 板栗有机多元专用肥的研制与应用

获　奖　时　间：2000 年
主要完成单位：湖南省林业科学院
主要完成人员：吴碧英　胡立波　冯　峰
奖励类别与等级：湖南省科学技术进步奖　四等奖

该项研究根据板栗的生长发育规律和高产优质的要求，创造性地利用现代肥料新技术，率先研制出板栗有机多元专用肥，同时建立了生产工艺，为规模生产提供了配套技术，其技术和产品均为新创举。

所研制的板栗有机多元专用肥，配比科学、营养平衡，实现了无机和有机，速效与缓效，基本营养元素与中、微量元素相结合，既能满足当年板栗生长发育、优质高产的要求，又能改良土壤、培肥地力、保护生态、减少病虫和落果，效果显著，是目前板栗肥料中的最佳产品。

试验证明：使用该肥，能省工、省肥，提高肥料利用率，降低生产成本，提高产量，改进品质，为持续发展农村经济、使山区林农致富拓宽了新途径，具有广阔的推广应用前景。

该项成果居国际领先水平。

8. 黄脊蝗综合防治技术规程(协作)

获　奖　时　间：2000 年
主 要 完 成 单 位：湖南省林业科学院等
主 要 完 成 人 员：张贤开(4)
奖励类别与等级：湖南省科学技术进步奖　四等奖

（略）

9. 马尾松造林技术规程(协作)

获　奖　时　间：2000 年
主 要 完 成 单 位：湖南省林业科学院等
主 要 完 成 人 员：李午平(2)　唐效蓉(4)　刘务山(5)
奖励类别与等级：湖南省科学技术进步奖　四等奖

（略）

湖南省科学大会奖

1. 林木白蚁危害情况及种类考察

获 奖 时 间：1978 年
主要完成单位：湖南省林业科学院
　　　　　　　郴州地区林业科学研究所
奖励类别与等级：湖南省科学大会奖

一、湖南白蚁种类及危害情况

白蚁又名白蚂蚁，属昆虫纲，有翅亚纲，等翅目。全世界已知的约 2000 种，主要分布在热带、亚热带等温暖多湿地区。温带地区亦有分布，但种类较少。我国白蚁已知 80 余种，分布在 18 个省（区），大多数分布在长江以南各地。1970 年，湖南省林业科学研究所、郴州地区林业科学研究所共同开展白蚁的研究。通过广泛调查，初步掌握湖南白蚁 23 种，比原来增加 17 种。并发现湖南产白蚁新种——宜章散白蚁，我国新记录种——梨头象白蚁。

白蚁是世界性的害虫之一。它主要蛀食含糖类、淀粉类或纤维类的物质。其危害面非常广，人们的衣、食、住、行、用无不遭受其害，湖南白蚁危害也很严重。据调查，在房屋建筑方面，衡阳县农村房屋蚁害达 60%；安仁县达 30%，危害最严重的地方达 80%；在江河水库、堤坝方面，岳阳地区中小型水库蚁害达 60% 以上，湘江堤平均每 15m 几乎有一窝白蚁。在林业方面，丘陵、滨湖地区蚁害一般达 60% 以上；山区林木同样受到蛀食，据初步统计，白蚁危害松、杉、樟、檫等主要用材和经济林木达 100 余种，轻则影响林木正常生长，重者造成空心、死亡。安仁县龙海公社 3 株上千年的重阳木、衡东县踏庄公社 54 株古树都受到白蚁的严重危害；莽山林场每年采伐的木材中，有 12% 遭受白蚁危害。甚至连集材场贮存的木材也遭到白蚁的蛀食。由此可见，白蚁确是"无牙老虎"。开展白蚁的研究，具有重大意义。

二、防治方法

（1）利用白蚁的生活习性、活动规律，追踪挖巢歼灭。林地可结合垦复或整地进行围歼。

（2）利用"621"杀虫烟剂或有毒中草药燃化压烟入巢熏杀土中或大树内的白蚁。

（3）设置诱杀坑，放上白蚁最喜欢吃的食物（如在甘蔗渣、废松木淋上淘米水，盖好保持阴暗、潮湿），诱集白蚁毒杀。

（4）利用白蚁有翅成虫（大多数种）具趋光性的特点，在 4~7 月抓住时机，安上 30W 黑光灯或电灯诱杀。

（5）应用灭蚁灵施于白蚁主道（或蚁巢）毒杀房屋建筑或林木中的白蚁（一般每巢施 1~3g），可收到良好效果。

2. 提高丘陵杉木林成材标准措施的研究

获 奖 时 间：1978 年
主要完成单位：湖南省林业科学院　桃源县陬溪区

丘陵山地土壤干燥、板结、瘠薄。为了促进丘陵杉木速生丰产，湖南省林业科学研究所在桃源县陬溪区进行了种肥育林的试验。具体做法是：本着以林为主，种抚结合的原则，实行以耕代抚，秋种绿肥就地埋青，春种豆类秆叶还山，坚持长藤高秆类作物不进林。自造林当年开始，可连续种绿肥 2~3 年。

实践证明，种肥育林是改良丘陵山地土壤，提高土壤肥力的有效办法。原造林地土壤含氮 3~8ug/g，磷 2~8ug/g，钾 10~20ug/g，腐殖质不到 1%，毛细管含水量 33%~51%。通过种绿肥，辅之以深翻改土，林地土壤全量氮提高 37.3%~109.8%，全量钾提高 7.9%，腐殖质含量接近 2%。并提高了土壤保水性能，一般含水量增加 10%，最高毛细管含水量达 62%~88%。

由于林地土壤肥力提高，加上除萌、间伐、防治病虫害等管理措施，杉木和檫木普遍生长良好。杉木 3 年郁闭，6 年后每公顷蓄积量达 60~90m³。枫树公社黎家坡林场、老井林场的试验山，6 年生杉木树高 8~9m，胸径 13~14cm，每公顷蓄积量 166.5m³，年平均生长量 27.75m³，接近世界人工林每公顷 30m³ 的最高生长量水平。

3. 国产紫胶代替印度紫胶的应用

获 奖 时 间：1978 年
主 要 完 成 单 位：湖南省林业科学院
奖励类别与等级：湖南省科学大会奖

一、概述

紫胶（即虫胶）是一种特殊的黏结剂和涂料，在军工生产的弹药、器械中，有着不可取代的、较为广泛的用途。1965 年，湖南开始进行紫胶虫放养试验工作，获得成功，湖南省林业厅随后在江永县建立紫胶工作站。湖南省林业科学研究所于 1967 年进行紫胶加工研究，1970 年，根据国内军工生产的需要和紫胶产品中存在的问题，着手探索紫胶加工的新工艺、新产品。首先研究成功了"醇氨溶剂法"的紫胶加工新工艺，并试制出"湘试一号""湘试二号"新产品，交省内军工单位试用，均认为其基本性能赶上或超过进口紫胶，优于国内已有的紫胶产品。但对鱼雷的火药造粒和雷管火帽等紫胶漆的浸涂，多年来还只能使用从印度进口的紫胶产品。1972 年，经湖南省国防工业办公室向五机部、农林部汇报后，两部决定组织有关单位成立"专用虫胶试验小组"，湖南作为主要成员参加。在试验过程中，湖南最先发现其问题的本质，解决了鱼雷火药造粒的问题。1975 年，由"专用虫胶试验小组"提出、全国紫胶工作会议通过、农林部批准的我国第一个军用紫胶标准（草案）得以试行。1980 年《军用紫胶》（LY206—76）上升为国家标准。

二、主要研究成果

1. 醇氨溶剂法紫胶加工新工艺以及高纯净脱蜡紫胶的制造

当时，国内外成熟的紫胶加工方法有两种：一种是"热滤法"，另一种是"乙醇溶剂法"。这两种加工方法共同的缺陷是：紫胶树脂长时间的受热导致质量下降（紫胶系热敏性树脂）；而且，产品中残留的机械杂质含量高。热滤法产品不能脱蜡，而乙醇溶剂法产品的蜡含量也只能降到 1% 左右。因此，影响了产品的质量与应用。紫胶树脂的主要成分为多羟基酸。醇氨溶剂法就是利用多羟基酸能与氨生成水溶性铵盐的特性，使紫胶树脂成为分子状态溶解于水溶液中，然后进行精细的过滤和脱蜡加工，再经酸析、漂洗、低温干燥获得成品。其优点是：

（1）改善了过滤条件，实现了对紫胶产品的高度精制和高度脱蜡，产品中热乙醇不溶物、水溶物、灰分等的含量，都大大低于其他国产紫胶和印度紫胶；而蜡质的含量在"湘试一号"产品中可以保证在0.1%以下（一般在0.3%以下）。

（2）紫胶树脂是一种在受热时开始是热塑性而后变为热固性的有机树脂。由于醇氨溶剂法加工紫胶工艺完全是在常温下进行的（产品烘干温度不超过40℃），避免了传统热法加工导致产品的热寿命缩短、醇溶性降低和储存期降低等缺陷。醇氨溶剂法紫胶产品在使用时，溶解快，热乙醇不溶物少，储存期（保持醇溶解性）长达十几年。"湘试一号"和"湘试2号"紫胶产品，经军工、地方应用单位的测试、使用，一致反映其防腐性、黏结性和电绝缘性等均较其他国产紫胶和印度紫胶好。

（3）醇氨溶剂法加工工艺中，紫胶树脂以树脂酸盐的分子状态高度分散在水中呈溶液状态，为脱色、改性、特定成分分离提取等紫胶精加工提供了新途径。

2. 紫胶蜡质在树脂中作用的认识深化和军工用紫胶国产化的突破

以往认为，蜡质仅是紫胶树脂的天然增塑剂，可提高紫胶漆膜的柔韧性和附着力。但该研究却发现并论证了蜡质对紫胶树脂有更多方面的作用和影响。

（1）蜡质是紫胶漆液涂膜时的消泡剂，起消泡作用的是蜡质中的热乙醇可溶解部分。

（2）蜡质的存在能降低紫胶树脂的电绝缘性，因此，机电与电气绝缘材料行业应选用脱蜡程度高的紫胶产品。

（3）蜡质能降低紫胶树脂的黏结力，在要求高黏结性的紫胶产品中，应采用脱蜡紫胶。

（4）蜡质直接影响紫胶漆液的黏度，正符合军工生产工艺的特殊需要，既改善了涂刷性能，又对漆膜起到增厚和缓干作用。

（5）蜡质能延长紫胶的热寿命时间，有利于紫胶产品的贮存。

（6）特别是蜡质对高温漆膜质量的改进是一重大突破。该研究通过适当调整工艺条件来弥补蜡质的不足而造成的漆蜡缺陷，将氧化温度从210℃升高到250℃，使漆膜得以在树脂聚合之前更快地重新熔化，并借助蜡质迅速展平，使漆膜外观和抗腐蚀性、抗冲击性等均超过了印度紫胶。有关单位经上级批准，修改了氧化温度操作参数后正式应用于生产。

3. 鱼雷引火管粒状火药的突破及对"紫胶热寿命"认识的深化

军工生产的鱼雷引火管，过去必须使用印度紫胶做粒状火药的黏结剂。该研究摆脱了传统的观念，发现紫胶溶液与引火药（镁粉）的混药过程中有一个重要的树脂聚合的化学过程（以往只认为是一个简单的拌合和干燥的物理过程）。正是这个树脂聚合过程（镁粉同时作为聚合反应的催化剂），才使粉状火药迅速凝聚固化成蓬松状（破碎后呈不规则颗粒状）。于是，利用工厂生产的、存放多年的普通紫胶片试验，获得成功，完全达到了印度紫胶的同样效果。这是一项突破。经过进一步研究，又提出混药过程与使用的紫胶本身的聚合度密切相关。紫胶树脂在受热环境下逐步发生聚合反应，渐渐变得不溶于乙醇。过去把紫胶的热寿命指标（在一定高温下从熔化状态到聚合固化的时间）作为衡量紫胶产品的聚合程度，以为热寿命越长越好（原产品标准是170℃/5min以上）。而用于火药造粒的紫胶则必须要求热寿命短一些。这样，在混药的过程中，才能在镁粉的催化下实现所需要的聚合反应。经反复试验、测试，确定了热寿命在3~4min的合格紫胶产品均能满足火药造粒的要求，并预示可以用人工加热缩聚方法制造军用的紫胶。

三、推广应用情况

醇氨溶剂法紫胶加工工艺为紫胶加工工业提供了一条新的生产方法，提高了紫胶生产、加工和应用水平，受到有关方面高度关注，并为兄弟厂家学习效仿。通过对紫胶的应用研究，解决了军用紫胶实现国产化的问题。该研究完成后的论文、试验报告（包括"醇氨法加工虫胶的试验报告""虫胶蜡质对虫胶产品性能影响的初步探讨"）在全国紫胶工作会议、全国林产化工学术讨论会及专业杂志上发表，得到专家、学者的认同和肯定。

4. 国外松引种试验

| 获 奖 时 间：1978 年
| 主要完成单位：湖南省林业科学院
| 主要完成人员：廖舫林　龙应忠
| 奖励类别与等级：湖南省科学大会奖

一、概述

"国外松引种试验"，主要是研究湿地松、火炬松的引种。湿地松原产美国东南部，火炬松原产美国东部和南部，均为常绿乔木，干形端直、生长快，材质软，纹粗，富含松脂，是上等采脂和纸浆原料树种；性喜光和温暖湿润，土壤宜酸性或微酸性。

1947 年，湖南引进湿地松和火炬松种子。当时联合国善后救济署赠送种子 22kg（湿地松 19kg、火炬松 3kg），交岳麓书院贮存。1950 年由湖南大学农学院育苗，1951 年造林，定植于长沙市南郊东塘与东郊东湖附近，1961 年开始结实。1964 年，湖南省林业科学研究所从上述地方的母树上采种育苗，1966 年春定植于长沙市南郊烂泥冲。

二、主要研究成果

1. 生长势与生长速度

湿地松与火炬松在长沙地区长势都很旺盛，树干通直、圆满、尖削度小。在相同立地条件（都是剥皮光山）与相同造林、抚育技术措施情况下，1966 年造的几种松树的生长情况是：湿地松、火炬松的高、径生长量分别比马尾松增加 80%~150%。湿地松与火炬松比较，10 年内，湿地松比火炬松生长快；10 年后，火炬松比湿地松生长快。

2. 生活力与发育情况

湿地松与火炬松的生活力都比较强，表现在大树移栽与植大苗时成活率高。湖南农学院 1958 年搬家时将 7 年生的幼树移植于新址，成活率 100%；1970 年以来湖南省林业科学研究所采用 2 年生裸根苗造林，成活率都在 95% 以上。另一表现是侧枝萌发能力强。在湖南省林业科学研究所试验林中调查发现，部分植株的顶梢被松梢螟危害，但侧枝很快萌发代替主梢，且通直圆满。有 1 株湿地松，因主梢被火烧死，1972 年从最低一盘枝处切干，当时两个侧枝与主干的交角接近 90°，1 年多以后，这两个侧枝很快伸长取代了主梢，夹角缩小为 30°，两枝几乎成平行发展，基部显著增粗。1951 年定植的湿地松与火炬松，均于 1961 年开花结实。1964 年以前种子发芽率很低，当时分析除树龄因素外，可能与雌雄花开花期不一致有关（因当时不知道是两个树种），故采取人工辅助授粉的办法。1972 年和 1973 年，因辨别了是两个树种，没有辅助授粉，纯种发芽率都达 80%，幼树生长快，优势十分明显。

3. 关于抗马尾松毛虫危害的能力问题

据广东、广西、浙江、湖北、安徽等省（区）报道，湿地松与火炬松有较强的抗马尾松毛虫危害的能力。在湖南省连续几年观察，湿地松、火炬松受松毛虫危害程度比马尾松轻些，但松毛虫大发生年代，马尾松的针叶吃光了，湿地松与火炬松同样受害严重。湿地松与火炬松对松梢螟的抗性比马尾松强，这也是两个树种能在丘陵地区适应性强的原因之一。

三、推广应用建议

（1）湿地松、火炬松干形通直，生长快，有抗虫能力，能耐干旱瘠薄，适应性强，是丘陵地区造林较理想的树种，可大面积推广应用。同时，湿地松耐水湿，可在湖区废堤、沟港边试种；火炬松北界可达北纬 35°，垂直高度可达海拔 450m，可在湖南省较高海拔地区试种。

（2）为适应湿地松、火炬松的发展，可采取两个途径解决种子来源问题：一是尽量选择交通方便、地势平坦、土质较好的地方营造实生母树林；二是用马尾松做砧木，采用嫁接的办法，营造母树林或种子园。嫁接后只要 3~5 年就能开花结实。

（3）在造林设计中，尽可能规划营造混交林。但湿地松很不耐阴，造混交林时，要注意选择灌木树种搭配。

（4）尽量采用环山撩壕造林，土质很瘠薄的地方还应客土造林，有条件的地方可增施肥料，以提高成活率，促进林木生长。

5. 楠竹鞭根系统及其出竹退笋的研究

> 获　奖　时　间：1978 年
> 主 要 完 成 单 位：湖南省林业科学院
> 主 要 完 成 人 员：张康民
> 奖励类别与等级：湖南省科学大会奖

一、概述

湖南是全国楠竹（即毛竹）的主产区。楠竹主要靠地下鞭根吸收的营养发笋成竹。探索其地下部分的生长发育规律，是确定楠竹经营措施的依据。1975 年，在桃源县兴隆街公社选择有代表性的楠竹林分，全部开挖 0.073hm²、部分开挖 0.067hm²，挖出完整的鞭根系统 43 个，其中无立竹鞭根系统 4 个。分别按每个鞭根系统确认鞭段年龄，对其竹鞭分岔数、长度、入土深度进行实测，并对鞭根系统上的立竹数量、年龄、眉围等逐一记载。

二、主要研究成果

1. 竹鞭的生长特性

竹鞭生长，小年始于 3 月初，5~6 月生长最快，11 月底停止生长，全年活动期约 8 个月。竹鞭一年一般生长 2~3m，个别鞭段可达 5~6m，最短的不足 1m。大年竹鞭活动较晚，年生长量也较小。竹鞭生长有趋肥趋光特性，在土内呈波状延伸，入土最深可达 50~60cm。鞭梢一般入冬死亡。竹鞭在生长过程中，遇到障碍，如石块、竹蔸、树桩、老鞭老根盘结处，或扭曲绕道穿行，或死亡；遇到积水或裸露地面也易死亡。因此，经营竹林要实行垦复，清除障碍物，开好排水沟，确保竹鞭的正常生长。

2. 竹鞭与生笋、退笋、成竹的关系

（1）竹鞭年龄不同，其生笋、退笋、成竹差异很大。1~2 年生鞭发笋极少，不能成竹；5~6 年生鞭发笋最多，成竹率最高，退笋率最低，新梢眉围最大；9~10 年生鞭发笋少，成竹率极低，新竹眉围也小；11~12 年生鞭发笋极少，不能成竹。垦复时要清除 12 年生以上老鞭，诱发新鞭。

（2）竹鞭入土深度不同，其生笋、成竹、退笋差异显著。随着竹鞭入土深度的增加，退笋减少，成竹笋增加。70.9%出土退笋的入土深度为 8~15cm，76.3%的立竹入土较深，约 16~30cm；竹鞭深度小于 15cm、大于 30cm 的生竹都很少。立竹的眉围也随着入土深度的增加而增加。要适时进行垦复、去杂灌，以提高竹鞭的入土深度。

（3）立竹和退笋与其在鞭上的着生方位、部位密切相关。从方位看，90%以上的笋和竹着生在鞭的宽径两侧，且宽径与地面平行。从部位看，90%左右的笋和竹着生在鞭段中部，断点处（离鞭段终点

50cm 内）只有 10%，而笋芽的正常萌发在鞭段中部，断点附近大多萌发新鞭。断点处发笋少，但成竹率比鞭段中部高 26.9%。鞭根系统越小，每百米鞭生笋越多，退笋率越低、成竹率越高，但营养相对不足，新竹很小。反之亦然。鞭根系统的分岔级数多少影响到出笋、成竹，分岔级数不宜过多，也不宜过少，以中等为好。要注意保护竹鞭，垦复时在清除老鞭的前提下，尽量不要伤鞭。

3. 鞭根系统上的母竹数量与发笋、成竹、退笋紧密相关。

鞭根系统的母竹数量越多，出笋数量越多，成竹率越高，新竹眉围越大。

4. 大小年与花年的发笋、成竹关系密切。

花年鞭根系统的新老竹比（发竹率）、成竹率、新竹眉围均比大小年鞭根系统高。这与花年竹鞭系统每年有一部分竹换叶，一部分竹孕笋，养分制造、储存和消耗调运有关。竹林的培育应尽量留养小年笋和竹，大年适度疏笋，逐步形成花年竹林。

三、推广应用情况

该研究成果为建立楠竹丰产结构的理论奠定了基础，填补了国内空白。并为调控竹林立竹密度和径级结构以及科研、教学提供了科学依据和基础资料。这项成果对实现楠竹丰产有着重要指导价值，已在湖南、江西、浙江等省的楠竹笋用林、用材林、笋材两用林建设中广泛应用，效果显著。

6. 松毛虫生物防治

获 奖 时 间：1978 年
主要完成单位：湖南省林业科学院
奖励类别与等级：湖南省科学大会奖

1965~1978 年间，省林业科学研究所对松毛虫的生物防治进行了多方面的研究，全省每年生物防治面积 2.0 万~3.3 万 hm^2。

一、寄生蜂研究

摸清了松毛虫黑卵蜂、赤眼蜂生物学特性，对人工繁殖提出了完整的应用技术。应用赤眼蜂防治松毛虫，其主要技术是：①改进越冬保种方法，确保蜂种越冬；②选育生活力强的蜂种，避免多世代繁殖；③运用大空间繁蜂技术，不经过冷藏直接释放林间；④改进放蜂器，以利于成蜂顺利羽化。据衡阳、湘潭、长沙等 9 个地（市）的 21 个县的放蜂点检查，利用赤眼蜂防治马尾松毛虫第一代卵寄生率一般为 50% 左右，最高达 80%，且不污染环境，对人畜无害，有利于生态平衡。

二、白僵菌应用

1957 年首次分离应用获得成功。20 世纪 60 年代，全省有 60 多个小厂生产白僵菌，遍及湖南松毛虫发生地区，成为防治松毛虫的主要手段。该课题研究了白僵菌对松毛虫侵染的组织病理、感病途径和病变过程以及温度、湿度、光照对白僵菌生长发育和致病的影响。并探索出白僵菌在湖南防治松毛虫的有利时间。经过大面积试验，用白僵菌防治越冬代松毛虫，其死亡率达 57%~91.2%；防治第一代松毛虫可达 51.37%~96.64%；防治第二代松毛虫效果较差。放菌时间选择，对越冬代以 11~12 月为好，对第一代以 6 月最好。11~12 月，平均气温在 12℃ 以上，相对湿度在 83.53% 以上，松毛虫已进入越冬状态，有利于白僵菌孢子在松毛虫消化道内萌发而使其带菌越冬；6 月，平均气温为 26.5℃、相对湿度 83.16%、降雨量 181.4mm，是白僵菌对松毛虫侵染致病的最适宜气候。

三、松毛虫性外激素的研究

1974 年人工提取成功，活性强诱捕效果较好，粗提物已用于生产。

四、植物激素的提取应用

初步从喜树、三尖杉、柠檬桉树中提取了植物激素防治松毛虫，效果较好。

五、松毛虫天敌资源考察

已搜集松毛虫寄生蜂 74 种，寄生蝇 6 科；蛹寄生蜂 29 种，寄生蝇 5 种。对挖掘天敌资源，进一步筛选抗不良气候的新品种提供了条件。

7. 湘林集材绞盘机及索道

| 获 奖 时 间：1978 年
| 主要完成单位：湖南省林业科学院　郴州林业机械厂
| 奖励类别与等级：湖南省科学大会奖

1972 年，由省木材公司、省林业科学研究所、省林业调查规划设计院、郴州林业机械厂、莽山林场等单位组成"湖南林业索道试验小组"，分析了南方林区索道集运材和现有几种绞盘机的特点，结合湖南省林区的具体情况，设计制造了湘林集材绞盘机和集材索道设备，于 1973 年 4 月在莽山林场进行了现场生产试验和鉴定。试验证明：湘林集材绞盘机结构简单紧凑，拆装容易，卷筒制动与离合采用联动机构，工作手柄少；回空速度快，起重量大，两个卷筒具有正转、反转、制动、滑行 4 个动作和两种不同的速度。集材索道跑车对滑轮和钢索磨损较少，自动挂钩、脱钩，工作安全，结构简单。集材索道具有起重量大、强制落钩可靠、装材点容易转移且不受支架的限制等特点，还能在任一指定点卸材和为下一工序装车。由于牵引索变换方式较多，因此能适应各种复杂地形的需要，并克服了以前存在的跑车回空速度慢和起重索与滑轮磨损较快的缺点。湘林集材绞盘机和集材索道设备成批生产使用以来，广大林区职工反映较好，已在 10 多个省（区）推广。

一、绞盘机主要技术性能

发动机型号：2105 型柴油机

卷筒个数：2 个（辅有摩擦卷筒）

牵引力：起重 665～1670kg
　　　　回空 500～1365kg
　　　　摩擦 400～1000kg

速度：起重 0.58～1.45m/s
　　　回空 0.71～2.20m/s
　　　摩擦 1.20～3.00m/s

全机自重：1200kg

外形尺寸：2700mm×1194mm×1200mm

二、索道主要技术性能

线路长度：1000m

最大跨度：300m

线路坡度：±25°

横向集材距离：主索两侧各 25m

起重量：1500kg

台班集材量：20～20m³

部、省推广奖

1. 檫树开花生物学特性

获 奖 时 间：1980 年
主 要 完 成 单 位：湖南省林业科学院
奖励类别与等级：湖南省人民政府科技成果推广奖　四等奖

（略）

2. 残败毛竹林复壮关键及其技术措施

获 奖 时 间：1980 年
主 要 完 成 单 位：湖南省林业科学院
奖励类别与等级：湖南省人民政府科技成果推广奖　四等奖

（略）

3. 湿地松、火炬松引种试验与推广

获 奖 时 间：1981 年
主 要 完 成 单 位：湖南省林业科学院
奖励类别与等级：湖南省人民政府科技成果推广奖　三等奖

（略）

4. 杉木林基地营林技术

获 奖 时 间：1982 年
完 成 单 位：湖南省林业科学院
主 要 完 成 人 员：陈佛寿
奖励类别与等级：林业部科技成果推广奖

（略）

厅级科技进步奖

一 等 奖

1. 酃县千家洞自然资源考察(协作)

獲　奖　时　间：1989 年
主要完成单位：湖南省林业科学院等
主要完成人员：童新旺
奖励类别与等级：湖南省林业科技进步奖　一等奖

(略)

2. 发展木本农业的研究与建议

獲　奖　时　间：1996 年
主要完成单位：湖南省林业科学院
主要完成人员：瞿茂生　陈明皋　郭翠莲　吴雯雯　唐　萍
奖励类别与等级：湖南省科技信息成果奖　一等奖

木本农业的概念，简单地说就是利用已驯化的木本植物生产粮(淀粉)、油(含食用与工业用)、棉(纤维)、菜、果、饲料与药材。

通过研究，阐述了木本农业的内涵与潜力，如木本淀粉类植物板栗等，木本油料植物油茶、竹柏等，木本纤维植物构树、桑树、桉树等，木本蔬菜植物香椿、竹类、薜荔榕等，木本林果植物柑、橘、柚、桃、梅等，木本饲料植物梓树(叶可喂猪)、松树(松针粉可喂家禽)等，木本药材植物杜仲、厚朴等。提出了发展木本农业的建议：(1)要有整体规划和区划；(2)选育优良品种；(3)经营管理应细致。

3. PF-95型高效低毒酚醛树脂研究

獲　奖　时　间：1998 年
主要完成单位：湖南省林业科学院
主要完成人员：黄　军　王子国　肖秒和
奖励类别与等级：湖南省林业科技进步奖　一等奖

该成果通过改变苯酚与甲醛的摩尔比(1∶2∶1)，采用苯酚、尿素与甲醛共缩聚的原理，研究出的酚醛树脂适合于生产竹建筑模板、木胶合板等一类防水胶合板，胶黏剂生产成本能够降低 30%，目前已在湖南、江西、福建、四川、浙江等地广泛应用。

4. 现代林业科技与湖南林业可持续发展研究

获　奖　时　间：2000 年
主要完成单位：湖南省林业科学院等
主要完成人员：唐苗生　何洪城　陈明皋　吴雯雯
奖励类别与等级：湖南省林业科技进步奖　一等奖

从生态环境与人类生存与发展的依赖性的战略高度，运用可持续发展理论与方法，提出了林业地位与作用的全新观念：①林业可持续发展是经济社会可持续发展的基础；②林业是生态环境建设的主体；③林业是国民经济建设主要的物质基础。

阐述了湖南林业发展战略模式——走可持续发展之路：①保护原有森林，扩建新的森林资源和提高林业生产力是实现可持续发展的核心；②调整林业结构，实现林业增长方式的根本性转变是实现林业可持续发展的关键；③高新科技与有效的传统科技相结合，把现代林业发展成为知识密集型产业是林业可持续发展的根本。

二 等 奖

1. 湘中丘陵生态经济型防护林林分优化结构组建技术研究

获 奖 时 间：1998 年
主 要 完 成 单 位：湖南省林业科学院
主 要 完 成 人 员：夏合新(1)　杨 红(2)　曹谷云(3)
奖励类别与等级：湖南省林业科技进步奖　二等奖

该项目经"八五"攻关研究，营建了试验林 500 亩，造林成活率和保存率均达到 90% 以上，设置生态效益定位观测径流场 17 个，根据湘中丘陵土壤类型立地条件特点，组建了优化林分结构模式 33 个，有效地开展了各林分结构生态效益。经济效益的前期研究，共获得各类调查试验数据 67 万个，取得了显著的效果，出色地完成了国家科技攻关任务。

提出了湘中丘陵红壤护坡型防护林、紫色土护坡型防护林、护坡用材型防护林、林果草带防护林、乔灌草防护林等五个林分结构模式的组建技术，为丘陵区域实现多树种、多类型、多层次、多功能、高效持续发展的生态经济型防护林林分结构试验示范，并在理论研究、方法及系统性上具有创新性，特别在紫色土类地区建立的防护林模式填补了国内空白。

该项研究运用系统工程方法和时空差原理，建立各种结构模式 33 个，并进行生态、经济效益的定位和半定位观测研究，建立如此规模众多的模式系统研究，在国内尚属首次，国外也不多见。

通过 5 年攻关研究，试验示范区取得了明显的生态、社会效益和一定的经济效益，具有很强的实用价值和指导意义。

2. IQLF-50 型林木种子风选机

获 奖 时 间：1998 年
主 要 完 成 单 位：湖南省林业科学院
主 要 完 成 人 员：陈泽君　刘小燕　刘少山
奖励类别与等级：湖南省林业科技进步奖　二等奖

该机主要用于松类树种种子分级处理，设备采用的是与种子饱满程度相关的种子漂浮速度的不同与发芽率的对应关系而设计的，将不同饱满程度的种子分为三个级别来实现分级的目的，采用一种变截面风道和无级调节风压、风量来实现。

分级第一级种子净度达到 99%，成活率达 95%，级差明显，接近比重精选机分级水平，结构简单，造价低，生产率高，生产成本低等优点。

成果被列入林业部"九五"时期 100 项重点推广项目之一。

3. 国外松纸浆材建筑材高效培育与应用技术研究

获 奖 时 间：1998 年
主 要 完 成 单 位：湖南省林业科学院

主要完成人员：童方平(1)　余格非(3)　龙应忠(6)　吴际友(7)

奖励类别与等级：湖南省林业科技进步奖　二等奖

　　该项目对湿地松、火炬松整地与抚育方式、初植密度、间伐作业模式、纸浆材与建筑材特性等方面进行了深入的研究。

　　试验观察结果表明：湿地松、火炬松裸根苗造林以 100μg/gABT 生根粉浸根，效果十分显著；整地规格与抚育方式及二者的交互作用对湿地松幼林生长量无显著影响，而抚育方式对湿地松幼林成活率有极显著影响。丘岗地湿地松适宜的整地规格为中穴(50cm×50cm×40cm)，带状或穴状抚育。初植密度对湿地松、火炬松平均直径、平均树高、单株材积有显著或极显著影响，对树干干形有极显著或显著性影响，对木材材性没有影响。湿地松纸浆材、建筑材适宜的初植密度为 1665~2505 株/hm²，火炬松纸浆材、建筑材适宜的初植密度为 1665~3330 株/hm²；间伐强度对中、幼林龄湿地松直径、树高、单株材积等没有影响；间伐强度对火炬松直径、单材积有显著影响，而对树高没有影响；间伐强度对湿地松、火炬松树干干形、木材材性没有影响。如果培育纸浆材，以间伐 1 次为宜，如果培育建筑材，以间伐 2~3 次为宜，湿地松间伐强度为弱度至中度(15%~30%)，火炬松间伐强度为中度至强度(30%~45%)。通过对湿地松、火炬松纤维形态、木材基本密度年变化规律研究，结合分析湿地松、火炬松材力学性能、生长特性，确定湿地松、火炬松纸浆材轮伐期为 13~15 年；湿地松建筑材轮伐期为 25 年；火炬松建筑轮伐期为 30 年。运用动态规划模型，以收获量最大为最优目标，对湿地松、火炬松纸浆材、建筑材经营密度进行优化决策，并对每一次决策过程进行了动态经济评价(净现值和内部收益率)。

4. 湖南省山河湖库综合治理与开发
——澧水流域现状分析与长远规划

获　奖　时　间：2000 年

主要完成单位：湖南省林业科学院

主要完成人员：李锡泉　袁正科　李海燕　田育新

奖励类别与等级：湖南省林业科技进步奖　二等奖

　　该项研究运用系统工程学的原理，对澧水流域的山、河、湖、库等组分进行调查、研究、分析、规划，把山看成系统中的"源"，把湖、库看成"汇"，重点分析了"源"的问题，在分析研究的基础上对澧水流域系统进行了规划。研究提出了优先保护流域上游天然林；加强自然保护区、风景旅游区森林植被的保护和基础设施建设；优先发展中、上游水土保持林、水源涵养林、生态公益林、退耕还林项目；优先发展三木药材、茶叶、特色水果等林业项目。

三 等 奖

1. 快速营建山茶属种质基因库技术研究

获 奖 时 间：1988 年

主 要 完 成 单 位：湖南省林业科学院

主 要 完 成 人 员：王德斌　苏贻铨　刘　婉　陈永忠

奖励类别与等级：湖南省林业科技进步奖　三等奖

应用种子穗和枝条穗这两种嫁接技术适用于普通油茶、攸县油茶、越南油茶、南荣油茶等四个物种作砧木，采取大树高接换冠法快速营建山茶属基因库。嫁接成活率普遍达到60%以上，其中嫁接山茶花成活率90%以上。试验证明：用普通油茶作砧木适应性强、耐瘠薄、抗油茶炭疽病、嫁接亲和力好，但生长较慢，适宜培育中、小型树体；越南油茶作砧木，嫁接成活率高、生长快、树体高大，是嫁接油茶物种的理想砧木，适用于培植较高大的城市行道与庭园绿化的茶花树和具有观赏价值的油茶物种；南荣油茶作砧木，分枝多，须根发达，而且抗油茶炭疽病，适宜盆栽茶花和茶梅。试验还表明：用大树砧嫁接营建山茶属基因库，一方面提高了物种的适应性和抗逆性，扩大了资源收集区域，另一方面可使物种提早5~10年开花结实，缩短了育种周期。利用普通油茶大树砧嫁接油茶物种对嫁接物种的当代、子一代和子二代都保持了原物种的本性，砧木只会提高物种的适应性，不会引起种性的变异。这一结果为澄清油茶嫁接、砧木对嫁接树的子代产生种性变异的争论提供了一定的科学依据。

2. 树脂改性橡胶型压敏胶

获 奖 时 间：1988 年

主 要 完 成 单 位：湖南省林业科学院

主 要 完 成 人 员：龙世裕　张新生

奖励类别与等级：湖南省林业科技进步奖　三等奖

（略）

3. 湖南林区森林采伐剩余物数量及加工利用方向的研究

获 奖 时 间：1988 年

主 要 完 成 单 位：湖南省林业科学院

主 要 完 成 人 员：瞿茂生

奖励类别及等级：湖南省科技情报成果奖　三等奖

（略）

4. 油茶优良无性系攸 5、7、17、26、29、30、36 的选育 (协作)

> 获 奖 时 间：1990 年
> 主 要 完 成 单 位：湖南省林业科学院等
> 主 要 完 成 人 员：王德斌(3)　陈永忠(4)
> 奖 励 类 别 与 等 级：湖南省林业科技进步奖　三等奖

（略）

5. 湖南省桃源县万阳山杉木次生林考察

> 获 奖 时 间：1991 年
> 主 要 完 成 单 位：湖南省林业科学院
> 主 要 完 成 人 员：侯伯鑫
> 奖 励 类 别 与 等 级：湖南省林业科技进步奖　三等奖

（略）

6. DGZ-5 型水旱带拖多用耕整机研制

> 获 奖 时 间：1991 年
> 主 要 完 成 单 位：湖南省林业科学院
> 主 要 完 成 人 员：刘小燕
> 奖 励 类 别 与 等 级：湖南省林业科技进步奖　三等奖

（略）

7. 樟檫混交林湿地松纯林水文及小气候的研究

> 获 奖 时 间：1991 年
> 主 要 完 成 单 位：湖南省林业科学院
> 主 要 完 成 人 员：张玉荣　张传峰　刘帅成
> 奖 励 类 别 与 等 级：湖南省林业科技进步奖　三等奖

该研究采用定位研究方法对樟檫混交林和湿地松纯林的水文和小气候特性进行了 5 年的对比研究，全面分析了混交林与纯林在生态结构、生态过程和生态功能上的差异，从而为混交林的营建提供了理论基础。

8. ICJ-20 林木种子去翅机

获 奖 时 间：1998 年
主 要 完 成 单 位：湖南省林业科学院
主 要 完 成 人 员：巩建厅 黄黎光
奖励类别与等级：湖南省林业科技进步奖 三等奖

（略）

9. 古树资源考察研究（协作）

获 奖 时 间：1998 年
主 要 完 成 单 位：湖南省林业科学院等
主 要 完 成 人 员：侯伯鑫（1）
奖励类别与等级：湖南省林业科技进步奖 三等奖

（略）

10. 杉木自然分布区和栽培史研究

获 奖 时 间：1999 年
主 要 完 成 单 位：湖南省林业科学院
主 要 完 成 人 员：侯伯鑫 程政红 陈佛寿
奖励类别与等级：湖南省林业科技进步奖 三等奖

（略）

四 等 奖

1. 油茶优良农家品种巴陵籽丰产性状研究

> 获 奖 时 间：1986 年
> 主要完成单位：湖南省林业科学院
> 主要完成人员：王德斌　苏贻铨
> 奖励类别与等级：湖南省林业科技进步奖　四等奖

　　1980 年湖南省科委和省林业厅下达课题任务，由省林科所和岳阳地区林科所承担研究。巴陵籽，目前在岳阳县公田、绕村乡一带有栽培，其中以东山村分布最多。混生在寒露籽油茶林内，株数一般占 30~50%。其树体结构、果实大小与寒露籽相似，外观识别的依据是果形多呈桃形或橄榄形，种子略大于寒露籽并较均匀。根据多年观察和连续 3 年的产量测定，其主要经济性状是：①单位面积产量高：3 年平均亩产果 706.3 斤，比对照高 33.47%；②出籽率高：干出籽率为 25.86%~28.38%，比对照高 3.56%~5.55%；③单位面积产油量高：3 年平均亩产油量为 57.85 斤，比对照高 95.90%；④在较好的立地条件下比对照的增产潜力更大。

2. 油茶优良家系'湘五''湘七''湘九'

> 获 奖 时 间：1986 年
> 主要完成单位：湖南省林业科学院
> 主要完成人员：王德斌(1)　苏贻铨(2)
> 奖励类别与等级：湖南省林业科技进步奖　四等奖

　　对表型选择的油茶优树进行后代测定，选出遗传性状优良的家系用于生产。从 1974 年开始，将选择的优树先后布置了三批半同胞子代测定林。第一批 10 个优树的子代测定林已造林 10 年，经过连续 4 年的产量测定，每平方米冠幅的产果量、产油量、鲜果出籽率、干仁含油率以及折算到郁闭度 0.75 时成林的每亩产油量等各项经济指标，都已达到或超过国家油茶子代测定林标准，其主要经济性状如下。

　　'湘 5'：鲜果出籽率 41.9%，干仁含油率 44.88%，鲜果含油率 7.06%，四年平均每平方米冠幅产油 0.0736kg，亩产油 36.8kg，超过参试家系平均产油量的 28.196%。

　　'湘 7'：鲜果出籽率 43.4%，干仁含油率 45.76%，鲜果含油率 6.58%，四年平均每平方米冠幅产油 0.079kg，亩产油 39.5kg，超过参试家系平均产油量的 37.602%。

　　'湘 9'：鲜果出籽率 43.7%，干仁含油率 42.67%，鲜果含油率 6.42%，四年平均每平方米冠幅产油 0.0734kg，亩产油 36.7kg，超过参试家系平均产油量的 27.848%。

3. 城步苗族自治县云马林场高频介质热压异形胶合板生产技术

> 获 奖 时 间：1986 年
> 主要完成单位：湖南省林业科学院

主 要 完 成 人 员：张高一　谢香菊
奖励类别与等级：湖南省林业科技进步奖　四等奖

（略）

4. 月季快速繁殖技术

获 奖 时 间：1987 年
主 要 完 成 单 位：湖南省林业科学院
主 要 完 成 人 员：陈则娴
奖励类别与等级：湖南省林业科技进步奖　四等奖

（略）

5. 板栗贮藏方法研究

获 奖 时 间：1988 年
主 要 完 成 单 位：湖南省林业科学院
主 要 完 成 人 员：张康民　唐时俊　李昌珠
奖励类别与等级：湖南省林业科技进步奖　四等奖

受湖南省林业厅委托，湖南省林科所从 1986 年 9 月开始对板栗贮藏方法开展了 7 个项目的研究，将 3 个产地，18 个品种共计 1420.7kg 板栗进行了 115 个处理的多因素试验。经过研究，找到了板栗失水是影响其耐贮性的关键因素，到 1987 年 1 月 22 日验收，共保存板栗 l308.34kg，质量保鲜率达 92.1%，粒数保鲜率达 91.62%，发芽率2.9%。

其他奖励

1. 红花檵木新品种及繁育技术推广

> 获 奖 时 间：2007 年
> 主 要 完 成 单 位：湖南省林业科学院　浏阳市林业局
> 主 要 完 成 人 员：侯伯鑫　王晓明　林　峰　余格非
> 　　　　　　　　　宋庆安　易霭琴　李　洁　吴雯雯
> 奖 励 类 别 与 等 级：长沙市科技进步奖　二等奖

（略）

2. 红汁乳菇等菌根性食用菌栽培技术

> 获 奖 时 间：2012 年　2013 年
> 主 要 完 成 单 位：湖南省林业科学院
> 主 要 完 成 人 员：谭著明　申爱荣　谭　云　傅绍春　陈宏喜　沈宝明　杨硕知
> 奖 励 类 别 与 等 级：林业产业创新奖　湖南省专利奖三等奖

红汁乳菇、牛肝菌等是世界著名的菌根性食用菌，不仅味道鲜美、营养丰富，还具有益肠胃、缓解糖尿病、抗癌等药用功效，是国内外备受欢迎的绿色有机食品，长期供不应求。成果在发明专利 ZL98112527.1 和 ZL03124830.6 基础上研发的红汁乳菇等多种外生菌根性食用菌高产栽培技术及高密度菌根容器苗培育技术体系，解决了外生菌根菌菌根苗规模化生产的世界难题，并得到了国家科学技术部农业成果转化资金项目、瑞典 Karljohan 基金、中央财政林业科技成果推广、国家星火计划、湖南省农业科技成果转化资金、湖南省农业综合开发等项目的支持。技术产品先后推广到湖南、云南、安徽、贵州、重庆、湖北、江西、江苏、广东等多个省市。红汁乳菇、松乳菇、褐环乳牛肝菌、小美牛肝菌等多种菌根性食用菌栽培面积达 5000 亩以上，均取得预期产菇效果，产生了广泛的社会影响和较大的经济效益。大大提升了以松林为主的林下经济效益，为森林精准提质、林业产业升级提供了成功模式。

3. 一种油茶无性系组培快繁方法

> 获 奖 时 间：2014 年
> 主 要 完 成 单 位：湖南省林业科学院
> 主 要 完 成 人 员：陈永忠　李永欣　王　瑞　王晓明　王玉娟
> 　　　　　　　　　曾慧杰　王湘南　蔡　能　彭邵锋　杨小胡
> 奖 励 类 别 与 等 级：湖南省专利奖　三等奖

一、概述

山茶科山茶属植物油茶的组培快繁技术难度大，细胞不易诱导分化再生植株，而且生根艰难，试管苗移栽成活率低。该发明针对原有技术的不足，突破了生根与移栽技术难关，提供了一种操作简单、繁殖系数高、生根率和成活率高、生产成本低的油茶组培快繁新技术。于2009年申报该专利，2012年获得授权。

二、主要研究成果

（1）该专利技术实现了油茶良种组培苗木的大规模快速繁殖。该专利技术具有繁殖速度快、繁殖系数高（苗木数量呈几何级数增长）、一年可以多代繁育、不受季节和地域限制等多个特点，同时子代能够保持母本的优良遗传特性。该专利技术的实施，革新了传统的育苗方式。

（2）该专利技术方案解决了油茶组培苗生根难的技术瓶颈。通过该项技术能大幅度提高油茶根系分化能力，显著提高生根率达到85%以上和移栽成活率达到90%以上。

（3）该专利技术方案创立了生根与移栽"一步法"技术体系，即同时进行生根和移栽，减少了组培苗移栽的中间环节，提高了苗木成活率减少了工作量，降低了材料损耗；该专利所选用的生根基质便宜、来源广泛，降低了苗木繁育成本，为实现油茶组培苗的规模化繁育奠定了非常好的技术与物质基础。

三、推广应用情况

该专利技术的突破不仅解决了油茶组培生根难的技术瓶颈，而且将生根与移栽合二为一，简化了培养程序，缩短了育苗时间，不仅在油茶研究领域影响深远，得到了业内专家的好评与认可，而且为山茶属等难生根的木本植物组织培养提供了参考依据与技术支撑，应用空间广阔。更重要的是为油茶良种苗木的早期鉴别、油茶植株再生体系的建立以及分子育种技术的突破等打下了坚实基础，带动了行业的技术进步，学术价值高、影响深远、意义重大。目前，已应用该专利技术，培育油茶良种苗木870万株，营造无性系丰产林约8万亩，均取得了良好的经济、社会与生态效益。

4. 原态重组等四种竹材加工关键技术装备开发与应用（协作）

获 奖 时 间：2015年
主要完成单位：国家林业局北京林业机械研究所　南京林业大学
　　　　　　　　湖南省林业科学研究院　中国福马机械集团有限公司
　　　　　　　　安吉吉泰机械有限公司　中国林业科学研究院木材工业研究所
　　　　　　　　福建省大田县金门油压机制造有限公司
主要完成人员：傅万四　张齐生　周建波　孙晓东　沈　毅
　　　　　　　　刘占明　张占宽　黄成存　朱志强　卜海坤
奖励类别与等级：中国林科院重大科技成果奖

一、概述

"原态重组等四种竹材加工关键技术装备开发与应用"项目产生一系列创新成果。我国有望就此告别多年使用木工机械加工竹材的历史，推动竹材加工最终走上机械化、自动化、智能化的道路。项目研发出竹材原态弧形重组技术，并研制出了成套专用设备，较大幅度提高了原料利用率，增强了材料力学强度，减少了胶黏剂用量，拓展了板材应用领域。研究成果由国家林业局北京林业机械研究所、南京林业大学、湖南省林科院等7家单位共同完成，北京林机所所长傅万四担任项目主持人，主要完成人包括中国工程院院士张齐生等一批国内顶级专家。

二、主要研究内容

该成果集成多项国家和省部级科研项目，创新开发了竹材加工关键装备技术，取得重大科技创新。发明了竹材原态重组技术与成套装备。提出弧形竹片内外等曲率重组理论，发明竹材弧形原态重组技术，比已有矩形重组技术提高利用率 30%，重组厚度提高 90% 以上；开发承载型竹基复合材料制造关键技术与装备，突破竹材定向切削难点，研发了竹质 OSB 刨片技术，研制了竹材 OSB 刨片机；开发了异极交错多层高频热压技术，研制了竹材重组材高频加热成型机，制造出大厚度、高强度竹篾积成材；发明对剖联丝（剖黄联青）展开技术，研制了破竹、展开铣平等关键设备和配套技术。突破竹材热压机 3 项关键技术，研发双向多层热压技术装备，研制竹人造板热压与冷压可自动循环联合机组，缩短热压周期 5~10min，节能 25%~30%。以上技术装备在竹胶板、重组材领域得到较广泛应用。

三、推广应用情况

项目取得累累硕果，共开发装备 32 种，开发新材料 4 种、新工艺 5 项，获得国家授权专利 65 件，获得科技奖励 5 项，通过检验、检测 29 项，颁布实施企业标准 13 项。项目研究成果已在全国 300 多家企业推广应用，并建成 5 个设备制造基地，累计销售竹工设备 2603 台，近 3 年新增销售额 62994 万元，利润达到 11423 万元，部分技术装备市场占有率超过 60%。

5. 青钱柳扦插快繁技术体系构建及生根机理研究

获 奖 时 间：2016 年
主要完成单位：湖南省林业科学院　湖南省优质用材工程技术研究中心有限公司
主要完成人员：童方平　李　贵　刘振华　陈　瑞
　　　　　　　王　栋　吴　敏　童　琪　言偶信
奖励类别与等级：长沙市科技进步奖　二等奖

一、概述

采用大田试验与室内测试分析相结合的方法，构建青钱柳扦插高效快繁技术，筛选出以半木质化嫩枝为插穗，沾 600μg/gK 系生根诱导剂泥浆，泥炭土：珍珠岩 = 2.5：1（体积比）作扦插基质，采用无纺布容器，置于自动喷雾温室大棚中，每 20min 喷雾 6s，每 4d 喷多菌灵 800 倍液一次，连续喷 1 个月的扦插繁殖配套技术。采用该技术体系，扦插生根率达 98.01%，建立了采穗圃 5 亩，为青钱柳的大量繁殖及优良无性系培育奠定了技术基础。较系统地研究了青钱柳根系发生的解剖学特点、生理生化变化规律以及转录组水平的基因表达差异，探明了青钱柳穗条扦插高效生根机理，使青钱柳规模扦插生根率大幅度提高，生根时间缩短，突破了青钱柳扦插育苗技术瓶颈，大幅降低青钱柳栽培成本。

二、主要研究成果

1. 构建了青钱柳优质高产采穗圃营建技术体系。用 1 年生苗木 2 月前按 30cm×80cm 株行距定植，每株施钙镁磷肥 0.5kg、复合肥 0.25kg，及时抚育，当年 2~3 月截干平茬，留干高度 15cm。以后每年 2 月施复合肥 0.25kg/株，并将萌发的枝条平茬剪掉，留干 15cm，5、8 月抚育除草。每年 5、6、7 月可剪用粗度 0.3cm 以上的穗条，到第 4 年可产穗条 83 条/株。

2. 构建了青钱柳扦插高效快繁技术体系。使用 K 系 600μg/g 生根诱导剂，浸泡插穗基部 1h，25d 时生根率达 84.35%，30d 时生根率达 98.01%、每插穗生根数量达 3.8 根。扦插季节以 5 月中旬较好，此时生根率可达 98.0%。

3. 开展了青钱柳插穗生根的最佳环境条件、生理生化研究。基质以泥炭土：珍珠岩 = 2.5：1（体积比），采用无纺布容器袋或扦插基质育苗穴盘，生根率分别达 95.86%、91.43%。影响青钱柳插穗生根率的顺序为总孔隙度>容重>电导率>pH 值，其中总孔隙度、电导率、pH 值与生根率呈正相关，容重与生根率呈负相关。

4. 探明了青钱柳扦插过程中内源激素 IAA、ABA、ZR、GA、IAA/ABA 值、SOD 酶活性、可溶性糖、淀粉、蛋白质等变异规律。转录组测序发现在不定根发育过程中，差异表达基因 Pathway 主要归于核蛋白体、植物激素信号转导通路、蔗糖和淀粉代谢、糖酵解/糖异生、氧化磷酸化等途径，MYB305、MYB5、MYB32、MYB4 转录因子在调控不定根的发生中起到重要作用。

5. 采用连续石蜡切片法、用 SEM 扫描电镜拍照进行插穗生根过程的解剖学观察发现：青钱柳扦插繁殖愈伤组织生根、皮部生根类型均有，但以愈伤组织生根类型为主，属于较难生根类型。

三、推广应用情况

该项目在长沙、株洲、郴州等地推广应用规模化扦插育苗技术，2013~2015 年共推广应用生产扦插苗 260 万株，营建青钱柳基地 1.17 万亩，新增苗木、茶叶、木材等产值 50 490 万元，新增利税（纯收入）11 108 万元，对于促进当地经济发展、改善民生发挥了重大作用。目前我国青钱柳保健茶基地建设、国家木材战略储备基地建设和园林绿化等需求青钱柳苗木 3000 万株，而种子繁殖苗木数量仅能满足市场的 1/15，因此青钱柳扦插快繁技术的应用，仅在苗木方面就可取得产值 2.24 亿元。在青钱柳保健茶叶的开发方面，目前市场青钱柳茶叶市场价在数千元每公斤，并且对青钱柳叶的需求缺口很大，该成果能够保障提供足够的原材料，成为解决生产问题的重要途径之一，具有较高的经济效益。

6. 南方优质板栗良种选育及丰产配套技术研究与应用

获 奖 时 间：2016 年
完 成 单 位：湖南省林业科学院
　　　　　　　湖南省生物柴油工程技术研究中心
　　　　　　　湖南省优质用材工程技术研究中心有限公司
主要完成人员：陈景震　皮　兵　李培旺　张良波
　　　　　　　李　力　钟武洪　王　昊　张　翼
奖励类别与等级：长沙市科技进步奖　三等奖

一、概述

通过项目开展运行，选育的板栗良种不仅实现了丰产，而且耐贮特性、抗病性、品质得到进一步改善，推动了湖南省板栗良种化进程，缓解了全省板栗良种短缺的局面，板栗高效专用肥的推广与应用实现了板栗增产，同时结合板栗良种的推广示范建立起板栗良种丰产配套技术体系。

二、主要内容

（1）选育出具有丰产、耐贮、多抗、优质性能的板栗良种湘栗系列 1~4 号。针对目前湖南省板栗栽培良种良莠不齐，优质丰产高效抗病虫害品种少，经过多年推广栽培，优良品种优势退化的现象，突破板栗花性别分化多方位化学调节技术，实现对目标经济性状优良的板栗杂交育种材料的调控，减少雄花分化，提高雌雄花比，提高杂交育种效率；利用板栗种间、种内杂交和分子标记辅助育种技术，实现优良性状功能基因的定向聚合，获得多个目标经济性状组合在一起的新板栗种质材料；通过优良品种对比试验进一步筛选，培育果大、高产、高抗、加工性能好的板栗新品种 4 个。

（2）研制出板栗高效专用肥。由于板栗种植地长期使用化肥进行施肥，导致板栗产量与品质受到严重影响，根据对板栗各生长时期的营养诊断、养分平衡、需肥特性与土壤状况，综合运用矿物质、生物化学元素进行科学配方，采用 EM 及生物发酵技术、SSAP 等技术，生产出板栗高效专用肥。

（3）新建年产 5000 吨板栗高效专用肥生产线。通过开展板栗施肥校验实验，适当改良了板栗高效专用肥配方，完善了自动混配与打包规模化生产工艺。

三、推广应用情况

通过在长沙市周边、浏阳市永安镇、宁乡县积极推广良种以及板栗高效专用肥，近 3 年新增产值 6492.4 万元，新增利税 1318.32 万元，解决了目前板栗种植良种短缺的局面，同时板栗的品质有了极大的提高，促进了板栗产量的增长，带动了当地的经济发展。

7. 高品质毛竹笋高效培育及高值化利用技术与示范

获 奖 时 间：2016 年
主要完成单位：湖南省林业科学院　国际竹藤中心　桃江林业局
　　　　　　　长沙市望城区林业局　临湘市林业局
主要完成人员：艾文胜　杨　明　孟　勇　漆良华　李美群
　　　　　　　欧卫明　曾　博　贺菊红　蒲湘云　涂　佳
　　　　　　　陈卫东　曾素华　胡　伟
奖励类别与等级：社会公益类项目　二等奖

一、概述

湖南省为我国毛竹资源主要分布区，竹笋产业是竹产业的重要组成部分，但制约竹笋产业长足发展的高产、高质和高效等技术瓶颈问题仍未得到有效解决。基于以上情况，经过 10 多年的努力研究，在提高毛竹春笋、冬笋产量和品质及高值化加工利用的关键技术等方面取得了突破性成果，形成了从高品质毛竹笋高效培育及示范到高值化加工利用的整体技术和产业链，实现竹林产出和企业效益的大幅提高，为竹农致富、财政增效及企业转型升级提供了新途径，相关成果经国家及省部级验收鉴定，整体水平达到国际同类研究领先水平。

二、主要成果

1. 首次开展了高品质毛竹笋高效培育技术理论研究。揭示了毛竹笋在暗环境下生长及营养成分和品质的变化规律，以及施硒肥后毛竹硒元素的分布规律和赋存形态。建立暗环境下生长于温湿度变化模型和硒含量预测模型，为毛竹笋富硒及高品质培育研究提供理论基础。

2. 自主研发保温增湿毛竹笋专用双层袋和专用富硒肥。采用专用双层袋，能显著提高毛竹笋生长的温度和湿度，促进毛竹笋高、地径生长，降低了粗纤维含量，提高总糖含量和氨基酸含量。

3. 研究出高品质毛竹笋用林的高效培育技术体系。利用专研富硒肥、以覆盖和套袋为主要技术措施，结合竹林经营实施结构、立地和遗传三大控制技术，实现竹笋高产、高质和高效的可持续经营，首创了富硒毛竹笋安全性评估指标体系和方法，提出从竹笋硒形态、重金属含量和硒含量控制等方面对富硒竹笋食用安全性评价。从覆盖时间、材料及比例等方面对覆盖技术进行了系统优化，制定相关技术的地方标准，开展标准化示范，推进了毛竹高品质笋用林高效培育标准化进程。

4. 发明了毛竹笋富硒、保鲜、有机笋干生产和加工剩余物酿酒的方法和工艺，形成了整体技术和产业链，大幅提高了加工效益，实现高品质毛竹笋的高值化利用。

三、推广情况

该项目成果在全省毛竹主产区推广应用 52000 余亩，笋用竹林亩产增值达 2000 元以上，竹笋加工效益提高 50% 以上，累计实现效益 4.78 亿元以上，增加就业人数 10000 余人。湖南省竹笋培育和加工的发展起到了重要的示范带动作用，增强了竹林生态效益，促进了区域经济和社会发展。

鉴（认）定、评价成果

1. 栀子提取食用黄色素的研究

　鉴 定 时 间：1984 年
　主要完成单位：湖南省林业科学院
　主要完成人员：汪敏学　张　征

栀子黄色素为栀子果实提取物，是一种橙红色液体或黄色粉末状产品，具有着色力强、色泽鲜艳、色调自然、无异味、耐热、耐光、稳定性好、色调不受 pH 值的影响，对人体无毒副作用等优点，是目前国际流行的天然食品添加剂。

1983 年开始栀子黄色素课题研究，1986 年通过中试成果鉴定，1987 年编制的第 1 个栀子黄色素国家标准（GB7912—87）公布实施，是全国最早研究和生产栀子黄色素的单位，生产工艺一直处于国内领先水平，产品品质优良，并可根据用户的要求提供各种规格的产品。

2. 水乳型氢化松香改性丙烯酸压敏胶的研究

　鉴 定 时 间：1985 年
　主要完成单位：湖南省林业科学院　湖南省株洲林化厂
　主要完成人员：龙世裕　文月娥　周海滨

（略）

3. 杨梅带肉果汁加工技术的研究

　鉴 定 时 间：1985 年
　主要完成单位：湖南省林业科学院
　主要完成人员：黎继烈　李赛平　陈欣安　易经伦

（略）

4. 油茶撕皮嵌接法

　鉴 定 时 间：1985 年
　主要完成单位：湖南省林业科学院
　主要完成人员：王德斌　项耀威　苏贻铨

从 1975 年开始研究以来，经过多年的实践证明：油茶撕皮嵌接法操作简便，成活保存率高，效果稳定，一般嫁接成活率都可达到91%以上。先后嫁接300多亩，均获得了良好的效果。目前，这种方法已在湖南省内油茶嫁接上普遍使用。

该方法主要特点是：

1. 应用范围广，除苗木和过分残老病林外，不论大树、小树都可以用作砧木，同时，既适用于油茶，也适用于其他树木花卉嫁接。

2. 砧木与接穗均采用撕皮，接触面积大，插放接穗时十分容易对准形成层，操作方便。

3. 捆扎时加塑料薄膜罩保护，较好地保持了嫁接部位的湿度，有利于接穗的成活。

4. 嫁接时对砧木伤害轻，砧木可进行多次多头嫁接和补接。

5. 利用多年生树作砧木，根系发达，有利于接穗的生长和树体恢复，达到早结实，多结实的丰产目的。

5. 油茶炭疽病生物防治的研究

鉴 定 时 间：1985 年
主要完成单位：湖南省林业科学院
主要完成人员：贺正兴　何美云　廖正乾

油茶是我国南方主要木本油料树种。炭疽病在油茶产区均普遍发生，一般病果率在20%左右，严重林分可达50%以上。

为了探寻防治油茶炭疽病的有效途径，从1979年开始了油茶炭疽病生物防治技术的研究，从单株喷菌筛选有益菌种开始，逐步进行林间试验，先后筛选出有明显防治效果的芽孢杆菌和杨树炭疽菌，试验面积达200多亩。

（1）经过5年在7个地点做了15次林间对比试验，花期施用芽孢杆菌防治炭疽病，平均防治效果为58.4%，相对防治效果可达70%以上。调查表明花期施用芽孢杆菌对油茶冬前坐果率及冬后保果率稍有提升的效果。

（2）将杨树炭疽病菌接种到油茶炭疽病果上，从而刺激寄主产生了一种能抑制油茶炭疽病菌萌发的物质，提高了油茶炭疽病的免疫能力。经过4年5个点64亩林地试验，相对防治效果达30.5%~58.4%。

冬前对油茶施用芽孢杆菌，春季对油茶幼果施用杨树炭疽病菌进行综合配套防治试验，比单用芽孢杆菌或单用杨树炭疽病菌防治，效果更加显著。

6. 栀子黄色素中试研究

鉴 定 时 间：1986 年
主要完成单位：湖南省林业科学院
主要完成人员：汪敏学　周海滨　张　征

（略）

7. 栀子黄色素国家标准

鉴 定 时 间：1986 年
主要完成单位：湖南省林业科学院
主要完成人员：汪敏学　张　征

（略）

8. 毛竹残林复壮技术推广

> 鉴 定 时 间：1988 年
> 主要完成单位：湖南省林业科学院
> 主要完成人员：张康民

该项目是林业部 1982 年下达的技术推广项目，历时 6 年，推广面积 3211 亩，立竹密度由每亩 81.4 株增加到 295.5 株，产量由每亩 471.2kg 增至 1445.22kg，6 年复壮期内增加产值收入 118.537 万元，复壮竹林胸径已明显提高，并已具备高产林分的立竹密度。

该推广范围内 60 块标准地资料统计，增加立竹密度和平均胸径对增加产量有极显著作用。6 年的推广实践证明，残败低产竹林复壮过程中的合理砍伐，可概括称为积累和提高性砍伐，砍伐老龄中、小径级立竹。

该推广项目竹林密度每亩达 296 株，产量达 1445.2kg，达到了丰产竹林的标准，特别是该项目竹林地，是大面积集中连片的，达到这么高的密度和产量在全国尚不多见。

9. 《湖南林业科技》

> 鉴 定 时 间：1988 年
> 主要完成单位：湖南省林业科学院
> 主要完成人员：刘孚永　隆义华　杨军然

（略）

10. 橡胶型压敏胶标准

> 鉴 定 时 间：1989 年
> 主要完成单位：湖南省林业科学院
> 主要完成人员：龙世裕

（略）

11. 白僵菌菌粉标准

> 鉴 定 时 间：1989 年
> 主要完成单位：湖南省林业科学院
> 主要完成人员：龙凤芝　杜克辉

（略）

12. FDJ-1型干粉灭火剂电绝缘性能测定仪（协作）

鉴 定 时 间：1991年
主要完成单位：湖南省林业科学院等
主要完成人员：刘洪慈(3)　徐志刚(4)

（略）

13. 毛竹低产林改造技术推广

鉴 定 时 间：1992年
主要完成单位：湖南省林业科学院
主要完成人员：张康民

该项目是1984年林业部科技司科技推广项目，经6年工作超额完成了林业部下达的任务，竹林平均胸径由7.6cm增加到8.87cm，特别是新竹越来越大，新竹胸径由7.74cm增加到9.78cm，在3500亩推广范围内，新竹每亩产量由654.3kg提高到1620.9kg，产量增加1.48倍，超额完成了林业部下达的指标，也超过了国家毛竹丰产林产量标准指标，说明该试验区内毛竹低产林经6年时间已达到并超过了丰产林水平，取得了显著成效。在3500亩试验区内仅竹材一项，每亩年增产966.6kg，总增产338.3万kg，计每亩每年增产效益为67.662万元，在衡山县辐射推广5.7万亩，每年增加产值683.06万元，在湖南省辐射应用面积41万多亩，每年增加效益4187.85万元，经济效益明显，其成果达到国内同类研究先进水平，对全省和全国具有很大的示范作用。

14. 利用枫杨作砧高改核桃快速营建采穗圃研究

鉴 定 时 间：1994年
主要完成单位：湖南省林业科学院
主要完成人员：张康民　李党训　李正茂

（略）

15. 马尾松毛虫防治研究

鉴 定 时 间：1994年
主要完成单位：湖南省林业科学院

（略）

16. 湿地松速生丰产技术推广应用(协作)

鉴 定 时 间：1996 年
主要完成单位：湖南省林业科学院等
主要完成人员：龙应忠

（略）

17. 湖南中低山天然林林地土壤特性研究

鉴 定 时 间：2000 年
主要完成单位：湖南省林业科学院
主要完成人员：吴建平　袁正科　邓新华　刘帅成

（略）

18. UF-G 低毒粉状脲醛树脂研究

鉴 定 时 间：2002 年
主要完成单位：湖南省林业科学院
主要完成人员：黄　军(1)　陈泽君(2)　李志钢(3)　余伯炎(4)　何洪城(7)

通过对甲醛、尿素、增强剂进行共缩聚研究，合成脲醛树脂中间体，采用双旋流干燥方式进行干燥处理，研制的粉状脲醛树脂适合于生产各种人造板、复合地板，且甲醛释放量达到 E0 和 E1 级标准，胶合强度达到国家标准，生产成本比进口树脂低 50%。

19. 湖南亚热带天然林可持续发展技术研究

鉴 定 时 间：2002 年
主要完成单位：湖南省林业科学院
主要完成人员：张玉荣(2)　侯伯鑫(8)　周　刚(9)　张贤开(10)　廖正乾(11)
　　　　　　　钟武洪(12)　童新旺(13)　何　振(14)　皮　兵(15)　劳先闽(16)
　　　　　　　倪乐湘(17)　左玉香(18)

研究结合天然林资源调查结果，重点弄清全省天然林的基本情况，对其作用和地位进行重新定位。系统分析亚热带天然林的生物多样性、保护和利用现状，揭示可持续发展所面临的主要问题。通过典型调查分析，运用景观生态学和生态系统管理理论，提出亚热带天然林可持续发展的经营规划和培育、保护和利用技术。全方位探讨实现亚热带天然林可持续发展的保障措施和对策。提出湖南省天然林经营途径、保护、利用技术和可持续发展战略，形成了具有湖南特色的天然林研究方法。

20. 长江上游高原、山地、丘陵区防护林体系建设综合配套技术研究与示范

鉴 定 时 间: 2002 年
主要完成单位: 湖南省林业科学院
主要完成人员: 袁正科　张灿明

在以前研究工作的基础上，通过对云贵高原西部金沙江流域，云贵高原东部乌江流域，四川盆地嘉陵江流域和湘中丘陵洞庭湖水系本底资料的分析，研究提出四个生态类型区林种、树种结构调整的优化方案，建设管理试验示范区；根据试验研究结果，提出不同类型区防护林体系建设的综合配套技术和示范样板。具体计划如下：

一、湖南

防蚀保土型农林复合经营模式构建技术研究。

防蚀保土型农林复合经营的施肥技术及其对农林作物抗蚀性的作用研究。

农林复合经营的防蚀保土耕作技术研究。

在经济许可的情况下，开展绿色等高栅栏带防蚀保土技术的研究。

香椿生物地埂带和棚栽香椿早产高产技术研究。

防护林带网配置和隔坡梯田护坡林研究。

二、云南

云贵高原西部山地防护林体系结构布局和多林种、多树种的配置技术。

防护林树种选择技术。

优良林分的营建与培育技术和农林复合模式选择。

三、贵州

坡耕地防护林营造技术研究。

山地农林结构调整技术与农林复合模式选择及营造技术。

桦木次生林改造技术研究。

四、四川

四川盆地低山丘陵区农林复合模式优化技术研究。

四川盆地低山丘陵区优质、高产、高效经济林基地建设技术研究。

21. 楠竹与淡竹叶饮料生产工艺研究

鉴 定 时 间: 2003 年
主要完成单位: 湖南省林业科学院　郴州市竹丰饮料厂
主要完成人员: 刘少山(2)

该项目利用我国特有的丰富的楠竹、淡竹叶资源为原料，选用科学合理的配方，并根据楠竹特点，采用浸提、发酵处理等生产工艺，使楠竹、淡竹叶有效成分充分浸出，并易于为人体吸收。将可食用

和药用的具有防腐保鲜作用的植物浸提液加入到竹汁饮料生产过程中，从而保证竹汁饮料在不需要添加防腐剂的情况下达到保质期一年以上。

22. 速生材多层实木复合强化地板新产品

　　鉴 定 时 间：2005 年
　　主要完成单位：湖南省林业科学院
　　主要完成人员：何洪城　陈泽君　胡　伟

（略）

23. 植物油制取生物柴油固定化酶催化技术引进

　　鉴 定 时 间：2007 年
　　主要完成单位：湖南省林业科学院
　　主要完成人员：李昌珠　肖志红　张良波

（略）

24. 光皮树种质资源和无性系选育研究与示范

　　鉴 定 时 间：2007 年
　　主要完成单位：湖南省林业科学院　湖南省生物柴油中心　中南林业科技大学
　　　　　　　　　湘西自治州龙山县林业局
　　主要完成人员：李昌珠(1)　李党训(3)　李培旺(4)　张良波(5)　肖志红(6)
　　　　　　　　　张康民(7)　李正茂(9)　李　力(10)　艾文胜(11)

一、主要内容

　　(1)利用形态标记，完成了长江流域 17 个县(市)光皮树核心分布区种质资源调查，并利用 ISSR 分子标记技术，建立了 15 个光皮树无性系的 ISSR 识别卡，为种质资源鉴定奠定了技术基础。

　　(2)野外调查与大田试验相结合，筛选优良种源 6 个(单位面积鲜果产量 518.26kg/亩，单位面积油产量 130kg/亩)；选出优良无性芽 4 个(其中 3 年生幼树单位面积鲜果产量 0.90kg/m²，鲜果产量 420.21kg/亩，单位面积产油量 105kg/亩)。

　　(3)优化了嫁接繁殖技术，建立繁育圃 33.3hm²、良种采穗圃 20 亩；年产接穗 100 万枝、苗木 500 万株。

　　(4)营建光皮树优良无性系示范基地 40hm²。

　　(5)探索揭示了光皮树的果实生长发育规律、果实油脂形成和积累机理，为光皮树高产和高含油无性系育种、高产栽培、采收和加工提供了科学依据。

二、应用前景

　　该成果将可在黄河以南的省(区)推广应用，前景十分广阔。

25. 蓖麻油制备生物柴油关键技术研究

鉴 定 时 间：2008 年

主要完成单位：湖南省林业科学院　湖南省生物柴油工程技术研究中心
　　　　　　　长沙创林科技有限公司

主要完成人员：李昌珠　肖志红　刘汝宽　张良波
　　　　　　　杨　红　李培旺　李　力　李党训

（1）该成果针对蓖麻油转化为能源产品的关键技术，研发了常温、常压下蓖麻油低碳醇酯的生产工艺，解决了蓖麻油酯交换过程中产物分离的技术难题，使酯交换反应的转化率达到93%以上。（2）开发出一种适合蓖麻籽一步法酯交换制备生物柴油的新工艺和新技术，实现了蓖麻油酯交换产物在40℃~65℃条件下的直接分离；针对蓖麻油低碳醇酯粘度大的特点；（3）开发出了一种降粘消烟双功能助剂，有效地降低了产品的粘度，改善了产品的燃烧性能，并研创出一种甘油沉降耦合酯交换高效反应装置，使反应过程的单程转化率提高10%以上。本工艺技术简化了过程，降低了能耗，具有明显节能降耗的优点。技术成果达到了国际先进水平，可以广泛应用于以蓖麻油为原料生产生物柴油的工业企业。

26. 林木种子重力分选与净种分级一体机

鉴 定 时 间：2008 年

主要完成单位：湖南省林业科学院

主要完成人员：何洪城　刘小燕　陈泽君　刘少山
　　　　　　　胡　伟　马　芳　邓腊云

在吸收国外先进技术的基础上，结合中国林木种子精选的实际情况，进行集成创新，研制了我国第一台林木种子重力分选与净种分级一体机。其性能指标达到国际同类产品先进水平，部分指标超过国际先进水平，并具有较大的市场化发展前景。重力分选：利用种子自上落下过程中，通过气流的作用，将空气动力学特征不同的饱满种子、不饱满种子、空壳种子和其中的夹杂物分离出来，以达到净种的目的。净种分级：通过具有合理孔径的多层筛网，利用种子籽粒、空壳及其他夹杂物之间的物理特性差异，采用往复筛选的方式对种子进行精选和分级处理。生产率：50~100kg/h；整机质量：260kg；功率：2.2kW（其中风机1.5kW，筛选机0.75kW）；净种率：≥98%；破碎率：≤0.5%；带有不同进料速度及可调节风压装置，并增加了去石功能。

27. 速生材杉木密实化改性处理及室外防腐材关键技术

鉴 定 时 间：2008 年

主要完成单位：湖南省林业科学院

主要完成人员：陈泽君　胡　伟　范友华　龙应忠　何洪城　邓腊云
　　　　　　　李志高　谭利娟　吴跃峰　余伯炎　李　阳　尹　华

针对速生材杉木材质软及改性剂难渗透的特点，创造性地提出了采用真空-叠压法改性工艺；选用硅酸钠、硫酸铝为主，添加其他改性剂为辅，经化学反应产生沉淀填充在介孔结构的木材组织间隙中，得到了一种无机填充的密实化改性材，其木材密度和增重率为40%以上，木材稳定性和加工性能有较大提高，抗缩系数提高34%，稳定系数达到80%以上，力学性能明显提高，抗弯弹性模量提高20%；首次提出并合成了适合于速生材杉木的密实化与防腐同步进行的处理药剂，该药剂具有较好的稳定性与渗透性，且成本低。该成果生产的杉木密实化防腐材防腐性能达到LY/T 1636-2005 C4B标准，是集功能材料、结构材料、环境材料优点于一身的优质改性木材。

28. 蓖麻籽生产高档润滑油关键技术研究

鉴 定 时 间：2008年
主要完成单位：湖南省林业科学院　湖南省生物柴油工程技术研究中心
　　　　　　　长沙创林科技有限公司
主要完成人员：李昌珠　肖志红　刘汝宽　张良波　李培旺　李党训　李 力

（1）对采用国产化设备的200t/d蓖麻籽加工生产线进行总结，完善了生产工艺条件，降低了生产能耗。（2）采用响应面法建立了癸二酸和异辛醇酯化反应的动力学模型，优化了反应条件，提高了反应产率；（3）以蓖麻油、菜籽油等植物基油脂作为基础油的主要成分，添加蓖麻油甲酯和癸二酸二异辛酯等功能性添加剂复配制得的L-RD-4-2型润滑型防锈油产品，其质量指标符合SH/T0692-2000标准规定的要求。该防锈油适用范围广，防锈性优良，使用方便，能满足机械用附件的封存防锈。新研制的润滑型防锈油具有质量稳定、性能可靠、使用方便等特点，是一种推广应用前景广阔的产品。

29. 三段式酶法固定床连续制取生物柴油技术

认 定 时 间：2008年
主要完成单位：湖南省林业科学院　湖南省生物柴油工程技术研究中心
主要完成人员：李昌珠　蒋丽娟　肖志红　张良波　李培旺　李党训
　　　　　　　李 力　刘汝宽　李 浔　申爱荣　艾文胜

（1）利用定向分离法从8个供试样品中通过诱变和离子注入的方法，选育出高产酶活力的7种菌株。（2）比较了7种极性不同的大孔吸附树脂，筛选出固定化酶在酶活回收率以及活力较好的固定化材料D3520；（3）设计了一套20/批次的固定酶催化反应器，由一个钢架实验台、三根层析柱、五个恒流泵、一个超级恒温水浴锅和相应的管道附件组成，每一段反应可以实现独立加料。利用该装置对固定化脂肪酶制取生物柴油条件进行了优化，转化率达92%以上。相对于NaOH或H2SO4等化学催化剂的成本而言，固定化酶的制备成本仍然较高，以固定化酶为催化剂生产生物柴油的工艺仍处于中试示范生产阶段，需进一步降低酶制剂的生产成本，提高其催化寿命。

30. 蓖麻新品种选育及其丰产栽培技术与示范

鉴 定 时 间：2009 年
主要完成单位：湖南省林业科学院　湖南省生物柴油工程技术研究中心
　　　　　　　永州市职业技术学院　中南林业科技大学
主要完成人员：李昌珠　李培旺　蒋小军　肖志红　张良波　蒋丽娟
　　　　　　　刘汝宽　李党训　李　力　孙友平　张爱华　蔡　能

（1）通过综合分析高温高湿对蓖麻营养生长、生殖生长和病虫害的影响，筛选出耐高温高湿的蓖麻父本，经化学处理本地品种后经组织培养获得的纯雌株蓖麻母本，通过不同的杂交组合，培育出适应高温高湿地区栽培的新品种湘蓖 1 号。（2）建立了蓖麻纯雌株驳枝、组织培养繁育与纯雌性保持技术。驳枝生根率达 95%，生根率比对照（无生根粉）提高 34%，生根量和根系长度分别提高 15% 和 9%；组织培养增殖倍数 2~3 倍，生根率达 92%。（3）通过分析不同种植密度及追肥模式对蓖麻经济性状影响，确定了最适合的种植密度以及最经济和适宜的施肥模式。同时结合南方的气候特点，创建了蓖麻反季节栽培和可再生栽培技术体系。

31. 光皮树无性系定向培育关键技术研究与示范

鉴 定 时 间：2009 年
主要完成单位：湖南省林业科学院　湖南省生物柴油工程技术研究中心
　　　　　　　中南林业科技大学生命科学与生物技术学院
主要完成人员：李昌珠　张良波　王晓明　李培旺　蒋丽娟　李永欣
　　　　　　　曾慧杰　向　明　肖志红　刘汝宽　蔡　能　李　力
　　　　　　　孙友平　张爱华

（1）系统研究了光皮树优良无性系的萌蘖力、成枝力、营养生长、开花结实生物学及光合生理等特性，通过栽培密度控制、苗木定干、模式树型培养等技术，实现光皮树矮化、早实、丰产栽培；（2）研究了光皮树优良无性系组培快繁技术，增殖系数达 4.57，移栽成活率达 90% 以上研究了光皮树优良无性系嫁接、扦插技术，嫁接苗成活率达 90% 以上，扦插繁殖成活率高达 99%。建立了光皮树优良无性系快繁技术体系和采穗圃建设技术体系；（3）根据光皮树的自然分布特点，综合分析影响其生长发育的环境因子，构建了立地质量评价数量化模型，确立了光皮树无性系定向培育立地类型。

32. 原竹对剖联丝展开重组材工艺技术研究

鉴 定 时 间：2009 年
主要完成单位：湖南省林业科学院
主要完成人员：丁定安　孙晓东　李　阳　卜海坤　杨　雯　陈景震
　　　　　　　丁　锋　彭　亮　何合高　胡　伟　杨　明　刘　伟

创新提出"对剖联丝展开工艺"。将原竹定宽剖分，竹片阴阳交错剖裂，形成多条竹丝相联展平竹片，作为一种新型竹基单元，竹质产品的竹材平均利用率达到84%，较传统工艺有很大提高，还能使小径级毛竹材得到有效利用。2009年经湖南省科技学技术厅组织鉴定："对剖联丝展开重组材工艺技术"是一种新型竹材加工工艺，成果居国内同类研究领先水平。经湖南、江西等多家生产企业应用，采用该技术有效降低生产成本，经济效益显著。该技术成果已获得"2014年度湖南省科学技术进步三等奖"及"2015年度梁希林业科学技术二等奖"。

33. 原料广适性清洁工艺生产生物柴油关键技术与示范

鉴 定 时 间：2010年

主要完成单位：湖南省林业科学院　湖南省生物柴油工程技术研究中心
　　　　　　　湖南未名创林生物能源有限公司

主要完成人员：李昌珠　肖志红　廖　斌　刘汝宽　李培旺
　　　　　　　张良波　张爱华　李　力　李党训　孟凡勇

（1）研制出一种新型甘油沉降耦合酯交换连续化反应装置，实现了生物柴油生产过程的连续化；（2）首次采用多元醇无催化预酯化技术对高酸价的油料进行预处理，又采用了碱催化的连续酯交换技术生产生物柴油，同时在蒸馏方式上采用了闪蒸和分馏相结合的后续处理方式，实现一套装置可以用不同品质的油脂为原料生产出合格的生物柴油，改变了一套装置只能用一种品质的原料进行生产的状况；（3）首次结合夹点技术以 Aspen Plus 软件对生产过程的无水脱胶、无水脱皂、无催化剂酯化等先进的绿色化工生产技术进行模拟和优化设计，实现生物柴油的清洁生产和过程的能量高效利用；（4）采用复合原料生产出4种生物能源产品、1种甘油副产品和1种植物沥青产品。

34. 原态竹材展开密实化单板重组材关键技术研究

鉴 定 时 间：2011年

主要完成单位：湖南省林业科学院

主要完成人员：孙晓东　丁定安　彭　亮　艾文胜　涂　佳
　　　　　　　丁渝峰　李　阳　卜海坤　何合高

创新研发出原态竹材剖黄联青展开、软塑化处理、竹片热压密实化和密实化单板热压重组关键技术，实现了原态竹材展开密实化单板重组，并获得3项发明专利及2项实用新型专利。研发的"竹材'剖黄联青'展开铣刨机"，一次性将弧形竹片剖黄联青展开、定宽、分级定厚，加工成条形平面竹片，保持了竹材原态特征，设备实用性强，使竹材平均利用率达到80%以上，小径竹材得到有效利用。该技术经生产企业试用，提高了生产效率和产品质量，降低了生产成本，提高了经济效益。2011年经湖南省科学技术厅组织鉴定：原态竹材展开密实化单板重组材关键技术成果居国内同类研究领先水平。

35. 全油茶粕制备植物源新农药"螺枯威"技术开发与应用(协作)

鉴 定 时 间：2011 年
主要完成单位：湖南京西祥隆化工有限公司　中南林业科技大学
　　　　　　　湖南省林业科学院　常德长岭农业科技发展有限公司
主要完成人员：杨雪清　钟海雁　陈永忠　王建龙　马　力
　　　　　　　李建奇　雷菊初　杨　春　何光明　龚吉军
　　　　　　　柳建明　马希兰　杨春华　陈隆升

　　项目以油茶粕为主原料，筛选出合适的分散剂、润湿剂和黏合剂为辅料，自主开发出"一干双混双粉三检测"生产技术，研制出植物源杀虫剂 100% 螺枯威可湿性粉剂及颗粒剂，具有原料易得、生产工艺先进、产品质量稳定的特点。制订了《10% 螺枯威（茶皂甙）可湿性粉剂》等企业标准。成果的实施与推广，可有效利用全油茶粕资源，提高生产效率，从而节省能源消耗，减少原料浪费和环境污染物排放。

36. 油茶施肥区划与高效施肥关键技术

鉴 定 时 间：2012 年
主要完成单位：湖南省林业科学院　中南林业科技大学　南京林业大学
　　　　　　　湖北省林业科学研究院　长沙福山农业科技有限公司
主要完成人员：陈永忠　彭邵锋　吴立潮　陈隆升　皮　兵　彭方仁
　　　　　　　王　瑞　李爱华　袁德义　袁　巍　王湘南　马　力
　　　　　　　杨小胡　李福初　唐　炜　罗　健

　　研究出以氮、磷、钾为主要营养元素的油茶施肥配方，制定出油茶施肥区划图，范围覆盖全省栽培区域 90% 以上；筛选出 2 个磷高效利用型油茶优良无性系，在短期低磷胁迫条件下，光合速率下降少于 10%；筛选出 4 种能促进果实生长和油脂转化的植物生长调节剂，鲜果含油量比对照提高 5% 以上；研究出油茶富硒技术，种仁硒含量比对照提高 4 倍以上；研发出油茶生物有机肥，盛果期每亩增产茶油 5kg 以上；研究出油茶林地土壤快速培肥技术和地力恢复模式，土壤综合肥力提高 2 倍以上。成果已将油茶高产新品种及高效施肥技术推广到岳阳、浏阳、怀化等 100 多个市（县），建立示范林 10 万亩，在湖北、江西和广西等周边省份带动营建示范林 100 万亩以上。

37. 油茶良种嫁接及容器育苗技术优化研究

鉴 定 时 间：2012 年
主要完成单位：湖南省林业种苗中心　湖南省林业科学院
主要完成人员：殷元良　陈隆升　吴振明　陈永忠　彭晓锋
　　　　　　　王　瑞　韦里俊　马　力　汪　丽　彭邵锋
　　　　　　　王湘南　罗　健　杨小胡　唐　炜

该成果提出了砧木胚根长 6cm、保留种胚、定植时种胚贴近基质、45d 揭膜的先进技术，优化了油茶芽苗砧嫁接关键技术和小苗嫁接技术，提高了苗木质量和育苗效率。筛选出适宜的油茶育苗轻基质配方，降低了育苗成本；建立了苗期肥水管理技术体系；创立了苗木分级培育技术，年出圃合格苗木比常规育苗提高 30% 以上。创新设计了油茶专用分格托盘，利用托盘空气控根育苗技术，解决了常规容器育苗窝根等技术问题，促进了幼苗根系的生长。建立了容器大苗培育技术体系，并应用 3 年生容器大苗造林，平均造林保存率达 98.4%。该技术已在湖南油茶主产区应用，取得了显著的效果，该技术可在湖南、江西、广西等南方油茶产区推广应用，前景广阔。

38. 油茶杂交种子园营建与高产培育关键技术研究与示范

鉴 定 时 间：2012 年
主要完成单位：湖南省林业科学院　中南林业科技大学
　　　　　　　　浏阳市林木种苗管理中心
主要完成人员：陈永忠　彭邵锋　王湘南　杨小胡　王　瑞
　　　　　　　　马　力　陈隆升　唐　炜　谭晓风　袁德义
　　　　　　　　王玉娟　杨　杨　李长流　莫文娟　袁　军
　　　　　　　　王律旋　李子元　柏承权　唐建业

项目通过 4 年的实施，在湖南省浏阳市龙伏镇建成油茶"两系"杂交种子园。基地总规模 21.3hm²，其中生产用地 20.19hm²，辅助用地 1.11hm²，基础建设和辅助设施齐全，水、电、路全部到位。项目以 5 个油茶"雄性不育系"杂交组合为建园亲本，筛选出 3 种不同亲本配置比例，研究出杂交种子园营建技术。在深入研究油茶"雄性不育系"的生物学和生态学特性的基础上，探索出油茶"两系"杂交种子园高产培育技术和集约化经营技术措施，提高杂交制种效率和种子纯度；结合轻基质容器育苗技术，研究出油茶杂交子代的快速繁育技术体系，实现油茶杂交子代的规模化应用。

39. 油茶优良种质资源遗传背景数据库建设与规模快繁技术研究

鉴 定 时 间：2012 年
主要完成单位：湖南省林业科学院　湖南师范大学
　　　　　　　　湖南林之神生物科技有限公司
主要完成人员：王湘南　陈永忠　姜孝成　王　瑞　彭邵锋
　　　　　　　　陈隆升　马　力　肖　敏

项目通过 2 年多的实施，建立了适合油茶品种筛选与鉴定的 ISSR 分子标记方法，构建了 103 个油茶品系（品种）特征性分子标记指纹图谱及分子鉴别技术体系。初步建立了 3 个油茶品种组培快繁技术体系（增殖培养、生根技术、移栽技术），增殖系数 3.9，生根率 70% 以上，移栽成活率 80% 以上。建立了油茶良种形态与遗传特征数据库，编制了油茶优良资源品种检索表，检索表将花期相近的资源品种归于同类，有利于品种组合搭配、检索和合理引种。

40. 醇基清洁燃料功能助剂关键技术

鉴 定 时 间：2013 年

主要完成单位：湖南省林业科学院　湖南省生物柴油工程技术研究中心
湖南未名创林生物能源有限公司　江苏大学

主要完成人员：肖志红　李昌珠　张爱华　刘汝宽　钟武洪
张良波　李培旺　李　力　陈景震　吴　红
王　昊　李党训　林　琳

（1）研发出了醇基燃料核心功能助剂，解决了醇基燃料的腐蚀溶胀、动力下降、油耗增高、吸湿分层变质、低温分层、馏程不稳定等技术难题，使其在发动机燃烧时的传播速度、汽化潜热、抗爆性、加速性及抗水性、能耗均达到或接近国标汽油；（2）研发出了适合湖南潮湿多雨气候条件使用的醇基燃料，通过核心助剂实现油−醇互溶，使其形成真溶液，外观清亮透明，稳定性好，抗水性强，抵御储存、运输、使用时混入、误入的水分，在不改动发动机的前提下满足汽车的日常使用；（3）弥补了现有醇基燃料能耗缺陷，在同等状况下，醇基燃料与国标汽油的功率、扭矩、能耗基本相当，排量比国标汽油大幅度减少，属高清洁燃料。

41. 光皮树无性系矮化关键技术研究与示范

鉴 定 时 间：2013 年

主要完成单位：湖南省林业科学院　中南林业科技大学
湖南省生物柴油工程技术研究中心

主要完成人员：张良波　李昌珠　蒋丽娟　黄　勇　钟武洪
李培旺　陈景震　肖志红　佟金权　皮　兵
向　明　刘汝宽　张爱华　吴　红　王　昊

（1）首次建立光皮树矮化种质资源预选技术体系，筛选出了 6 个光皮树矮化无性系。（2）首次采用数字基因表达谱差异分析矮化光皮树与乔木型光皮树之间的基因表达差异，获得与光皮树矮化相关基因，进一步通过 GO 功能显著性富集分析能确定差异表达基因行使的主要生物学功能，进而挖掘与光皮树矮化相关的基因，挖掘出光皮树矮化相关基因 104 个；（3）集成了光皮树无性系矮化资源利用、光皮树砧木矮化、人工造伤、外源激素处理等矮化调控技术和多主干近灌木状树形修剪等技术，创建了多主干近灌木状矮化栽培技术体系，实现光皮树无性系盛果期树高 ≤3m，产量 438.67kg/亩，比对照同龄实生树约 6m 矮化 50% 以上，提高产量 10%，降低生产成本 15%。

42. 正丁醇同步提取油脂与高附加值产品

认 定 时 间：2013 年

主要完成单位：湖南省林业科学院　湖南省生物柴油工程技术研究中心

主要完成人员：李昌珠　肖志红　李党训　刘汝宽　张良波　张爱华
陈景震　李　力　皮　兵　吴　红　张新生

（1）综合采用新型溶剂（正丁醇）浸提法高效取油和低温压榨或研磨取油的技术特点，实现了高品质植物油脂（富含维生素 E、麦角甾醇和角鲨烯等营养元素）的生产，并同时得到一系列高附加值产物，如磷脂和皂素等；（2）成果技术已申请国家发明专利，申请号：201210307888.4，名称：一种正丁醇研磨同步提取油脂与高附加值产品的工艺。该技术具体自主知识产权，具有良好地推广示范基础，可应用于工业油料的规模化处理。已建立一套年处理 50t 油料的中试示范装置，并已与湖南金荟生物科技有限公司签订生产装置建设协议，地点为湖南永州。预计产能为 2 万吨/年，投产后年产值达 2.8 亿，实现带动就业 300 余个。

43. 高品质毛竹笋高效孵化技术研究

鉴 定 时 间：2013 年
主要完成单位：湖南省林业科学院　桃江县林业局　望城区林业局
主要完成人员：艾文胜　杨　明　孟　勇　肖文武
　　　　　　　李美群　蒲湘云　涂　佳　欧卫明
　　　　　　　贺菊红　彭　亮　李典军

揭示了毛竹笋在暗环境下生长及营养成分和品质的变化规律，建立了毛竹笋在暗环境下生长与温湿度变化模型，为毛竹笋高品质高效培育技术研究提供了理论依据。自主研制出保温增湿毛竹笋专用双层袋，应用毛竹笋保温增湿专用双层袋，提高毛竹笋生长温度 0.4~1.5℃，显著提高湿度 6.3%~12.4%，促进毛竹笋高、地径生长，显著加快高生长，显著提高毛竹笋的可食率达 30% 以上，降低毛竹笋粗纤维含量、提高总糖含量，从而提高竹笋品质。从覆盖时间、覆盖物材料及数量与比例、覆盖层厚度、肥效等方面对毛竹林覆盖技术进行了系统优化，提早出笋，提高可食率和产量。集成创新了毛竹笋用林可持续经营技术，促进了毛竹林的高产、高效与可持续发展，产生了显著的经济效益。

44. 优质装饰家具材树种红椿优良家系选择与培育技术

鉴 定 时 间：2013 年
主要完成单位：湖南省林业科学院　湖南富林生物科技有限公司
主要完成人员：吴际友　刘　球　程　勇　陈明皋　廖德志
　　　　　　　陈家法　陈　艺　李　艳　黄明军

红椿（*Toona ciliata*）是楝科香椿属乔木，是中国特有的珍贵用材树种，是国家级湖南林业重点发展的珍贵用材树种，在国际市场上有"中国桃花心木"的美誉。该成果针对红椿技术瓶颈，通过研究其家系、无性系光合生理和水分生理特性，外源多胺对其抗旱修复机制，基因组成，育苗及快繁技术，无性系采穗圃母树营养生长规律，插条生根能力，其单位面积育苗数量与苗木生长质量的关系，取得繁育技术突破并先后在常德、长沙等开展应用技术示范，对推动红椿育苗、造林等技术进步、促进红椿产业科学发展具有重要意义。

45. 马尾松林下松乳菇促产技术

鉴 定 时 间：2013 年

主要完成单位：湖南省林业科学院

主要完成人员：申爱荣　李满才　贺赐平　李爱华　谭著明　谭三中

　　松乳菇等是味美、营养丰富、生态安全的国际著名的野生食用菌，难以室内工厂化栽培，野外自然产量低，市场长期供不应求。该成果通过林地竞争性杂菌无公害清除、水分管理、营养调控等技术体系的建立和实施，有效提高产菇林地松乳菇子实体产量60%以上。系列技术还可应用于自然出产红汁乳菇、牛肝菌、干巴菌、松茸等的林地。成果已在湖南嘉禾县、桂阳县、宜章县，贵州遵义，云南昆明、大理等地结合精准扶贫，推广5000亩以上，当地部分林农年增收入达2.45万元；指导嘉禾县金森农业科技有限公司建立了年产5t的松乳菇、红汁乳菇灌装产品生产线，依托该产品的"向阳红"品牌，荣获2016中国中部消费者最喜爱的农产品品牌；其松乳菇灌装产品荣获2016中国中部（湖南）农业博览会农产品金奖，并远销香港、上海、广州等一线城市，带动了郴州地区松乳菇、红汁乳菇、牛肝菌等野生食用菌采摘、加工、贸易发展；指导云南上智科技有限公司将促产技术应用延伸至野生鸡枞的保育促产，建立了野生鸡枞的保育促产基地，产生了较大的社会、经济和生态效益。

46. 竹木天然纤维多层复合装饰板材关键技术

鉴 定 时 间：2013 年

主要完成单位：湖南省林业科学院

主要完成人员：何洪城　邓腊云　王文心　吴跃锋　吴文文
　　　　　　　陈泽君　胡　伟　范友华　李志高　李正茂
　　　　　　　马　芳　陈　超　张　翼　李　阳　王　勇

　　竹木天然纤维多层复合装饰板材是一种由天然植物纤维（竹木小径材和枝丫材、加工剩余物等）、原生态树脂、重质碳酸钙粉为主要原料，并通过添加增塑剂、偶联剂、稳定剂等助剂，经复合共挤一次成型工艺生产的一种绿色复合材料。该成果解决了竹木天然纤维与树脂基体充分混合的捏合新工艺，研发了竹木天然纤维复合柔性材料与竹木天然纤维微发泡材料的无胶黏剂共挤一次成型工艺。该技术工艺节能、高效、环保，生产的产品具有优良的装饰性能、环保性能等优点，对于发展绿色循环经济、促进"乡村振兴"战略、解决装饰建材的环境污染问题均有重要意义。产品可应用于室内装饰地板、集成墙板、家具板等。

47. 紫薇不育新品种'湘韵'选育及繁殖技术研究

鉴 定 时 间：2013 年

主要完成单位：湖南省林业科学院

主要完成人员：王晓明　曾慧杰　李永欣　乔中全
　　　　　　　王　惠　蔡　能　刘伟强

在紫薇中发现不育变异材料，从中选育出紫薇不育新品种"湘韵"，具有生长快，花序大，不结实的特性。当年新梢平均长 98.5cm，花色为粉红色，圆锥花序平均长 27.3cm，宽 23.0cm，花径 4.3cm，花期长达 121d，其开花后不结实，属不育品种。首次发现紫薇不育为雄性不育和雌性败育并存，从细胞学和形态学上探明了紫薇不育机理。探明了紫薇扦插生根过程内源激素含量变化规律及其调控扦插生根机理，研发出紫薇"湘韵"的"一次性扦插成苗"技术，扦插成活率达 95.5%，扦插 1 个月的苗木平均高度为 16.7cm，比普通扦插育苗提高了 80.8%，缩短了育苗时间，降低了生产成本 30% 以上，实现规模化苗木生产，显著地提高了苗木质量和经济效益。

48. 杉木三代种子园分步式高效营建技术研究

鉴 定 时 间：2013 年

主要完成单位：湖南省林业科学院　湖南省林木种苗管理站
　　　　　　　会同县林业科学研究所　攸县林业科学研究所

主要完成人员：徐清乾　许忠坤　殷元良　张　軮
　　　　　　　顾扬传　荣建平　黄　菁　韦里俊
　　　　　　　兰　海　邓仙苗　杨建华

以苗木生长量与育苗成本为指标，首次确立了杉木容器嫁接苗培育最佳基质配比、容器规格及嫁接方法，研究出杉木容器嫁接苗培育技术体系，利用此技术营建了分步式种子园 168.8hm²，创新了杉木种子园建园方式，丰富了建园理论，技术成熟度高。率先制定杉木三代优树选择方法和标准；选育出湖南省林木品种审定委员会审定通过的杉木良种 40 个；从良种子代中选择优树 51 株作为三代建园材料，其中具有枝节稀少、心材深红、冠幅窄、耐瘠薄特性的有 26 株，首次进行了杉木三代良种定向选育研究，拓宽了建园材料性状类型。分步式种子园相对传统种子园：母株正冠率提高 8.2%，保存率提高 3.3%，树高变异系数下降 32.6%；增加了小区无性系配置数量，提高了遗传多样性，涩籽种子减少 8.6%；节约 2 年园区用地，提高了土地利用率；建园期节约成本 23.8%，综合优势明显。

49. 天麻杂交制种、快繁及林下高产栽培技术研究

鉴 定 时 间：2014 年

主要完成单位：湖南省林业科学院　绥宁县绿洲林源天麻专业合作社
　　　　　　　绥宁县林业技术推广站

主要完成人员：谭著明　谭周进　陶继全　龙开平
　　　　　　　申爱荣　蒋小平　罗旺成　唐　标
　　　　　　　杨树勇　杨硕知　李　柏　蒋国元

天麻（*Gastrodia elata* Bl.）是我国重要的传统名贵中药，国内外需求范围逐年扩大。针对天麻人工有性繁殖栽培生长周期长（2.5~3 年）、产量低、烂麻、空窖、滥用农药等影响天麻种植效益、产品质量等的问题，采用低温调控技术，有效实现乌杆天麻和红杆天麻同期开花授粉，授粉成功率高达 99%，得到体型好、高抗性、药用成分含量高的新种质；建立了天麻种子采摘、保存及播种技术体系，萌发率可达 9% 以上；筛选出最佳的共生菌石斛小菇、蜜环菌菌株并研究出天麻共生蜜环菌菌索的无菌培养

技术，节约蜜环菌菌索培养时间 3~5 个月，并缩短了天麻栽培周期至 1.5~2 年，降低了天麻栽培管理成本和空窖、烂窖风险；建立了一次给菌法快繁天麻技术，实现播种一次收获两批的目标，天麻总产量可达每平方米 30kg 以上；原位利用林地剩余物栽培天麻技术的建立，保证了天麻的道地性，杜绝了农药、化肥的使用。成果在邵阳市的绥宁、洞口等雪峰山地区推广应用 26 000m²，成为贫困山区精准脱贫的高效产业。

50. 醛胶黏剂制造饰面细木工板集成技术

鉴 定 时 间：2014 年
主要完成单位：湖南省林业科学院　炎陵振盛木业有限公司
主要完成人员：王金明　邓腊云　晏德初　吴跃锋　李籽蓉
　　　　　　　陈泽君　范友华　王　勇　李　阳　李童贵
　　　　　　　马　芳　李志高　吴文文　霍红艳　段兴华

　　本成果是针对木质装饰材料的游离甲醛释放问题，研发的一种无醛胶黏剂及其制造饰面细木工板的集成技术，对于提升林业产业的转型升级和促进绿色环保装饰材料的发展有重要意义。该成果解决了大豆蛋白制备胶黏剂的耐水改性问题，制备的无醛大豆基胶黏剂替代含醛胶黏剂，首次用于饰面细木工板的生产，所生产的细木工板物理力学性能达到国家标准《细木工板》（GB/T 5849-2006）要求，且甲醛释放量为 0.2mg/L，优于 Eo 级≤0.5mg/L 的指标。同时，集成制造技术采用实木指接拼板作为芯板，在长度方向进行铣齿指接，进行表面和侧面的六面热压，是一种资源综合利用率高、操作简单、节能环保的无醛胶黏剂细木工板生产技术。

51. 金银花优良品种'舜帝 1 号'选育及配套栽培技术

鉴 定 时 间：2014 年
主要完成单位：湖南省林业科学院
　　　　　　　宁远县宏源金银花种植专业合作社
主要完成人员：曾慧杰　王晓明　乔中全　欧光成
　　　　　　　李永欣　蔡　能　夏永刚

　　选育出湖南本土的忍冬金银花优良新品种'舜帝 1 号'。该品种生长快、产量高、绿原酸和木犀草苷含量高。一年 4 次开花，3 年生第 1 茬花平均干花产量为 100.40kg/亩，全年干花总产量 193.1kg/亩；'舜帝 1 号'干花绿原酸、木犀草苷含量为 3.1% 和 0.094%，比《中国药典》标准分别高出 106.7% 和 88.0%。研究出了金银花优良品种'舜帝 1 号'高效繁殖技术，硬枝扦插成活率达到 92.67%；嫩枝扦插成活率达到 93.0% 以上，实现了规模化育苗生产。系统地研究出'舜帝 1 号'配套栽培技术。率先发现增施氮肥增产作用最大，筛选出了适宜的有机质和复合肥施肥量及氮、磷、钾肥配比，显著提高了产量。研究出防治金银花白粉病、根腐病的有效方法。筛选出有效的防治药剂，防治效果达到 92.84%，农药残留量符合国家标准；研究发现秋季施用金银花氨基酸专用肥能有效预防根腐病，防治效果可达 53.2%。

52. 毛竹笋富硒定向高效培育技术

鉴 定 时 间：2014 年

主要完成单位：湖南省林业科学院　国际竹藤中心

长沙市望城区林业局　临湘市林业局

主要完成人员：艾文胜　杨　明　孟　勇　漆良华　李美群

曾　博　蒲湘云　涂　佳　贺菊红　曾素华

揭示了毛竹施硒肥后硒元素的分布规律及赋存形态，建立了毛竹笋硒含量的预测模型，为毛竹笋富硒定向培育技术研究提供了理论依据。自主研制出毛竹笋专用富硒肥，应用毛竹笋专用富硒肥，笋硒含量比对照提高 188.5%，笋产量最高增幅达 28.7%，显著提高了氨基酸含量。提出了富硒毛竹笋安全性评估指标体系和方法，为富硒毛笋的定向培育提供了食用安全依据。集成创新了毛竹笋用林富硒及可持续经营技术，实现了毛竹林的高产、高效与可持续发展，为毛竹笋富硒、高产、高效培育提供了技术支撑。

53. 桂花优良品种'珍珠彩桂'选育及繁殖技术研究

评 价 时 间：2015 年

主要完成单位：湖南省林业科学院　江苏省常州市开心农场有限公司

长沙湘莹园林科技有限公司

主要完成人员：李永欣　王晓明　曾慧杰　于钟鸣

乔中全　蔡　能　王湘莹

首次选育出叶色在不同生长期呈现渐变特性的桂花优良品种'珍珠彩桂'，叶色在不同生长期呈现出紫红色、暗红色、淡暗红色、灰绿色、绿色、粉红色、浅橘黄色至珍珠白、灰绿色、绿色等多种色彩，叶色绚丽多彩，观赏期长，观赏价值高。利用 ISSR 分子标记技术，率先构建了'珍珠彩桂'等 44个桂花品种的 DNA 指纹图谱，从分子水平鉴别了桂花新品种，为桂花种质资源保存和利用提供依据。研究出'珍珠彩桂'配套高效繁殖技术，嫩枝间歇喷雾扦插成活率达 93.33% 以上；4 年生苗比八月银桂树高和地径粗分别增长 19.1%、35.6%，具有生长快的特性；春季高位嫁接成活率 90.0% 以上，并实现了规模化育苗生产。

54. '飞雪紫叶'紫薇等优良品种选育及组培快繁技术研究

评 价 时 间：2015 年

主要完成单位：湖南省林业科学院　长沙湘莹园林科技有限公司

主要完成人员：王晓明　李永欣　乔中全　曾慧杰　蔡　能

陈建军　王湘莹

建立了紫薇杂交育种技术体系，率先发现紫薇叶色和花色性状的遗传趋势，并以'红火球紫薇'和

'红叶紫薇'为亲本，杂交育种培育出紫薇优良品种'晓明1号'，该品种具有生长快，花序大，花期长，花量多的特性，观赏价值高，丰富了我国紫薇优良种质资源。首次在国内引种选育出'飞雪紫叶''火红紫叶'等5个紫叶紫薇优良品种，其花色具有显著特征，嫩叶紫红色，春、夏、秋三季的成熟叶色保持黑紫色不变，集观叶、观花于一体，极具景观价值。构建了'晓明1号''飞雪紫叶'等38个不同紫薇品种的DNA指纹图谱，将'飞雪紫叶'等紫叶紫薇完好地鉴别，从分子水平确定了'晓明1号'紫薇的亲本为'红火球''红叶'紫薇。研发出'晓明1号''火红紫叶'紫薇高效组培快繁技术，增殖系数分别为5.08和5.62，生根率达到100%，移栽成活率达95%以上，显著地提高了苗木质量和经济效益。

55. 灰毡毛忍冬良种高效快繁育苗技术

认 定 时 间：2015年
主要完成单位：湖南省林业科学院
主要完成人员：王晓明 蔡 能 李永欣 曾慧杰 乔中全

探明了灰毡毛忍冬组培过程中内源激素含量的变化规律，揭示了内源激素在金银花组培苗增殖分化、生根及愈伤组织和不定芽诱导过程中的调控作用机理。研究出灰毡毛忍冬良种组培快繁技术，突破了组培苗增殖缓慢，生根困难，移栽成活率低的技术难关，增殖系数4.63，生根率97.92%，移栽成活率96.5%，实现了组培苗的规模化生产。率先研制出灰毡毛忍冬嫩枝扦插育苗过程中控制落叶的药剂及方法，有效解决了嫩枝扦插过程中插穗落叶的问题，落叶量减少50%～70%，成活率提高到90%以上，并建立了灰毡毛忍冬良种扦插育苗技术体系，缩短了育苗周期，降低了生产成本。

56. 湖南杉木、闽楠等7个针阔树种混交造林效应研究

评 价 时 间：2016年
主要完成单位：湖南省林业科学院 安化县林业局 新宁县东岭国有林场
　　　　　　　湖南省优质用材工程技术研究中心有限公司
主要完成人员：童方平 刘振华 吴 敏 夏志群 陈 瑞
　　　　　　　李 贵 仇建友 许望镇 林 峰 姚 赛
　　　　　　　彭建都 陈春珍 王 栋 童 琪 吴雯雯
　　　　　　　彭 辉 周光辉 陈国强 喻 焰 陈水秀

利用不同树种的生物学和生态学特性相互作用机理，使林分形成林地生产力高、生态功能健康稳定的森林生态系统。在丘陵地，系统地研究了针阔混交造林生长效应与林分生物量、混交树种主干木材密度与纤维长宽度，一级侧枝基本密度与纤维长宽度、主干木材物理性能、土壤理化特性及持水能力和土壤酶的作用规律以及各混交树种的光合生理特性等，筛选出分别适于湖南丘陵地和山地造林的混交模式，通过多项指标综合排序，筛选出了适合湖南丘陵混交造林的模式有3杉木2马尾松3闽楠2红椎和7杉木2红椎1闽楠，适合湖南山地混交造林的模式有8杉木2马褂木和6杉木3闽楠1木荷。成果在长沙、株洲、衡阳、永州等10个地市进行了推广，效果显著。

57. 金银花优良品种'丰蕾'选育及繁殖技术研究

评 价 时 间：2016 年

主要完成单位：湖南省林业科学院　兰陵县鲁龙林果园艺专业合作社

主要完成人员：曾慧杰　王晓明　乔中全　李修海　李永欣　蔡 能
　　　　　　　陈建军　刘思思　王湘莹　宋庆安　吴文文

　　该成果首次发现金银花花蕾不开裂的变异植株，从中选育出花蕾不开裂、花期长达 13~15d、直立性强、采摘方便、产量高、有效药用成分含量高的金银花优良品种'丰蕾'，并利用 ISSR 分子标记技术构建了'丰蕾'等 20 个金银花品种的 DNA 指纹图谱，从分子水平将'丰蕾'与现有的 19 个金银花品种进行鉴别，应用 UPGMA 聚类分析证实金银花'丰蕾'属于忍冬（*Lonicera japonica*）品种群。研究发现金银花的净光合速率曲线呈"双峰型"，开花期净光合速率大于花期前和花期后，'丰蕾'为高光合能力品种，其净光合速率大于'巨花 1 号'，'丰蕾'喜光同时又具有一定耐阴性。该成果还研创出金银花优良品种'丰蕾'体胚的高效发生技术，筛选出'丰蕾'体胚直接诱导和生根的适宜培养基，并研究出金银花优良品种'丰蕾'间歇喷雾扦插繁殖技术。

58. 毛金竹低产低效林改造技术研究与示范

评 价 时 间：2016 年

主要完成单位：湖南省林业科学院　炎陵县林业局
　　　　　　　炎陵县到坑楠竹专业合作社
　　　　　　　中南林业科技大学

主要完成人员：艾文胜　杨 明　孟 勇　漆良华　李美群
　　　　　　　曾 博　蒲湘云　涂 佳　贺菊红　曾素华

　　揭示了毛金竹出笋和成竹规律，初步掌握了竹林生物量结构及地下鞭系结构，构建了地径、秆高、秆重、地上部分总生物量的预测模型。研究了毛金竹人工促鞭技术，研发出开沟抬垄、客土和谷壳覆盖等毛金竹人工促鞭技术，出笋数量提高 150% 以上。提出了高海拔地区毛金竹人工控梢技术，竹林最佳摇梢时机：抽枝未展叶幼竹，分枝盘数为 12~16 盘，且第一盘枝抽枝长度在 30~50cm，分枝角度为 30°左右或幼竹下部秆箨脱落数量为 3~5 片。研究提出了竹林清理、留笋养竹和伐竹等毛金竹林分结构调控技术。2016 年 12 月由湖南省林学会组织专家鉴定，该自主创新成果成熟度高，经济和社会效益显著，达到国际同类研究先进水平，该成果对促进毛金竹资源开发利用、贫困地区农民增收致富和区域生态环境改善等具有重要意义。

59. 原竹纵向热塑化无缝展平关键技术

评 价 时 间：2016 年

主要完成单位：湖南省林业科学院　湖南美森竹木住宅科技股份有限公司
　　　　　　　国家林业局北京林业机械研究所

主要完成人员：彭 亮　孙晓东　艾文胜　肖 飞　钟元桂
　　　　　　　周建波　龚玉子　丁渝峰　钟元友

集成创新研究了竹块"去竹环-竹（隔）节-去青去黄"技术，竹块热塑（软）化机理；以自主知识产权为依托，自主研发了原竹纵向渐变无缝展平技术及装置、竹块热展平冷却定型技术及装置、弧形铣削技术及装置，能显著提高竹材利用率和有效降低能耗。原竹纵向热塑化无缝展平关键技术是一种全新的竹材人造板单元体制造技术，利用该技术生产的非结构竹集成材制成的竹地板产品质量，符合《竹地板》（GB/T 20240-2006）的指标要求。应用"原竹纵向热塑化无缝展平关键技术"，生产线机械化、连续化程度较高；较传统"四方片"加工工艺有很大提高，竹材利用率达到85%；试制的竹地板产品，花纹色泽美观，力学性能优。

60. 油茶果处理关键技术及设备研究

> 评 价 时 间：2017 年
> 主要完成单位：湖南省林业科学院
> 主要完成人员：陈泽君　康　地　马　芳　范友华　邓腊云　尹　华
> 　　　　　　　李　阳　王　勇　康四清　李志钢　周海滨

2017 年我国油茶种植面积达 6000 余万亩，油茶果处理已成为制约油茶产业发展的瓶颈性问题，该成果的取得和推广应用对促进油茶产业提质提效意义重大。该成果系统研究了油茶果、籽、壳机械物理特性与果实形态结构，创新提出了非等差整果尺寸分级技术；自主研究开发了循环渐变柔性揉搓技术方法与装置，具有对多品种油茶籽实剥制加工原理、方法的创新性及普适性。该油茶果处理生产线技术指标：油茶果喂入量≥1.5t/h、剥壳率≥99%、破碎率≤1%、分选净度≥98%、损失率≤1%。每吨油茶果处理成本相对人工处理节约 500 元/t，每套按年处理 1200t 计算，每年减少处理成本 60 万元，经济效益显著。该成果已成功应用于衡阳、湘西、株洲、怀化等地区。

61. 厚朴等林下黄连高效栽培技术研究

> 评 价 时 间：2017 年
> 主要完成单位：湖南省林业科学院　龙山县林业种苗站
> 　　　　　　　长沙湘莹园林科技有限公司
> 　　　　　　　湖南林下特色生物资源培育与利用工程技术中心
> 主要完成人员：乔中全　王晓明　曾慧杰　向祖恒
> 　　　　　　　李永欣　蔡　能　刘思思　王湘莹
> 　　　　　　　曹　野　吴文文　彭先凤

该成果率先研究出林下黄连高效栽培模式——厚朴林下种植黄连，6 年生黄连亩产干重 231.38kg，其根茎有效药用成分表小檗碱、黄连碱、巴马汀、小檗碱平均含量比 2015 年版《中国药典》标准高出 28.67%~81.25%。首次研究发现林下黄连叶片净光合速率呈现先增后减的变化规律及黄连利用光能能力较弱的现象，并发现厚朴林下黄连叶片的净光合速率最大。该成果发现厚朴林下 6 年生黄连生长较适宜的海拔为 800~1300m、郁闭度为 0.3~0.6。初步探明土壤大量元素氮、磷和微量元素硒、钙、硼、镁含量与黄连产量及黄连有效药用成分含量之间的关系，并首次建立黄连产量与氮磷钾的肥效模型，获得了 4 年生黄连最佳施肥量，通过最佳施肥，亩产黄连鲜重达 440.38kg。筛选出防治林下黄连白粉病的高效低残留量药剂，用 20% 百菌·烯唑醇复配剂 600 倍液防治黄连白粉病，用药 20d 后，防治效果高达 93.8%。

62. 油茶籽壳提取物及其在化妆品中的应用

评 价 时 间：2017 年

主要完成单位：湖南省林业科学院(国家油茶工程技术研究中心)

湖南御家化妆品制造有限公司　中南大学

主要完成人员：刘佳佳　陈永忠　马　力　何广文　李美群　康文术

彭邵锋　王湘南　陈隆升　王　瑞　李志钢　唐　炜

刘文豪　杨　晨　刘　健　王梦科　牛仪凤　颜少慰

张　震　许彦明　彭映赫

成果简介：为了增加油茶资源的利用效率，增加油茶产业的附加值和延长产业链，项目对油茶籽壳提取物活性成分进行结构解析，对传统提取工艺进行改造和创新，探索出一条油茶籽壳资源的产业发展之路，为油茶产业的健康发展提供广泛的示范带动作用和重要的科技支撑。

（1）利用油茶加工过程中的副产物油茶籽壳，提取黄酮等有效成分并应用于化妆品生产中，提高了油茶籽壳的附加值。

（2）研发了 1，3-丁二醇提取油茶籽壳黄酮等有效成分的新工艺，得到固体含量为 17.56mg/mL、总酚含量为 572μg/mL、总黄酮含量为 635μg/mL 的提取液，比较传统乙醇提取工艺，制备的产品抗氧化能力提高了 53.9%，能耗降低了 65%，减少了环境污染。

（3）利用 40% 的 1，3-丁二醇为溶剂从油茶籽壳中获得的富含黄酮等有效成分的提取液，直接应用于化妆品生产中，具有明显的补水保湿、抗氧化和抗敏等功效。

（4）采用 LC-MS 技术，从油茶籽壳醇提取物中解析出 21 种黄酮类化合物，首次从油茶籽壳中鉴定出油萘酚 4′，7-O-α-L-鼠李糖苷和油萘酚-3-O-(反式-对香豆酰基-6-β-D-葡萄糖苷)-鼠李糖两种黄酮类物质，为利用油茶籽壳的抗氧化性奠定了理论基础。

63. 森林防火信息化管理平台与关键装备

评 价 时 间：2018 年

主要完成单位：湖南省林业科学院　湖南省森林公安局　湖南省森林消防航空护林站

湖南量恒智能科技有限公司　湖南林科达信息科技有限公司。

主要完成人员：颜学武　周　刚　徐　艺　陈　昱　蔡志兵

周　涛　周　超　胡杨柳　周学林　赵正萍

首次运用信息化、自动化、物联网等先进技术创建了"森林防火信息管理平台"。实现了各类终端设备的兼容对接，建立了火灾现场指挥决策系统、国家卫星热点实时发布系统、灾后损失评估体系等十大功能体系。解决了森林防火标准化、信息化管理的技术难题，提升了森林防火管理与业务工作的科技水平。首次创制了森林火灾无人机实时航空监测技术。解决了火情全球多端实时视频传输、火灾现场快速建模、火场面积快速测量、危险情况一键呼救，有毒有害气体实时检测等数十项关键技术难题。建立了一套科学、实用、快速、简便的森林火灾航空监测技术体系。研发了一款长航时、全地形森林火灾监测无人机，申请发明专利 1 项，开发了 3 个相关 APP、申请软件著作权 3 个。

专　利

序号	专利名称	专利类型	授权时间	专利号	专利权人	专利发明人
1	IHTS-60 型马尾松球果处理设备的研制	发明专利	1991	ZL 87 101749.0	湖南省林业科学院	刘少山，方勤敏
2	氢氧气焊、气割、电焊机中试开发	实用新型	1998	ZL 96 2 34846.5	湖南省林业科学院	董晓东，袁巍，刘京丹等
3	复合建设模板	实用新型	1998	ZL 98 2 30032.8	湖南省林业科学院	黄军，肖妙和，巩建厅等
4	用正丁醇从茶枯饼中提取茶皂素的工艺	发明专利	2003.05.21	ZL 99 1 15525.4	湖南省林业科学院	张新生，王德斌，谭利娟等
5	木纤维束人造板	实用新型	2008.02.06	ZL 2007 2 0062117.8	湖南省林业科学院	吴跃锋，舒大松
6	用于培养外生菌根性食用菌和药用菌菌根苗的苗床	发明专利	2008.02.20	ZL 2003 1 24830.6	湖南省林业科学院	谭著明，傅绍春，陈宏喜等
7	林木种子重力分选与净种分级一体机	实用新型	2008.08.20	ZL 2007 2 0064925.8	湖南省林业科学院	何洪城，刘小燕，陈泽君等
8	轻体实芯门	实用新型	2009.05.27	ZL 2008 2 053743.5	湖南省林业科学院	吴跃锋，巩建厅
9	旋刀式去内节破竹机	实用新型	2009.06.17	ZL 2008 2 054063.5	湖南省林业科学院	丁定安，孙晓东，傅万四等
10	弹力夹紧式去内节破竹机	实用新型	2009.06.17	ZL 2008 2 054062.0	湖南省林业科学院	刘少山，丁定安，孙晓东等
11	一种甘油沉降耦合酯交换连续式反应装置	实用新型	2009.08.05	ZL 2008 2 0158949.4	湖南省林业科学院	李昌珠，陈健，曾清华等
12	原竹对剖联丝展开重组层积材	实用新型	2010.05.12	ZL 2009 2 0064887.5	湖南省林业科学院	丁定安，孙晓东，何合高等
13	竹条单片斜口机	实用新型	2010.09.15	ZL 2009 2 0259351.9	湖南省林业科学院	丁定安，李阳，孙晓东等
14	竹材联丝展开铣平机	实用新型	2011.03.30	ZL 2010 2 0512098.6	湖南省林业科学院	丁定安，孙晓东，李阳等
15	玉米芯固定化脂肪酶制备方法及其产品	发明专利	2011.04.06	ZL 2009 1 0044436.X	中南林业科技大学，长沙创林科技有限公司，湖南省林业科学院	蒋丽娟，黎继烈，李培旺等
16	竹材展开重组层集材	实用新型	2011.05.04	ZL 2010 2 0516818	湖南省林业科学院	丁定安，孙晓东，丁锋等
17	一种提高油脂与低碳醇酯交换反应速率的方法以及组合物	发明专利	2011.06.15	ZL 2008 1 0143436.0	湖南省林业科学院	李昌珠，陈健，曾清华等
18	一种甘油沉降耦合酯交换连续式反应装置	发明专利	2011.07.27	ZL 2008 1 0143437.5	湖南省林业科学院	李昌珠，肖志红，刘汝宽等
19	原态竹材炭化砧板	实用新型	2011.08.31	ZL 2011 2 0020596.3	湖南省林业科学院	丁定安，孙晓东，何合高

序号	专利名称	专利类型	授权时间	专利号	专利权人	专利发明人
20	非等厚竹片集成板材	实用新型	2011.09.28	ZL 2011 2 0049992.9	湖南省林业科学院	丁定安，孙晓东，彭亮等
21	快速竹帘纺织机	实用新型	2011.10.26	ZL 2011 2 0033475.2	湖南省林业科学院	丁定安，李阳，邓腊云等
22	用于室内地面铺装的竹杉复合地板	实用新型	2012.01.18	ZL 2011 2 0204664.1	湖南省林业科学院	邓腊云，陈泽君，范友华等
23	一种竹青竹黄滚裂机	实用新型	2012.03.14	ZL 2011 2 0274984.4	湖南省林业科学院	彭亮
24	非等厚竹片刨铣机	实用新型	2012.03.28	ZL 2011 2 0313061.5	湖南省林业科学院	丁定安，孙晓东，彭亮等
25	一种油茶无性系组培快繁方法	发明专利	2012.03.28	ZL 2009 1 0043029.7	湖南省林业科学院	陈永忠，李永欣，王瑞等
26	原态竹材多级密细辊剖展开铣刨机	实用新型	2012.07.11	ZL 2011 2 0465477.9	湖南省林业科学院，何合高	丁定安，孙晓东，何合高
27	一种甘油的精制生产方法	发明专利	2012.07.18	ZL 2010 1 0001145.5	湖南省林业科学院	李昌珠，肖志红，张爱华等
28	一种油茶无性系组培苗生根方法	发明专利	2012.07.25	ZL 2009 1 0044284.3	湖南省林业科学院	陈永忠，王晓明，王瑞等
29	一种光皮树果实油生产方法	发明专利	2012.07.25	ZL 2011 1 0211708.8	中南林业科技大学，湖南省生物柴油工程技术研究中心	蒋丽娟，黎继烈，李昌珠等
30	一种竹块热整形装置	实用新型	2012.12.05	ZL 2012 2 0169642.0	湖南省林业科学院	彭亮，蒲湘云，孟勇等
31	一种有机笋干的加工方法	发明专利	2012.12.26	ZL 2011 1 0193457.5	湖南省林业科学院	艾文胜，杨明，孟勇等
32	竹蔸破碎机	实用新型	2012.12.26	ZL 2012 2 0301059.0	湖南省林业科学院，杨迪军	丁定安，杨迪军，孙晓东等
33	木质纤维复合柔性卷材	实用新型	2013.01.23	ZL 201220353579.6	湖南省林业科学院	何洪城，邓腊云
34	一种废弃油的干法脱胶方法	发明专利	2013.02.06	ZL 2011 1 0026477.3	湖南省生物柴油工程技术研究中心	李昌珠，肖志红，张爱华等
35	一种发动机用醇基燃料复合助剂及其制备方法	发明专利	2013.05.15	ZL 2011 1 0119240.X	湖南未名创林生物能源有限公司，湖南省生物柴油工程技术研究中心，湖南省林业科学院	张爱华，李昌珠，袁强等
36	一种油茶无性系组培外植体脱毒方法	发明专利	2013.06.12	ZL 2012 1 0200050.5	湖南省林业科学院	陈永忠，王瑞，陈隆升等
37	一种松墨天牛引诱木	实用新型	2013.06.12	ZL 2012 2 0718468.0	湖南省林业科学院，湖南省兴林有害生物防治有限公司，南京林业大学	颜学武，周刚，何振等
38	原态整竹精细化疏解重组层积材	实用新型	2013.07.10	ZL 2013 2 0055694.X	湖南省林业科学院，何合高	孙晓东，丁定安，何合高
39	全竹材精细化辊剖疏解集成装置	实用新型	2013.07.10	ZL 2013 2 0055729.X	湖南省林业科学院，何合高	丁定安，孙晓东，何合高
40	一种改善竹青竹黄胶合性能的方法及装置	发明专利	2013.08.07	ZL 2011 1 0217130.7	湖南省林业科学院	彭亮

续表

序号	专利名称	专利类型	授权时间	专利号	专利权人	专利发明人
41	一种人工大规模饲养花绒寄甲的方法	发明专利	2013.10.16	ZL 2012 1 0474799.9	湖南省林业科学院，湖南省兴林有害生物防治有限公司，南京林业大学	颜学武，嵇保中，周刚等
42	一种全桤木实木复合装饰板材	实用新型	2013.10.23	ZL 201320295385.X	湖南省林业科学院	邓腊云，陈泽君，何洪城等
43	泡桐树专用肥	发明专利	2013.10.30	ZL 2010 1 0243377.1	中南林业科技大学，湖南省林业科学院	吴建平 吴晓芙
44	竹蔸破碎机	发明专利	2013.11.13	ZL 2012 1 0212222.0	湖南省林业科学院，杨迪军	丁定安，孙晓东，吴跃锋等
45	揉搓型油茶果分类脱壳分选机	实用新型	2013.11.13	ZL 2013 2 0342840.7	湖南省林业科学院	陈泽君，李阳，彭邵锋等
46	一种改善竹材制竹纤维浆的预处理集成装置	实用新型	2014.01.01	ZL 2013 2 0473799.7	湖南省林业科学院	孙晓东；丁定安；陈泽君等
47	弧形竹片精铣机.	实用新型	2014.01.08	ZL 2013 2 0463580.9	湖南省林业科学院	丁定安；傅万四；孙晓东等
48	一种植物油料压榨实验装置	实用新型	2014.01.15	ZL 2013 2 0384392.7	湖南省林业科学院	李昌珠，黄志辉，肖志红等
49	原态竹材多级密细辊剖展开铣刨装置	发明专利	2014.03.05	ZL 2011 1 0371714.X	湖南省林业科学院，何合高	丁定安，孙晓东，何合高
50	一种厚朴皮再生剂及其制备方法和应用	发明专利	2014.03.26	ZL 2012 1 0407968.7	湖南省林业科学院	王晓明，蔡能，宋庆安等
51	一种慈竹保健笋干的加工方法	发明专利	2014.05.28	ZL 2013 1 0258923.2	湖南省林业科学院	艾文胜，李美群，杨明等
52	一种竹块热整形方法及装置	发明专利	2014.06.04	ZL 2012 1 0117531.X	湖南省林业科学院	彭亮，艾文胜，孙晓东等
53	一种控制灰毡毛忍冬嫩枝扦插育苗落叶率的药剂及方法	发明专利	2014.06.11	ZL 2012 1 0455178.6	湖南省林业科学院	王晓明，李永欣，曾慧杰等
54	森林内牛肝菌的增产方法	发明专利	2014.06.11	ZL 2040 1 0528348.X	湖南省林业科学院	谭著明，申爱荣
55	灌草持水仿真测量装置	实用新型	2014.06.11	ZL 2013 2 0778400.6	湖南省林业科学院	罗佳，田育新，曾掌权等
56	原竹剖黄联青软化展开重组工艺	发明专利	2014.06.18	ZL 2011 1 0098552.7	湖南省林业科学院	丁定安，何合高，孙晓东
57	一种竹肉型楔形竹片集成板材	实用新型	2014.07.02	ZL 2014 2 0055726.0	湖南省林业科学院	彭亮，龚玉子，李洁
58	一种直筒式自动榨油生产系统	实用新型	2014.07.30	ZL 2014 2 0028532.1	湖南省林业科学院	李昌珠，黄志辉，肖志红等
59	一种保鲜笋的加工方法	发明专利	2014.08.06	ZL 2012 1 0309092.2	湖南省林业科学院	艾文胜，涂佳，杨明等
60	树牌钉	实用新型	2014.08.06	ZL 2014 2 0031285.0	湖南省林业科学院	李锡泉，罗佳

序号	专利名称	专利类型	授权时间	专利号	专利权人	专利发明人
61	一种振动弹跳带式籽壳分选机	实用新型	2014.08.06	ZL 2014 2 0182084.0	湖南省林业科学院	陈泽君，李阳，邓腊云等
62	一种无发酵麻竹笋干工业化加工的方法	发明专利	2014.09.03	ZL 2013 1 0258815.5	湖南省林业科学院	艾文胜，李美群，杨明等
63	苗木扦插器	实用新型	2014.12.17	ZL 2014 2.0444198.8	湖南省林业科学院	李锡泉，罗佳，姚敏等
64	一种毛竹笋酒的酿制方法	发明专利	2015.01.21	ZL 2013 1 0378067.4	湖南省林业科学院	艾文胜，李美群，孟勇等
65	揉搓型油茶果分类脱壳分选机	发明专利	2015.01.28	ZL 2013 1 0236967.5	湖南省林业科学院	陈泽君，李阳，彭邵锋等
66	一种原态整竹展开材均匀铺装缝帘机	实用新型	2015.04.29	ZL 2014 2 0725035.7	湖南省林业科学院	孙晓东，彭亮，丁定安等
67	一种油茶专用除草垫	实用新型	2015.06.10	ZL 2014 2 0850321.1	湘潭怡达荣耀工程材料有限公司，湖南省林业科学院	陈永忠，唐炜，陈隆升等
68	一种低温螺旋榨油机	实用新型	2015.08.19	ZL 2015 2 0267795.2	湖南省林业科学院	刘汝宽，李昌珠，肖志红等
69	一种直筒式自动榨油生产系统	发明专利	2015.09.02	ZL 2014 1 0020907.4	湖南省林业科学院	刘汝宽，黄志辉，李昌珠等
70	一种植物油料压榨试验方法及装置	发明专利	2015.09.02	ZL 2013 1 0270033.3	湖南省林业科学院	刘汝宽，黄志辉，李昌珠等
71	一种青钱柳嫩枝扦插育苗方法	发明专利	2015.10.21	ZL 2013 1 0472020.4	湖南省林业科学院	童方平，李贵，刘振华等
72	一种采用桤木单板生产的浸渍胶膜饰面细木工板	实用新型	2015.11.25	ZL 2015 2 0493083.2	湖南省林业科学院	邓腊云，陈泽君，王勇
73	一种生物酶酿造油茶酒的方法	发明专利	2015.11.25	ZL 2014 1 0213162.3	湖南省林业科学院	马力，陈永忠，彭邵锋等
74	一种黄甜竹笋醋及其制备方法	发明专利	2016.02.10	ZL 2014 1 0275566.6	湖南省林业科学院	涂佳，艾文胜，杨明等
75	灯笼草在修复重金属铅污染土壤中的应用	发明专利	2016.05.25	ZL 2014 1 0190012.5	湖南省林业科学院	童方平，李贵，刘振华等
76	一种混合型生物质成型燃料及其成型方法	发明专利	2016.07.06	ZL 2013 1 0593810.8	湖南省生物柴油工程技术研究中心	李辉，李昌珠，袁兴中等
77	一种固定野外自计雨量筒的装置	实用新型	2016.08.17	ZL 2016 2 0189012.8	湖南省林业科学院	曾掌权，田育新，罗佳等
78	一种竹材、木材与泡沫铝复合夹芯板材	实用新型	2016.08.17	ZL 2016 2 0259792.9	湖南省林业科学院	肖飞，孙晓东，彭亮等
79	一种原态整竹展开材均匀铺装缝帘机	发明专利	2016.08.24	ZL 2014 1 0696963.X	湖南省林业科学院	孙晓东，彭亮，钟职文等
80	一种适合于速生林育苗的森林采伐剩余物育苗基质及制备方法	发明专利	2016.08.31	ZL 2014 1 0162073.0	湖南省林业科学院	何洪城，刘帅成，曾琴等
81	水量平衡场	实用新型	2016.08.31	ZL 2016 2 0225658.7	湖南省林业科学院	罗佳，田育新，李锡泉等

续表

序号	专利名称	专利类型	授权时间	专利号	专利权人	专利发明人
82	一种毛竹笋富硒专用液态肥及其制备方法	发明专利	2016.09.07	ZL 2014 1 0536520.4	湖南省林业科学院	艾文胜, 孟勇, 杨明等
83	一种稻田沟渠一体化稻鱼共生系统	实用新型	2016.09.14	ZL 2016 2 0328629.3	湖南省林业科学院	牛艳东, 张灿明, 吴小丽
84	一种森林水文水量自动化测定系统	实用新型	2016.10.19	ZL 2016 2 0223813.1	湖南省林业科学院	罗佳, 田育新, 曾掌权等
85	气缸驱动摆动支撑装置及榨油机	实用新型	2017.01.11	ZL 2016 2 0733674.7	湖南省林业科学院	李昌珠, 刘汝宽, 张爱华等
86	一种低温稳定剂的制备方法	发明专利	2017.01.25	ZL 2015 1 0225079.2	湖南省林业科学院	张爱华, 李昌珠, 易志彪等
87	一种水生植物收集保存池虹吸排水系统	实用新型	2017.02.22	ZL 2016 2 0937633.X	湖南省林业科学院	牛艳东, 李锡泉, 吴小丽等
88	一种油茶枯饼的装袋装置	实用新型	2017.02.22	ZL 2016 2 0475924.1	湖南省林业科学院	马力, 彭邵锋, 李志钢等
89	一种油茶果实离体快速测定体积的装置	实用新型	2017.02.22	ZL 2016 2 0420589.5	湖南省林业科学院	彭邵锋, 马力, 许彦明等
90	一种便携式森林灭虫发射器	实用新型	2017.03.15	ZL 2016 2 0903684.0	湖南省林业科学院	夏永刚, 黄启军, 周刚等
91	一种古树名木牌	实用新型	2017.04.19	ZL 2016 2 1111450.9	湖南省林业科学院	牛艳东, 李锡泉, 吴小丽等
92	一种可抗菌和抗氧化的食品保鲜膜的制备方法	发明专利	2017.06.30	ZL 2015 1 0572913.5	湖南省林业科学院	周波, 马力, 陈永忠等
93	一种金银花直接体胚发生和植株再生的培养基及方法	发明专利	2017.07.07	ZL 2015 1 0558171.0	湖南省林业科学院	陈建军, 李永欣, 王晓明等
94	一种低温螺旋榨油机	发明专利	2017.08.11	ZL 2015 1 0210808.7	湖南省林业科学院	刘汝宽, 李昌珠, 肖志红等
95	一种瓢虫的通用型饲料人工饲料及其制备和应用方法	发明专利	2017.09.15	ZL 201510040637.8	湖南省烟草长沙市公司, 湖南省林业科学院, 湖南农业大学	彭曙光, 颜学武, 曾伟爱等
96	一种油桐籽剥壳设备	实用新型	2017.12.06	ZL 2017 2 0440989.7	湖南省林业科学院	肖志红, 刘琦, 刘汝宽等
97	一种分散式生活污水处理系统	实用新型	2017.12.26	ZL 2017 2 0471028.2	湖南省林业科学院	牛艳东, 罗佳, 陈敦学等
98	一种边坡生态防护植生毯	实用新型	2018.01.19	ZL2016 2 1411491.X	湖南省林业科学院	罗佳, 牛艳东, 田育新等
99	一种松材线虫分离装置	实用新型	2018.03.13	ZL 2017 2 0965736.1	湖南省林业科学院, 湖南省兴林有害生物防治有限公司, 湖南省森林病虫害防治检疫总站	喻锦秀, 何振, 夏永刚等
100	一种防治紫薇丛枝病的药剂和方法	发明专利	2018.04.17	ZL 2016 1 0131723.4	湖南省林业科学院	王晓明, 曾慧杰, 乔中全等

序号	专利名称	专利类型	授权时间	专利号	专利权人	专利发明人
101	一种紫薇免移栽的嫩枝扦插育苗药剂及方法	发明专利	2018.04.20	ZL 201510290672.5	湖南省林业科学院，湖南富林生物科技有限公司	李永欣，王晓明，曾慧杰等
102	生态环保型人工浮岛	实用新型	2018.05.22	ZL2017 2 1202657.1	湖南省林业科学院	罗佳，李锡泉，牛艳东等
103	一种好氧发酵装置及采用此装置的好氧发酵系统	实用新型	2018.06.08	ZL 2017 2 1495158.6	湖南省林业科学院	黄兢，黄忠良，吴子剑等
104	一种竹奶醋及其制备方法	发明专利	2018.07.06	ZL 2016 1 0050367.3	湖南省林业科学院	涂佳，艾文胜 杨明等
105	一种竹材、木材与泡沫铝复合夹芯板材及其制作方法	发明专利	2018.08.13	ZL 201610195205.9	湖南省林业科学院	肖飞，孙晓东，彭亮等

新 品 种

序号	新品种名称	所属的属或种	品种权号	授权日	品种权人	培育人
1	晚霞	山茶属	20120139	2012. 12. 26	湖南省林业科学院	陈永忠，王德斌
2	赤霞	山茶属	20120140	2012. 12. 26	湖南省林业科学院	陈永忠，王德斌
3	朝霞	山茶属	20120141	2012. 12. 26	湖南省林业科学院	陈永忠，王德斌，王湘南等
4	秋霞	山茶属	20120142	2012. 12. 26	湖南省林业科学院	陈永忠，王德斌，王湘南等
5	湘水粉彩	茶花	20160075	2016. 08. 08	湖南省林业科学院	王湘南，陈永忠，彭邵锋等
6	素颜	茶花	20160076	2016. 08. 08	湖南省林业科学院	王湘南，陈永忠，彭邵锋等
7	丹霞	紫薇	20160168	2016. 12. 19	湖南省林业科学院	李永欣，乔中全，王晓明等
8	湘韵	紫薇	20160169	2016. 12. 19	湖南省林业科学院	王晓明，曾慧杰，李永欣等
9	晓明1号	紫薇	20160170	2016. 12. 19	湖南省林业科学院	王晓明，李永欣，曾慧杰等
10	紫精灵	紫薇	20160171	2016. 12. 19	湖南省林业科学院	蔡能，乔中全，王晓明等
11	紫韵	紫薇	20160172	2016. 12. 19	湖南省林业科学院	曾慧杰，王晓明，蔡能等
12	彩霞	紫薇	20180115	2018. 06. 15	湖南省林业科学院，长沙湘莹园林科技有限公司	乔中全，王晓明，曾慧杰等
13	紫莹	紫薇	20180116	2018. 06. 15	湖南省林业科学院，长沙湘莹园林科技有限公司	王晓明，曾慧杰，乔中全等
14	国油12	油茶	20180106	2018. 06. 15	湖南省林业科学院	王湘南，陈永忠，王瑞等
15	国油13	油茶	20180107	2018. 06. 15	湖南省林业科学院	陈永忠，王湘南，彭邵锋等
16	国油14	油茶	20180108	2018. 06. 15	湖南省林业科学院	陈隆升，王湘南，陈永忠等
17	国油15	油茶	20180109	2018. 06. 15	湖南省林业科学院	王湘南，陈永忠，王瑞等

良　种

国家级良种审定(认定)统计表

序号	良种名称	良种编号	树种	审定(认定)时间	完成人员
1	大叶玫红	国 S-SV-LCR-009-2003	红花檵木	2004	侯伯鑫等
2	大叶红	国 S-SV-LCR-010-2003	红花檵木	2004	侯伯鑫等
3	大叶卷瓣红	国 S-SV-LCR-011-2003	红花檵木	2004	侯伯鑫等
4	卷瓣伏	国 S-SV-LCR-012-2003	红花檵木	2004	侯伯鑫等
5	大红伏	国 S-SV-LCR-013-2003	红花檵木	2004	侯伯鑫等
6	冬艳紫红	国 S-SV-LCR-014-2003	红花檵木	2004	侯伯鑫等
7	冬艳玫红	国 S-SV-LCR-015-2003	红花檵木	2004	侯伯鑫等
8	冬艳亮红	国 S-SV-LCR-016-2003	红花檵木	2004	侯伯鑫等
9	冬艳卷瓣红	国 S-SV-LCR-017-2003	红花檵木	2004	侯伯鑫等
10	冬艳卷瓣玫	国 S-SV-LCR-017-2003	红花檵木	2004	侯伯鑫等
11	金翠蕾	国 S-SV-LM-003-2005	灰毡毛忍冬	2005	王晓明等
12	银翠蕾	国 S-SV-LM-004-2005	灰毡毛忍冬	2005	王晓明等
13	白云	国 R-SV-LM-009-2005	灰毡毛忍冬	2005	王晓明等
14	湘林 XLJ14	国 R-SF-CO-005-2006	油茶	2006	陈永忠等
15	湘 5	国 R-SF-CO-006-2006	油茶	2006	陈永忠等
16	湘林 1	国 S-SC-CO-013-2006	油茶	2006	陈永忠等
17	湘林 104	国 S-SC-CO-014-2006	油茶	2006	陈永忠等
18	湘林 XLC15	国 S-SC-CO-015-2006	油茶	2006	陈永忠等
19	湿地松家系 0-1027(湘 SF-01)	国 S-SF-PE-012-2006	湿地松	2006	吴际友等
20	湘林 G1 号	国 R-SC-CW-008-2007	光皮树优良无性系	2007	李昌珠等
21	湘林 G2 号	国 R-SC-CW-009-2007	光皮树优良无性系	2007	李昌珠等
22	湘林 G3 号	国 R-SC-CW-010-2007	光皮树优良无性系	2007	李昌珠等
23	湘林 G4 号	国 R-SC-CW-011-2007	光皮树优良无性系	2007	李昌珠等
24	湘林 G5 号	国 R-SC-CW-012-2007	光皮树优良无性系	2007	李昌珠等
25	湘林 G6 号	国 R-SC-CW-013-2007	光皮树优良无性系	2007	李昌珠等
26	火炬松家系 L-7	国 S-SF-PT-030-2008	火炬松	2008	吴际友等
27	湿地松家系 2-46	国 R-SF-PE-004-2008	湿地松	2008	吴际友等

序号	良种名称	良种编号	树种	审定(认定)时间	完成人员
28	湿地松家系 0-508	国 R-SF-PE-005-2008	湿地松	2008	吴际友等
29	湿地松家系Ⅱ-101	国 R-SF-PE-006-2008	湿地松	2008	吴际友等
30	火炬松家系 L-6	国 R-SF-PT-007-2008	火炬松	2008	吴际友等
31	湘林 51	国 R-SC-CO-001-2008	油茶	2008	陈永忠等
32	湘林 64	国 R-SC-CO-002-2008	油茶	2008	陈永忠等
33	湘林 XLJ2	国 R-SF-CO-003-2008	油茶	2008	陈永忠等
34	湘林 5 号	国 S-SC-CO-012-2009	油茶	2009	陈永忠等
35	湘林 27 号	国 S-SC-CO-013-2009	油茶	2009	陈永忠等
36	湘林 56 号	国 S-SC-CO-014-2009	油茶	2009	陈永忠等
37	湘林 67 号	国 S-SC-CO-015-2009	油茶	2009	陈永忠等
38	湘林 69 号	国 S-SC-CO-016-2009	油茶	2009	陈永忠等
39	湘林 70 号	国 S-SC-CO-017-2009	油茶	2009	陈永忠等
40	湘林 82 号	国 S-SC-CO-018-2009	油茶	2009	陈永忠等
41	湘林 97 号	国 S-SC-CO-019-2009	油茶	2009	陈永忠等
42	湘林 32 号	国 S-SC-CO-033-2011	油茶	2011	陈永忠等
43	湘林 63 号	国 S-SC-CO-034-2011	油茶	2011	陈永忠等
44	湘林 78 号	国 S-SC-CO-035-2011	油茶	2011	陈永忠等
45	红叶紫薇	国 R-ETS-LI-004-2012	紫薇	2012	王晓明
46	红火箭紫薇	国 R-ETS-LI-005-2013	紫薇	2013	王晓明等
47	红火球紫薇	国 R-ETS-LI-006-2013	紫薇	2013	王晓明等

省级良种审定(认定)统计表

序号	良种名称	良种编号	树种	审定(认定)时间	完成人员
1	湘林 1	湘 S9639-CO2	油茶	1996	油茶课题组成员
2	湘林 4	湘 S9640-CO2	油茶	1996	油茶课题组成员
3	湘林 16	湘 S9641-CO2	油茶	1996	油茶课题组成员
4	湘林 27	湘 S9642-CO2	油茶	1996	油茶课题组成员
5	湘林 28	湘 S9643-CO2	油茶	1996	油茶课题组成员
6	湘林 31	湘 S9644-CO2	油茶	1996	油茶课题组成员
7	湘林 32	湘 S9645-CO2	油茶	1996	油茶课题组成员
8	湘林 34	湘 S9646-CO2	油茶	1996	油茶课题组成员
9	湘林 35	湘 S9647-CO2	油茶	1996	油茶课题组成员
10	湘林 36	湘 S9648-CO2	油茶	1996	油茶课题组成员
11	湘林 39	湘 S9649-CO2	油茶	1996	油茶课题组成员

序号	良种名称	良种编号	树种	审定(认定)时间	完成人员
12	湘林 40	湘 S9650-CO2	油茶	1996	油茶课题组成员
13	湘林 46	湘 S9651-CO2	油茶	1996	油茶课题组成员
14	湘林 47	湘 S9652-CO2	油茶	1996	油茶课题组成员
15	湘林 51	湘 S9653-CO2	油茶	1996	油茶课题组成员
16	湘林 53	湘 S9654-CO2	油茶	1996	油茶课题组成员
17	湘林 56	湘 S9655-CO2	油茶	1996	油茶课题组成员
18	湘林 63	湘 S9656-CO2	油茶	1996	油茶课题组成员
19	湘林 64	湘 S9657-CO2	油茶	1996	油茶课题组成员
20	湘林 65	湘 S9658-CO2	油茶	1996	油茶课题组成员
21	湘林 67	湘 S9659-CO2	油茶	1996	油茶课题组成员
22	湘林 69	湘 S9660-CO2	油茶	1996	油茶课题组成员
23	湘林 70	湘 S9661-CO2	油茶	1996	油茶课题组成员
24	湘林 75	湘 S9662-CO2	油茶	1996	油茶课题组成员
25	湘林 78	湘 S9663-CO2	油茶	1996	油茶课题组成员
26	湘林 81	湘 S9664-CO2	油茶	1996	油茶课题组成员
27	湘林 82	湘 S9665-CO2	油茶	1996	油茶课题组成员
28	湘林 89	湘 S9666-CO2	油茶	1996	油茶课题组成员
29	湘林 169	湘 S9667-CO2	油茶	1996	油茶课题组成员
30	湘林 156	湘 S9668-CO2	油茶	1996	油茶课题组成员
31	湘林 353	湘 S9669-CO2	油茶	1996	油茶课题组成员
32	湘林 2	湘 S9670-CO2	油茶	1996	油茶课题组成员
33	湘林 5	湘 S9671-CO2	油茶	1996	油茶课题组成员
34	湘林 6	湘 S9672-CO2	油茶	1996	油茶课题组成员
35	湘林 7	湘 S9673-CO2	油茶	1996	油茶课题组成员
36	湘林 170	湘 S9674-CO2	油茶	1996	油茶课题组成员
37	湘林 171	湘 S9675-CO2	油茶	1996	油茶课题组成员
38	湘林 158	湘 S9676-CO2	油茶	1996	油茶课题组成员
39	湘林 166	湘 S9677-CO2	油茶	1996	油茶课题组成员
40	湘林 10	湘 S9678-CO2	油茶	1996	油茶课题组成员
41	湘林 351	湘 S9679-CO2	油茶	1996	油茶课题组成员
42	湘林 352	湘 S9680-CO2	油茶	1996	油茶课题组成员
43	湘林 350	湘 S9681-CO2	油茶	1996	油茶课题组成员
44	湘林 218	湘 S9682-CO2	油茶	1996	油茶课题组成员
45	湘林 190	湘 S9683-CO2	油茶	1996	油茶课题组成员

序号	良种名称	良种编号	树种	审定(认定)时间	完成人员
46	湘林210	湘S9684-CO2	油茶	1996	油茶课题组成员
47	湘林所无性系区收26	湘S9685-CO2	油茶	1996	油茶课题组成员
48	湘林30	湘S9686-CO2	油茶	1996	油茶课题组成员
49	湘林74	湘S9687-CO2	油茶	1996	油茶课题组成员
50	湘林所杉木家系A	湘林所杉木家系A	杉木	1998	程政红等
51	湘林所杉木家系B	湘林所杉木家系B	杉木	1998	程政红等
52	湘林所杉木家系C	湘林所杉木家系C	杉木	1998	程政红等
53	湘林所杉木家系D	湘林所杉木家系D	杉木	1998	程政红等
54	湘林所杉木家系A1	湘林所杉木家系A1	杉木	1998	程政红等
55	湘林所杉木家系A3	湘林所杉木家系A3	杉木	1998	程政红等
56	湘林所杉木家系A4	湘林所杉木家系A4	杉木	1998	程政红等
57	湘林所杉木无性系Y1	湘林所杉木无性系Y1	杉木	1998	陈佛寿等
58	湘林所杉木无性系Y2	湘林所杉木无性系Y2	杉木	1998	陈佛寿等
59	湘林所杉木无性系Y3	湘林所杉木无性系Y3	杉木	1998	陈佛寿等
60	湘林所杉木无性系Y4	湘林所杉木无性系Y4	杉木	1998	陈佛寿等
61	湘林所杉木无性系Y5	湘林所杉木无性系Y5	杉木	1998	陈佛寿等
62	湘林所杉木无性系Y6	湘林所杉木无性系Y6	杉木	1998	陈佛寿等
63	湘林所杉木无性系Y7	湘林所杉木无性系Y7	杉木	1998	陈佛寿等
64	湘林所杉木无性系Y8	湘林所杉木无性系Y8	杉木	1998	陈佛寿等
65	湘林所马尾松家系F001	湘林所马尾松家系F001	马尾松	1998	李午平等
66	湘林所马尾松家系F002	湘林所马尾松家系F002	马尾松	1998	李午平等
67	湘林所马尾松家系F003	湘林所马尾松家系F003	马尾松	1998	李午平等
68	湘林所马尾松家系F004	湘林所马尾松家系F004	马尾松	1998	李午平等
69	湘林所马尾松家系F005	湘林所马尾松家系F005	马尾松	1998	李午平等
70	湘林所马尾松家系F006	湘林所马尾松家系F006	马尾松	1998	李午平等
71	湘林所马尾松家系F007	湘林所马尾松家系F007	马尾松	1998	李午平等
72	湘林所马尾松家系F008	湘林所马尾松家系F008	马尾松	1998	李午平等
73	湘林所马尾松家系F009	湘林所马尾松家系F009	马尾松	1998	李午平等
74	湘林所马尾松家系F010	湘林所马尾松家系F010	马尾松	1998	李午平等
75	湘林所湿地松家系SF01	湘林所湿地松家系SF01	湿地松	1998	龙应忠等
76	湘林所湿地松家系SF02	湘林所湿地松家系SF02	湿地松	1998	龙应忠等
77	湘林所湿地松家系SF03	湘林所湿地松家系SF03	湿地松	1998	龙应忠等
78	湘林所湿地松家系SF04	湘林所湿地松家系SF04	湿地松	1998	龙应忠等
79	湘林所湿地松家系SF05	湘林所湿地松家系SF05	湿地松	1998	龙应忠等

序号	良种名称	良种编号	树种	审定(认定)时间	完成人员
80	湘林所湿地松家系 SF06	湘林所湿地松家系 SF06	湿地松	1998	龙应忠等
81	湘林所火炬松家系 LF01	湘林所火炬松家系 LF01	火炬松	1998	龙应忠等
82	湘林所火炬松家系 LF02	湘林所火炬松家系 LF02	火炬松	1998	龙应忠等
83	湘林所火炬松家系 LF03	湘林所火炬松家系 LF03	火炬松	1998	龙应忠等
84	湘林所油茶无性系 34	湘林所油茶无性系 34	油茶	1998	王德斌等
85	湘林所油茶无性系 78	湘林所油茶无性系 78	油茶	1998	王德斌等
86	湘林所油茶无性系 81	湘林所油茶无性系 81	油茶	1998	王德斌等
87	湘林所油茶无性系 82	湘林所油茶无性系 82	油茶	1998	王德斌等
88	湘林所油茶无性系 89	湘林所油茶无性系 89	油茶	1998	王德斌等
89	湘林所板栗青扎 E	青扎 E	板栗	1998	唐时俊等
90	湘林所板栗它栗 G	它栗 G	板栗	1998	唐时俊等
91	湘林所板栗铁粒头 B	铁粒头 B	板栗	1998	唐时俊等
92	湘林所板栗九家种 D	九家种 D	板栗	1998	唐时俊等
93	光皮树无性系湘林 G1 号	湘林 G1 号	光皮树	2007	李昌珠等
94	光皮树无性系湘林 2 号	湘林 2 号	光皮树	2007	李昌珠等
95	光皮树无性系湘林 5 号	湘林 5 号	光皮树	2007	李昌珠等
96	光皮树无性系湘林 6 号	湘林 6 号	光皮树	2007	李昌珠等
97	油茶无性系 6	湘 S0701-CO2	油茶	2007	陈永忠等
98	油茶无性系 8	湘 S0702-CO2	油茶	2007	陈永忠等
99	油茶无性系 22	湘 S0703-CO2	油茶	2007	陈永忠等
100	油茶无性系 23	湘 S0704-CO2	油茶	2007	陈永忠等
101	油茶无性系 26	湘 S0705-CO2	油茶	2007	陈永忠等
102	油茶家系 2	湘 S0706-CO1a	油茶	2007	陈永忠等
103	油茶杂交组合 13	湘 S0707-CO1b	油茶	2007	陈永忠等
104	油茶杂交组合 17	湘 S0708-CO1b	油茶	2007	陈永忠等
105	油茶杂交组合 18	湘 S0709-CO1b	油茶	2007	陈永忠等
106	油茶杂交组合 31	湘 S07010-CO1b	油茶	2007	陈永忠等
107	油茶杂交组合 32	湘 S07011-CO1b	油茶	2007	陈永忠等
108	油茶采穗圃穗条	油茶采穗圃穗条	油茶	2007	陈永忠等
109	湿地松家系 0-1077	湿地松家系 0-1077	湿地松	2007	吴际友等
110	湿地松家系 7-77	湿地松家系 7-77	湿地松	2007	吴际友等
111	湿地松家系 0-373	湿地松家系 0-373	湿地松	2007	吴际友等
112	湿地松家系 0-510	湿地松家系 0-510	湿地松	2007	吴际友等
113	湿地松家系 0-609	湿地松家系 0-609	湿地松	2007	吴际友等

续表

序号	良种名称	良种编号	树种	审定(认定)时间	完成人员
114	火炬松纸浆材家系 L-7	火炬松纸浆材家系 L-7	火炬松	2007	吴际友等
115	火炬松纸浆材家系 L-6	火炬松纸浆材家系 L-6	火炬松	2007	吴际友等
116	火炬松纸浆材家系 L-11	火炬松纸浆材家系 L-11	火炬松	2007	吴际友等
117	火炬松纸浆材家系 L-15	火炬松纸浆材家系 L-15	火炬松	2007	吴际友等
118	火炬松纸浆材家系 L-17	火炬松纸浆材家系 L-17	火炬松	2007	吴际友等
119	马尾松纸浆材家系 MZ-1	马尾松纸浆材家系 MZ-1	马尾松	2007	唐效蓉等
120	马尾松纸浆材家系 MZ-2	马尾松纸浆材家系 MZ-2	马尾松	2007	唐效蓉等
121	马尾松纸浆材家系 MZ-3	马尾松纸浆材家系 MZ-3	马尾松	2007	唐效蓉等
122	马尾松纸浆材家系 MZ-4	马尾松纸浆材家系 MZ-4	马尾松	2007	唐效蓉等
123	马尾松纸浆材家系 MZ-5	马尾松纸浆材家系 MZ-5	马尾松	2007	唐效蓉等
124	蓖麻湘蓖 1 号	蓖麻湘蓖 1 号	蓖麻	2009	李昌珠等
125	杉木靖全 02	湘 S-SC-CL-014-2010	杉木	2010	许忠坤等
126	杉木靖全 03	湘 S-SC-CL-015-2010	杉木	2010	许忠坤等
127	杉木靖全 04	湘 S-SC-CL-016-2010	杉木	2010	许忠坤等
128	杉木靖全 05	湘 S-SC-CL-017-2010	杉木	2010	许忠坤等
129	杉木靖全 06	湘 S-SC-CL-018-2010	杉木	2010	许忠坤等
130	杉木靖全 07	湘 S-SC-CL-019-2010	杉木	2010	许忠坤等
131	杉木靖全 08	湘 S-SC-CL-020-2010	杉木	2010	许忠坤等
132	杉木靖全 09	湘 S-SC-CL-021-2010	杉木	2010	许忠坤等
133	杉木靖全 10	湘 S-SC-CL-022-2010	杉木	2010	许忠坤等
134	杉木靖全 11	湘 S-SC-CL-023-2010	杉木	2010	许忠坤等
135	杉木靖全 13	湘 S-SC-CL-024-2010	杉木	2010	许忠坤等
136	杉木靖全 21	湘 S-SC-CL-025-2010	杉木	2010	许忠坤等
137	杉木靖全 22	湘 S-SC-CL-026-2010	杉木	2010	许忠坤等
138	杉木靖全 24	湘 S-SC-CL-027-2010	杉木	2010	许忠坤等
139	杉木靖全 25	湘 S-SC-CL-028-2010	杉木	2010	许忠坤等
140	杉木靖全 27	湘 S-SC-CL-029-2010	杉木	2010	许忠坤等
141	杉木靖半 01	湘 S-SC-CL-030-2010	杉木	2010	许忠坤等
142	杉木靖半 02	湘 S-SC-CL-031-2010	杉木	2010	许忠坤等
143	杉木靖半 06	湘 S-SC-CL-032-2010	杉木	2010	许忠坤等
144	杉木靖半 07	湘 S-SC-CL-033-2010	杉木	2010	许忠坤等
145	杉木攸全 02	湘 S-SC-CL-034-2010	杉木	2010	许忠坤等
146	杉木攸全 06	湘 S-SC-CL-035-2010	杉木	2010	许忠坤等
147	杉木攸全 08	湘 S-SC-CL-036-2010	杉木	2010	许忠坤等

序号	良种名称	良种编号	树种	审定(认定)时间	完成人员
148	杉木攸全 14	湘 S-SC-CL-037-2010	杉木	2010	许忠坤等
149	杉木攸全 15	湘 S-SC-CL-038-2010	杉木	2010	许忠坤等
150	杉木攸全 16	湘 S-SC-CL-039-2010	杉木	2010	许忠坤等
151	杉木攸全 18	湘 S-SC-CL-040-2010	杉木	2010	许忠坤等
152	杉木攸半 01	湘 S-SC-CL-041-2010	杉木	2010	许忠坤等
153	杉木攸半 02	湘 S-SC-CL-042-2010	杉木	2010	许忠坤等
154	杉木江全 01	湘 S-SC-CL-043-2010	杉木	2010	许忠坤等
155	杉木江全 03	湘 S-SC-CL-044-2010	杉木	2010	许忠坤等
156	杉木会全 01	湘 S-SC-CL-045-2010	杉木	2010	许忠坤等
157	杉木会全 06	湘 S-SC-CL-046-2010	杉木	2010	许忠坤等
158	杉木会全 09	湘 S-SC-CL-047-2010	杉木	2010	许忠坤等
159	杉木会全 10	湘 S-SC-CL-048-2010	杉木	2010	许忠坤等
160	杉木会半 01	湘 S-SC-CL-049-2010	杉木	2010	许忠坤等
161	杉木会半 04	湘 S-SC-CL-050-2010	杉木	2010	许忠坤等
162	杉木会半 08	湘 S-SC-CL-051-2010	杉木	2010	许忠坤等
163	杉木会无 02	湘 S-SC-CL-052-2010	杉木	2010	许忠坤等
164	杉木会无 03	湘 S-SC-CL-053-2010	杉木	2010	许忠坤等
165	XL-75 杨	湘 S-SC-PD-001-2010	杨树	2010	汤玉喜等
166	XL-77 杨	湘 S-SC-PD-002-2010	杨树	2010	汤玉喜等
167	XL-90 杨	湘 S-SC-PD-003-2010	杨树	2010	汤玉喜等
168	XL-92 杨	湘 S-SC-PD-004-2010	杨树	2010	汤玉喜等
169	XL-101 杨	湘 S-SC-PD-005-2010	杨树	2010	汤玉喜等
170	湘林 106 油茶	湘 S-SC-CO-054-2010	油茶	2010	陈永忠等
171	湘林 117 油茶	湘 S-SC-CO-055-2010	油茶	2010	陈永忠等
172	湘林 121 油茶	湘 S-SC-CO-056-2010	油茶	2010	陈永忠等
173	湘林 124 油茶	湘 S-SC-CO-057-2010	油茶	2010	陈永忠等
174	湘林 131 油茶	湘 S-SC-CO-058-2010	油茶	2010	陈永忠等
175	洪塘营 7 号凹叶厚朴(无性系)	湘 S-SC-MO-001-2012	凹叶厚朴	2012	王晓明等
176	洪塘营 10 号凹叶厚朴(无性系)	湘 S-SC-MO-002-2012	凹叶厚朴	2012	王晓明等
177	SF-3 湿地松	湘 S-SF-PE-023-2012	湿地松	2012	吴际友等
178	SF-4 湿地松	湘 S-SF-PE-024-2012	湿地松	2012	吴际友等
179	SF-6 湿地松	湘 S-SF-PE-025-2012	湿地松	2012	吴际友等
180	SF-12 湿地松	湘 S-SF-PE-026-2012	湿地松	2012	吴际友等
181	SF-13 湿地松	湘 S-SF-PE-027-2012	湿地松	2012	吴际友等

续表

序号	良种名称	良种编号	树种	审定(认定)时间	完成人员
182	SF-14 湿地松	湘 S-SF-PE-028-2012	湿地松	2012	吴际友等
183	SF-15 湿地松	湘 S-SF-PE-029-2012	湿地松	2012	吴际友等
184	SF-18 湿地松	湘 S-SF-PE-030-2012	湿地松	2012	吴际友等
185	SF-20 湿地松	湘 S-SF-PE-031-2012	湿地松	2012	吴际友等
186	金边亮叶忍冬	湘 S-SV-LN-033-2012	忍冬	2012	王晓明等
187	艳丽红果腺肋花楸	湘 S-SV-AA-034-2012	花楸	2012	王晓明等
188	金叶络石	湘 S-SV-TA-035-2012	金叶络石	2012	王晓明等
189	金叶六道木	湘 S-SV-AG-036-2012	金叶六道木	2012	王晓明等
190	金边六道木	湘 S-SV-AG-037-2012	金边六道木	2012	王晓明等
191	紫叶锦带花	湘 S-SV-WF-038-2012	锦带花	2012	王晓明等
192	金边锦带花	湘 S-SV-WF-039-2012	锦带花	2012	王晓明等
193	红叶紫薇	湘 S-SV-LI-040-2012	紫薇	2012	王晓明等
194	红火球紫薇	湘 S-SV-LI-041-2012	紫薇	2012	王晓明等
195	红火箭紫薇	湘 S-SV-LI-042-2012	紫薇	2012	王晓明等
196	花瑶晚熟	湘 S-SV-LM-007-2014	金银花	2014	王晓明等
197	湘韵紫薇	湘 S-SV-LM-021-2014	紫薇	2014	王晓明等
198	XL-58 杨	湘 S-SC-PD-003-2014	杨树	2014	汤玉喜等
199	XL-80 杨	湘 S-SC-PD-004-2014	杨树	2014	汤玉喜等
200	XL-83 杨	湘 S-SC-PD-005-2014	杨树	2014	汤玉喜等
201	XL-86 杨	湘 S-SC-PD-006-2014	杨树	2014	汤玉喜等
202	湘栗 1 号板栗	湘 S-SC-CM-001-2015	板栗	2015	陈景震等
203	湘栗 2 号板栗	湘 S-SC-CM-002-2015	板栗	2015	陈景震等
204	湘栗 3 号板栗	湘 S-SC-CM-003-2015	板栗	2015	陈景震等
205	湘栗 4 号板栗	湘 S-SC-CM-004-2015	板栗	2015	陈景震等
206	舜帝 1 号忍冬	湘 S-SV-LJ-005-2015	忍冬	2015	王晓明等
207	珍珠彩桂	湘 S-SV-OF-006-2015	珍珠彩桂	2015	王晓明等

标　准

制修订标准（主持）统计表

序号	标准名称	类型	标准编号	发布日期	实施日期	完成人员
1	油茶苗木质量分级	国家标准	GB/T 26907-2011	2011-09-29	2011-12-01	陈永忠等
2	红花檵木苗木培育技术规程和质量分级	行业标准	LY/T 1631-2005	2005-08-16	2005-12-01	侯伯鑫，王晓明，林峰等
3	香樟绿化苗木培育技术规程和质量分级	行业标准	LY/T 1729-2008	2008-03-31	2008-05-01	侯伯鑫，余格非，林峰等
4	油茶优树选择和优良无性系选育规程	行业标准	LY/T 1730.1-2008	2008-09-03	2008-12-01	陈永忠，杨小胡，彭邵锋等
5	油茶优良家系和优良杂交组合选育规程	行业标准	LY/T 1730.2-2008	2008-09-03	2008-12-01	陈永忠，杨小胡，彭邵锋等
6	油茶育苗技术及苗木质量分级	行业标准	LY/T 1730.3-2008	2008-09-03	2008-12-01	陈永忠，杨小胡，彭邵锋等
7	光皮树培育技术规程	行业标准	LY/T 1837-2009	2009-06-18	2009-10-01	李昌珠，李培旺，龚玉子等
8	光皮树果实油制取技术规程	行业标准	LY/T 1838-2009	2009-06-18	2009-10-01	李昌珠，肖志红，李力等
9	油茶饼粕有机肥	行业标准	LY/T 2115-2013	2013-03-15	2013-07-01	周小玲，陈永忠，马力等
10	油茶林产量测定方法	行业标准	LY/T 2116-2013	2013-03-15	2013-07-01	陈永忠，王瑞，彭邵锋等
11	杉木种子园营建技术规程	行业标准	LY/T 2542-2015	2015-10-19	2016-01-01	许忠坤，徐清乾等
12	光皮树苗木质量分级	行业标准	LY/T 2530-2015	2015-10-19	2016-01-01	张良波，李昌珠等
13	慈竹育苗及造林技术规程	行业标准	LY/T 2527-2015	2015-10-19	2016-01-01	艾文胜，杨明，李志高等
14	鬺蒴柠培育技术规程	行业标准	LY/T 2977-2018	2018-02-27	2018-06-01	童方平，李贵，刘振华等
15	翅荚木培育技术规程	行业标准	LY/T 2976-2018	2018-02-27	2018-06-01	童方平，陈瑞，廖德志等
16	毛竹丰产林基地建设规范	地方标准	DB43/T 341-2007	2007-04-01	2007-05-01	艾文胜，李党训，杨明等
17	地栽杜鹃苗木培育技术规程和质量分级	地方标准	DB43/T 348-2007	2007-08-15	2007-09-15	侯伯鑫，林峰，余格非等
18	月月桂苗木培育技术规程和质量分级	地方标准	DB43/T 349-2007	2007-08-15	2007-09-15	侯伯鑫，林峰，余格非等
19	慈竹、青皮竹育苗及造林技术规程	地方标准	DB43/T 615-2011	2011-03-10	2011-04-01	艾文胜，杨明，孟勇等
20	台湾桤木扦插苗质量分级	地方标准	DB43/T 616-2011	2011-03-10	2011-04-01	周小玲，吴际友，程勇等
21	台湾桤木扦插育苗技术规程	地方标准	DB43/T 617-2011	2011-03-10	2011-04-01	周小玲，吴际友，王晓明等
22	湖南省古树名木保护和养护技术规程	地方标准	DB43/T 618-2011	2011-03-10	2011-04-01	童方平，杨红，侯伯鑫等
23	黄甜竹笋用林丰产栽培与复壮技术规程	地方标准	DB43/T 720-2012	2012-09-01	2012-10-01	艾文胜，吴红强，孟勇等
24	油茶种子园营建技术规程	地方标准	DB43/T 723-2012	2012-10-17	2012-11-01	陈永忠，彭邵锋，陈隆升等

续表

序号	标准名称	类型	标准编号	发布日期	实施日期	完成人员
25	油茶籽的采收和质量分级	地方标准	DB43/T 724-2012	2012-10-17	2012-11-01	陈永忠，马力，彭邵锋等
26	油茶栽培技术规程	地方标准	DB43/T 725-2012	2012-10-17	2012-11-01	陈隆升，陈永忠，杨小胡等
27	毛竹实生苗造林及复壮技术规程	地方标准	DB43/T 869-2014	2014-04-01	2014-05-01	杨明，艾文胜，孟勇等
28	林业生态工程造林技术规范	地方标准	DB43/T 867-2013	2014-04-01	2014-05-01	欧阳硕龙，李锡泉，周小玲等
29	湖南省村庄绿化建设技术规范	地方标准	DB43/T 868-2014	2014-04-01	2014-05-01	贺果山，文振军，蒋红星等
30	毛竹丰产林培育技术规范	地方标准	DB43/T 341-2014 代替 DB43/T 341-2007	2014-09-24	2014-12-01	艾文胜，侯燕南，杨明等
31	红椿苗木培育技术规程和质量分级	地方标准	DB43/T 1028-2015	2015-05-08	2015-07-08	吴际友，程勇，刘球等
32	矿区废弃地植被恢复技术规程	地方标准	DB43/T 1030-2015	2015-05-08	2015-07-08	童方平，李贵，陈瑞等
33	桢楠容器苗培育技术规程	地方标准	DB43/T 1038-2015	2015-12-30	2016-01-30	陈孝，纪程灵，杜昌远等
34	闽楠苗木培育技术规程	地方标准	DB43/T 1160-2016	2016-02-26	2016-05-01	陈明皋，吴际友，程勇等
35	黑斑侧褶蛙养殖技术规程	地方标准	DB43/T 1304-2017	2017-06-05	2017-08-05	朱开明，何振，牛艳东等

制修订标准（协作）统计表

序号	标准名称	类型	标准编号	发布日期	实施日期	单位排名	完成人员
1	主要商品竹苗质量分级	国家标准	GB/T 35242-2017	2017-12-29	2018-07-01	国际竹藤中心，湖南省林业科学院，南京林业大学，常州特种竹繁育场，浙江安吉竹子博览园有限责任公司，广东省林业科学研究院，西南林业大学	漆良华，艾文胜，杨明等
2	商品竹苗质量检测方法	行业标准	LY/T 2440-2015	2015-01-27	2015-05-01	国际竹藤中心，湖南省林业科学院，南京林业大学，常州特种竹繁育场，浙江安吉竹子博览园有限责任公司，广东省林业科学研究院，西南林业大学	漆良华，艾文胜，杨明等
3	山苍子苗木培育技术规程	行业标准	LY/T 2942-2018	2018-02-27	2018-06-01	中国林业科学研究院亚热带林业研究所，贵州省林业科学研究院，重庆市万州区林木种子站，湖南省林业科学院，湖北省太子山林场管理局，福建省清流国有林场，福建省林业科学研究院	高暝，汪阳东，张良波等
4	杨树天牛综合防治技术规程	地方标准	DB43/T 137-2015	2015-12-30	2016-01-30	湖南省森林病虫害防治检疫总站，湖南省林业科学院，沅江市林业局	罗贤坤，何振，夏永刚等

序号	标准名称	类型	标准编号	发布日期	实施日期	单位排名	完成人员
5	马尾松毛虫综合防治技术规程	地方标准	DB43/T 076-2015	2015-12-30	2016-01-30	湖南省森林病虫害防治检疫总站，湖南省林业科学院	薛萍，何振，周刚等
6	烟草病虫害绿色防控技术规程	地方标准	DB43/T 1209-2016	2016-12-13	2017-02-01	湖南省林业科学院（排序第九）	彭曙光，李密，周刚等
7	铅、锌矿区重金属污染场地植物修复技术规程	地方标准	DB43/T 1249-2017	2017-01-26	2017-02-01	中南林业科技大学，湖南省林业科学院	蒋丽娟，黄忠良，陈景震等
8	车用甲醇汽油	企业标准	Q/AEHQ 001-2010	2010-09-30	2012-10-20	湖南省林业科学院（排序第二）	李昌珠，肖志红，张爱华等
9	生物柴油混配燃料	企业标准	Q/AEHQ 002-2010	2010-09-30	2012-10-20	湖南省林业科学院（排序第二）	李昌珠，肖志红，张爱华等
10	展平竹片疏解机	企业标准	Q/OKKV 001-2014	2014-04-15	2014-05-15	湖南省林业科学院（排序第二）	孙晓东，丁定安，彭亮等